普通高等学校"十四五"规划土建类专业新形态教材
课程思政建设与一流课程建设示范教材

土木工程概论

主　编　肖衡林
副主编　马　强　陈　智　杨智勇
顾东明　刘耀东

华中科技大学出版社
中国·武汉

内容简介

本书主要介绍土木工程专业的基本内容，展现土木工程的发展历史、现状、成就和学科前沿发展动态，注重反映土木工程在国民经济中的地位和作用，将历史与发展贯穿教材内容始终。全书共分11章，分别为绪论、土木工程材料、建筑工程、道路工程、铁路工程、桥梁工程、机场工程、地下工程、水利工程、土木工程防灾减灾、土木工程新技术及节能减排，尽可能从学科导论的视角反映土木工程的社会性、综合性、实践性以及技术、经济和艺术的统一性。

图书在版编目(CIP)数据

土木工程概论/肖衡林主编. —武汉：华中科技大学出版社，2025.8
ISBN 978-7-5680-9167-1

Ⅰ. ①土…　Ⅱ. ①肖…　Ⅲ. ①土木工程-高等学校-教材　Ⅳ. ①TU

中国国家版本馆CIP数据核字(2023)第019921号

土木工程概论
Tumu Gongcheng Gailun

肖衡林　主编

策划编辑：王一洁
责任编辑：陈　忠
责任校对：阮　敏
责任监印：朱　玢
出版发行：华中科技大学出版社(中国·武汉)　电话：(027)81321913
武汉市东湖新技术开发区华工科技园　邮编：430223
录　　排：华中科技大学惠友文印中心
印　　刷：武汉科源印刷设计有限公司
开　　本：889mm×1194mm　1/16
印　　张：12
字　　数：330千字
版　　次：2025年8月第1版第1次印刷
定　　价：49.80元

前　　言

土木工程概论是一门综合概括土木工程领域基础知识及专业知识的引导启发性课程，主要针对土木工程专业一年级新生开设，以介绍土木工程专业各个学科分支的知识为主，使学生通过一个学期的学习，能够大致了解土木工程的基本概念，土木工程的主要设计理念、施工方法，以及土木工程未来的发展趋势。

本书在研究国内外土木工程概论现有教材的基础上，广泛收集国内外最新的土木工程技术成果及代表性工程的相关资料，力求内容新颖全面，语言浅显易懂，数据准确可靠。本书涵盖土木工程新技术、新装备和新工艺，具有国际化视野，主要特点如下。

(1)在教材内容选择方面，本书针对目前国内土木工程的主要方向，即建筑工程、桥梁工程、岩土及地下工程、轨道交通工程、道路工程、水利工程等传统领域以及智能建造、BIM技术、绿色建筑等新兴产业展开，以介绍最新、最高端、最先进的工程技术为主。同时，本书从增加学生兴趣和自豪感的角度出发，重点介绍土木工程尖端成就，是对国内土木工程概论相关教材的一个很好的补充。

(2)在写作风格方面，本书面向缺乏专业基础知识的一年级新生，内容以科普为主，语言浅显易懂，注重科学性、趣味性，以概括性或概念性的描述为主，图文并茂，力求让新生能够看得懂、记得住、用得上。

(3)土木工程是一门既古老又现代的学科，因此本书在每个专业方向的介绍中，首先回顾了专业发展的历史，然后重点介绍了目前最新技术的特点，最后对专业的未来发展进行了展望。这样的内容安排能够让学生了解土木工程专业的来处和去处，帮助学生掌握土木工程发展脉络和历史定位，提高对专业知识的全生命周期的理解。

本书由湖北工业大学肖衡林教授组织编写，具体分工如下：绪论、铁路工程、桥梁工程由刘耀东编写，土木工程材料由李丽华编写，建筑工程由陶高梁编写，道路工程由马强、刁磊编写，机场工程由李文涛编写，地下工程由陈智编写，水利工程、土木工程防灾减灾由黄达、顾东明、宋兆萍编写，土木工程新技术及节能减排由吕小彪、刘永莉、雷蕾编写，最后全书由肖衡林、杨智勇统稿，马强、陈智、顾东明审稿。

由于编者水平有限，书中疏漏之处在所难免，热诚欢迎读者批评指正。

目　　录

第 1 章　绪论 …………………………………………………………………… (1)
1.1　土木工程定义 ………………………………………………………… (1)
1.2　土木工程课程体系 …………………………………………………… (1)
1.3　土木工程学习方法 …………………………………………………… (2)
1.4　土木工程发展史 ……………………………………………………… (3)
1.5　土木工程发展展望 …………………………………………………… (6)
1.6　土木工程师的责任和义务 …………………………………………… (7)
第 2 章　土木工程材料 ………………………………………………………… (9)
2.1　土木工程材料的基本性质 …………………………………………… (9)
2.2　建筑材料工程特征 …………………………………………………… (9)
2.3　气硬性无机胶凝材料 ………………………………………………… (11)
2.4　水泥 …………………………………………………………………… (12)
2.5　混凝土 ………………………………………………………………… (15)
2.6　建筑钢材 ……………………………………………………………… (20)
2.7　沥青、木材 …………………………………………………………… (21)
2.8　土木工程新材料 ……………………………………………………… (23)
第 3 章　建筑工程 …………………………………………………………… (28)
3.1　概述 …………………………………………………………………… (28)
3.2　建筑结构的基本构件 ………………………………………………… (34)
3.3　建筑结构类型 ………………………………………………………… (39)
3.4　建筑结构施工方法 …………………………………………………… (44)
第 4 章　道路工程 …………………………………………………………… (54)
4.1　概述 …………………………………………………………………… (54)
4.2　道路的分类与结构 …………………………………………………… (56)
4.3　道路的设计、施工与养护 …………………………………………… (60)
4.4　道路工程的发展趋势 ………………………………………………… (66)
第 5 章　铁路工程 …………………………………………………………… (69)
5.1　概述 …………………………………………………………………… (69)
5.2　铁路发展概况 ………………………………………………………… (70)
5.3　高速铁路与重载铁路 ………………………………………………… (71)
5.4　铁路线路设计 ………………………………………………………… (72)
5.5　线面和纵断面设计 …………………………………………………… (73)
5.6　铁路轨道和路基结构 ………………………………………………… (75)
5.7　铁路建设施工 ………………………………………………………… (76)
5.8　铁路运营和管理 ……………………………………………………… (77)

第 6 章　桥梁工程 …… (79)
6.1　桥梁基本概念 …… (79)
6.2　桥梁设计与施工 …… (85)
6.3　桥梁未来发展 …… (90)
第 7 章　机场工程 …… (91)
7.1　概述 …… (91)
7.2　机场分类及规划 …… (95)
7.3　航站区与航站楼的规划与设计 …… (99)
7.4　机场排水与道面设计 …… (101)
7.5　机场维护区及环境 …… (104)
第 8 章　地下工程 …… (107)
8.1　概述 …… (107)
8.2　主要地下工程 …… (108)
8.3　地下工程规划 …… (116)
8.4　地下工程设计 …… (118)
8.5　地下工程施工 …… (123)
第 9 章　水利工程 …… (128)
9.1　水资源及其开发利用概述 …… (128)
9.2　水利工程的建设成就与分类、特点、等级 …… (129)
9.3　水利枢纽 …… (131)
9.4　常见的水工建筑物 …… (132)
9.5　水利工程施工要素与安全监测 …… (140)
第 10 章　土木工程防灾减灾 …… (149)
10.1　灾害的概念与常见的土木工程灾害 …… (149)
10.2　土木工程的防灾减灾 …… (151)
10.3　中国地质灾害概况与土木工程结构灾后检测鉴定及加固 …… (153)
第 11 章　土木工程新技术及节能减排 …… (155)
11.1　数智赋能新技术 …… (155)
11.2　先进建造新技术 …… (160)
11.3　建筑节能与碳排放 …… (173)
参考文献 …… (180)
部分图片来源 …… (183)

第1章 绪　论

1.1 土木工程定义

《辞海》将土木工程定义为:建造各类工程设施的科学技术的统称。它既指所应用的材料、设备和所进行的勘测、设计、施工、保养、维修等技术活动,也指工程建设的对象,即建造在地上或地下、陆上,直接或间接为人类生活、生产、军事、科研服务的各种工程设施,例如房屋、道路、铁路、管道、隧道、桥梁、运河、堤坝、港口、电站、机场、海洋平台、给水排水以及防护工程等。

土木工程英语译为 civil engineering,牛津词典中土木工程定义为:the design, building and repair of roads, bridges, canals , etc。即土木工程是对道路、桥梁、水坝等工程的设计、建造及维修的总称。土木工程直译为民用工程,它的原意是与军事工程 military engineering 相对应,即除服务于战争的工程设计以外,所有服务于生活和生产需要的民用设施均属于土木工程,现在已经把军用防护工程也列入了土木工程的范畴。

土木工程一词的来源与中国古代阴阳五行学说有关,中国古代哲学认为,世间万物皆由"金、木、水、火、土"五个基本元素组成。土木工程所用的材料以"土"(包括岩石、砂、泥土、石灰以及由土烧制成的砖、瓦和陶、瓷器等)和"木"(包括木材、茅草、藤条、竹子等植物材料)为主,因此得名。而随着时代的发展,特别是钢筋混凝土及钢结构的出现,土木工程中"金"的含量越来越高。另外"水"和"火"两个不定型元素则是现代土木工程材料制造和加工过程中不可或缺的元素。因此从现代土木工程的角度来看,土木工程实际包含了"金、木、水、火、土"五个元素,是名副其实的"五行工程"。

现代意义的土木工程范围非常广泛,涵盖了人们生活中的衣、食、住、行各个方面。其中,住与土木工程直接相关,行则需要建造铁路、公路、机场、码头等,也与土木工程关系密切。食需要打井取水,筑渠灌溉,建水库大坝,建粮食加工厂、粮食储仓等,也离不开土木工程,而衣所需的制作厂房、卖场本身就是建筑工程。因此把土木工程定义为各行各业发展的先行官和奠基者一点也不为过。

1.2 土木工程课程体系

土木工程是属于工学门类,是土木类一级学科下的本科专业之一。土木工程专业主要是培养能在道路、房屋建筑、桥梁、地下建筑、隧道、水电站、港口设施、给排水和地基处理等领域从事规划设计、施工管理和研究工作的专业型工程人才。该专业的毕业生要求具备如下几个方面的能力:①掌握土力学、流体力学、结构力学、工程地质学以及工程制图的基本知识;②熟悉建筑材料、给排水工程、结构原理与设计等方面的知识;③拥有较强的工程测量、工程实验、土木工程施工、环境工程等方面的技能;④具有从事土建结构工程的设计与研究工作、工程施工管理的能力。本专业毕业生可就业于各级建设管理部门、工程建设公司、研究院所、企事业单位及大中专学校等。

本专业在大学 4 年内,需要学习的课程内容包含专业基础课、专业必修课、专业选修课以及专业实践课四个方面。

专业基础课:大学物理、画法几何、建筑制图与 CAD 应用、理论力学、土力学、流体力学、结构力学、基础工程、工程地质、工程测量、土木工程概论、房屋建筑学、建筑材料、建筑施工与管理等部分课程。

专业选修课：土木工程测试技术、土木工程结构设计、城市总体规划导论、环境工程概论、大跨空间结构、地基处理、结构动力学、新型建筑材料、结构稳定理论、建设监理、地基基础工程分析与处理、施工项目质量与安全管理等课程。

专业实践课：测量实习、砖混及楼盖课程设计、房屋建筑学课程设计、钢结构课程设计、施工组织课程设计、毕业实习、毕业设计等。

专业必修课又分为不同的方向，比如房屋建筑方向、道路桥梁方向、岩土工程方向、市政工程方向、工程管理方向等。

房屋建筑方向：特种结构、结构试验、钢结构设计、钢筋混凝土结构设计、建筑工程施工、高层建筑结构与抗震等。

道路桥梁方向：桥梁工程、交通工程、桥梁结构预应力技术、道路桥梁检测技术、道路勘测设计等。

市政工程方向：城市道路工程、高架桥结构设计与工程、给排水工程、城市地下工程等课程。

岩土工程方向：岩石力学、岩土工程勘察与测试技术、环境岩土工程、地下结构与隧道工程、桩基工程、土动力学与工程抗震、特种基础工程等课程。

工程管理方向：工程项目管理、工程保险与担保、房地产开发与经营、工程概预算、运筹学、建设项目评估等课程。

1.3 土木工程学习方法

土木工程是一门综合性很强的专业，不仅要有扎实的理论基础，还要有丰富的实践经验。根据土木工程的课程体系设置情况可以看出土木工程学习的主线是数学—力学—其他基础课—专业课。

数学是力学的基础，土木工程专业要求学生必须掌握高等数学、线性代数、概率论与数理统计等工科基础数学。有了数学基础才能学习后续的理论力学、材料力学、结构力学、弹性力学、土力学、流体力学等与土木工程密切相关的力学知识。

而其他基础课比如画法几何、工程绘图、CAD、测量学、计算机科学、计算机编程，甚至更高要求的 PKPM、MADIS、BIM 等都是为从事专业工作而设立的应用型基础课，也是学好专业课的重要辅助。

在专业课方面，混凝土结构设计原理非常重要，因为在土木工程领域，混凝土结构占比最大、应用最广，是最主要的结构形式。其他课程比如建筑材料、工程地质、基础工程也是学习重点，它们可以直接应用于工程设计中。最后就是真正意义上的专业课，比如房屋建筑学、桥梁工程、道路工程、隧道工程、市政工程等，根据各个专业的不同还会有类似高层建筑施工、砌体工程、钢结构、道路勘测设计等相关课程。

这些课程的学习还要通过认识实习、课程设计、毕业设计等实践性的综合任务进行学习效果的检验。

总之，学好土木工程一定要抓好“数学是力学的基础，力学是专业课的基础”这条主线，把环环相扣的各门功课尽可能掌握好，同时去工地多看多学，不断在理论和实践的交互中提高自己的学习、工作能力。

1.4　土木工程发展史

土木工程的发展可以分为三个阶段：古代土木工程、近代土木工程和现代土木工程。

1.4.1　古代土木工程

古代土木工程的时间跨度一般认为是从旧石器时代（约公元前 5000 年）到 17 世纪中叶。这一时期土木工程的特点是修建各种设施主要依靠人力和经验，没有确切的理论指导，土木工程知识的传承主要依靠师徒或家族，没有系统的教育教学体系和知识体系。所运用的建筑材料基本取自自然，例如石头、木材、土坯等，公元前 1000 年左右开始使用烧制的砖，这是土木工程材料的一次飞跃。另外这一时期使用的建筑工具也极为简单，只有斧、锤、刀、铲、石夯等手工工具。尽管条件简陋、手段匮乏，但古人还是以他们超常的智慧和吃苦耐劳的精神建造了在今天看来都能称为奇迹的伟大建筑。比如中国的万里长城、故宫、都江堰、赵州桥等，西方的埃及金字塔、希腊帕特农神庙、古罗马斗兽场、巴黎卢浮宫等都是古代石结构建筑物的代表（图 1-1～图 1-4）。

图 1-1　万里长城

图 1-2　故宫

图 1-3　希腊帕特农神庙

图 1-4　古罗马斗兽场

1.4.2　近代土木工程

近代土木工程的时间段是指从 17 世纪中叶到 20 世纪中叶大约 300 年的时间。这一阶段随着力学理论和建筑材料的发展，土木工程取得了飞跃式的进步，也逐步成为一门单独的学科。

在理论方面，1638 年伽利略发表了梁的设计理论，1687 年牛顿总结出力学三大定律并创立了完整的经典力学体系，为复杂工程的设计计算奠定了力学分析基础。1825 年法国的纳维在材料力学、弹性力学和材料强度理论的基础上，建立了土木工程中结构设计的容许应力法，这是第一种系统总结土木工程设计理论的实用方法。

在材料科学方面，1824 年英国人阿斯普丁发明了具有里程碑意义的波特兰水泥。1867 年钢筋混凝土开始应用，1930 年预应力混凝土开始广泛应用于土木工程。混凝土及钢材的应用改变了土木工程的建造方式，使得工程师可以按照自己的想法采用人工材料设计建造更高、更大、更长的建筑，也就是所谓的高耸、大跨、巨型、复杂的工程结构。

在此期间得益于施工机械的进步及钢筋混凝土的广泛应用，世界各地建造了一大批具有划时代意义的建筑。

作为当时世界上最发达的资本主义国家，英国在 1825 年修建了世界上第一条铁路，1863 年修建了第一条地铁，1890 年修建了当时主跨最大的福斯桥（主跨 521 m）（图 1-5）。同时法国在 1889 年建成高达 300 m 的埃菲尔铁塔，直到今天埃菲尔铁塔还是法国的地标性建筑（图 1-6）。

图 1-5　英国福斯桥

图 1-6　法国埃菲尔铁塔

后起之秀美国在 1931 年建成 102 层的帝国大厦（图 1-7），该大厦保持建筑高度第一的世界纪录长达 40 年之久。而 1936 年建成的旧金山金门大桥是世界上第一座主跨超过 1000 m 的桥梁（图 1-8），其主跨达到 1280 m，是世界桥梁史上具有里程碑意义的桥梁。19 世纪的美国在铁路、公路、桥梁、建筑等领域独领风骚，取得了巨大成就，被称为第一代"基建狂魔"。

图 1-7　帝国大厦

图 1-8　旧金山金门大桥

这一时期的中国由于历史原因，土木工程的发展长期处于落后状态，洋务运动以后才建造了一批有影响力的土木工程，例如 1909 年建成的京张铁路，1934 年上海建成的远东第一高楼——24 层的国际饭店（图 1-9），1937 年由茅以升主持修建的钱塘江大桥（图 1-10）等。

1.4.3　现代土木工程

现代土木工程起始于第二次世界大战，这一时期的土木工程规模越来越大、自重越来越轻、功能越来越多、体型越来越复杂，并体现出工程设施功能化、城市建设立体化、交通运输高速化的特点。

这一时期出现的优秀建筑不胜枚举，而作为第二代"基建狂魔"的中国更是后来居上，在高层建

图 1-9　国际饭店

图 1-10　钱塘江大桥

筑、特大桥、高速铁路等方面基本可以碾压世界各国，在各种各样的土木工程世界排名中更是以一己之力把世界排行榜变成中国排行榜。

高层建筑方面，目前排名第一的是高 828 m 的阿联酋哈利法塔(图 1-11)，排名第二的是中国第一高楼上海中心大厦(632 m)(图 1-12)。排名前十的建筑中中国占六座。

图 1-11　阿联酋哈利法塔

哈利法塔

图 1-12　上海中心大厦

桥梁工程方面，世界最长十大桥梁中国占据七座，其中排名第一的丹昆特大桥全长 164.85 km，港珠澳特大桥全长 55 km(图 1-13)，也是世界最长跨海大桥。世界十大最高桥梁中国占据八座，排名第一的北盘江特大桥高度达到了 565.4 m(图 1-14)。可以说在桥梁建设方面中国已经全面处于世界领先地位。

高速铁路方面，截至 2024 年底，中国以 4.7 万千米的里程雄踞世界第一。进入 21 世纪以来的短短二十年，中国高铁飞速发展，创造了从“追赶者”到“领跑者”的世界奇迹。中国高铁以系统技术最全、集成能力最强、运营里程最长、运行速度最快的亮丽名片，成为世界铁路发展的新航标(图 1-15)。

2010 年 12 月 3 日，在京沪高速铁路综合试验中，国产和谐号 CRH380A 新一代高速列车最高时速达到 486.1 km，刷新了世界铁路运营试验最高速。2017 年后，京沪高铁上以 350 km 时速运营的“复兴号”动车组列车，开启了中国铁路新时代。2024 年 12 月 29 日中国高铁新成员——CR450 动车组样车在北京发布，该车试验时速 450 km，运营时速 400 km，投入商业运营后可让旅客出行更加便捷高效。

图 1-13　港珠澳特大桥

图 1-14　北盘江特大桥

图 1-15　中国高铁

现代土木工程的成就得益于以下三方面的进步:(1)建筑材料的轻质化、高强化、智能化;(2)施工机械化、装配化、工业化;(3)设计理论精确化、信息化。土木工程从材料、施工、设计三方面进入了一个新的时代。

1.5　土木工程发展展望

土木工程是一门古老的学科,但从未被时代抛弃,而是一直顺应时代的发展不断完善自己,未来同样会跟随人类社会面临的挑战和机遇不断进步。

土木工程目前面临的形势主要包括以下几个方面。

1. 信息技术的巨大发展

随着计算机、人工智能、大数据、5G、云计算等技术的迅猛发展,人类社会的生活方式将发生巨大变化。

2. 人类探索范围的不断延伸

航空航天及深海探测技术的快速发展,使得人类比以往任何时候都走得更远,从月球到火星甚至飞出太阳系进行深空探索都在人类的计划之中,深潜技术的发展让我们更加广泛而深入地了解地球的海洋环境。

3. 地球资源的日益枯竭

预计到 21 世纪末世界人口将达一百亿,而地球的土地资源是有限的,人口的增加,战争的消耗必然导致地球资源的匮乏，特别是水资源的枯竭已经威胁到了人类的生存。

4. 生态环境恶化

目前地球生态环境已经受到了严重破坏，土地荒漠化、河流海洋的污染、森林植被的破坏、空气污染日益严重等都使得人类生存环境不断恶化。即使人类已经意识到了这些问题，大力推广碳中合、节能减排等也需要一个漫长的过程才能改变现在的生存环境。

人类为了生存下去并生存得更好，必须借助土木工程的发展来创造更舒适的生活环境。因此预计土木工程将在以下几个方面取得突破。

1. 向高空蔓延

在各方面条件允许的情况下，建筑物向高空蔓延是一种切实可行的发展方向。这样建筑可以集工作、商业、购物以及休闲、娱乐等功能于一体，有助于节约土地资源，提高城市化建设中土地的利用效率。

2. 向海洋拓展

地球 70% 的面积被海洋覆盖，随着技术的不断发展，土木工程向海洋发展已成为一种必然趋势。海洋情况复杂，但是其中蕴藏的潜力始终诱惑着人类向该领域探索。土木工程向海洋发展不仅仅是行业技术发展的结果，同时也是人类技术进步的一种表现。

3. 向环保节能方向发展

如今，环境保护已经成为世界性的话题，在土木工程发展的过程中建筑直接与自然环境接触，对环境产生较为严重的影响。在自然环境日益恶化的过程中，土木工程建筑同样会受到一定的影响。土木工程朝着环保节能的方向发展已经成为必然。土木工程在自身发展的过程中应重视环保工作，进一步推动环保事业的发展，进而实现可持续发展。

1.6　土木工程师的责任和义务

土木工程师是一个重要的职业，负责设计、建造和维护土木工程项目，如桥梁、道路、建筑物和水利设施等。土木工程师须承担一定的责任和义务，以确保工程的安全、可靠和可持续发展。

土木工程师应承担的责任与义务主要包括以下几个方面。

(1)安全责任：土木工程师在设计和建造土木工程项目时，首要责任是确保工程的安全性。土木工程师需要熟悉并遵守相关法律法规和标准，如土木工程设计规范、建筑法规等。在设计阶段，土木工程师需要进行合理的风险评估，确保工程结构的稳定性和耐久性。在建造阶段，土木工程师需要监督工地操作，确保施工符合规范，并采取适当的安全措施，保障工人和公众的安全。

(2)环境责任：土木工程师还承担着保护环境的责任。土木工程师应该在设计和建造过程中考虑环境影响，并寻找可持续的解决方案，以减少对环境的不利影响。例如，在道路设计中，可以适当采用排水系统以减少对周围水域的污染。此外，土木工程师还应关注资源利用效率，鼓励使用可再生能源和环保材料，以减少碳排放和资源浪费。

(3)社会责任：土木工程师所设计和建造的基础设施将直接影响到公众的生活和福利，因此，他们需要确保工程项目满足社会需求，并为公众提供安全、高效和方便的设施。土木工程师还应积极参与社区活动，提供相关技术咨询或支持，以促进社会的发展和进步。

(4)道德责任：土木工程师需要遵守职业道德准则，如诚实、诚信、保密等。土木工程师应该恪守承诺，履行合同义务，并尊重他人的知识产权。此外，土木工程师还应始终保持专业素养，不断提高自己的专业知识和技能，以适应行业的发展和创新需求。

（5）团队协作责任：土木工程师通常是一个多学科团队，他们与建筑师、施工人员、环境专家等紧密合作，因此，土木工程师需要具备良好的团队协作能力，能够有效沟通和合作，共同解决问题，确保项目的整体目标得以实现。

（6）维护职业形象和声誉：土木工程师应维护自己的职业形象和声誉，通过专业、高效的工作表现赢得客户的信任和尊重。

（7）持续学习和创新：土木工程师面临着不断发展和创新的行业要求，应该持续学习和提升个人能力，以适应新技术和新方法；应关注行业动态，并参加专业培训和学术研讨会，不断更新知识和技能，提高个人专业水平。

课后习题

1. 根据土木工程的定义，举例说明生活中哪些工程项目属于土木工程。
2. 了解土木工程的发展历史。
3. 了解中国高铁发展历史和技术特点。
4. 根据自己已有的知识想象未来土木工程的发展趋势。

第2章　土木工程材料

2.1　土木工程材料的基本性质

2.1.1　材料的密度、表观密度和堆积密度

密度是材料在绝对密实状态下单位体积的质量。

表观密度是指材料在自然状态下(包含孔隙)单位体积的质量。当材料含水时,重量增大,体积也会发生变化,所以测定表观密度时须同时测定其含水率,注明含水状态。材料的含水状态有风干(气干)、烘干、饱和面干和湿润四种。材料表观密度一般为气干状态(长期在空气中存放的干燥状态)下的表观密度,烘干状态下的表观密度叫干表观密度。

散粒材料在堆积状态下单位堆积体积的质量,称为材料的堆积密度(原称松散容重)。材料的堆积体积既包含内部孔隙,也包含颗粒之间的空隙。根据散粒材料堆放的紧密程度不同,堆积密度又可分为松散堆积密度、振实堆积密度及紧密堆积密度。

2.1.2　材料孔隙率和空隙率

材料中孔隙体积占材料总体积的百分率,称为材料的孔隙率。材料孔隙率的大小反映了材料的密实程度,孔隙率大,则密实度小。工程中对保温隔热材料和吸声材料,要求其孔隙率大,对高强度的材料,则要求孔隙率小。

散粒材料在堆积状态下,颗粒间的空隙体积占堆积体积的百分率,称为材料的空隙率。空隙率的大小反映了散粒材料堆积时的致密程度,与颗粒的堆积状态密切相关。可通过压实或振实的方法获得较小的空隙率,满足不同工程的需要。

2.2　建筑材料工程特征

2.2.1　材料与水有关的性质

1. 亲水性与憎水性

当水与材料表面相接触时,不同的材料被水所润湿的情况各不相同,这种现象是由材料与水和空气三相接触时的表面能不同引起的。材料、水和空气三相接触的交点处,沿水表面的切线与水和固体接触面所成的夹角θ称为润湿角。当$\theta<90°$,材料能被水润湿,表现为亲水性;当$\theta\geqslant90°$,材料不能被水润湿,表现为憎水性(图 2-1)。

2. 吸水性与吸湿性

材料在水中吸收水分的性质称为吸水性。材料的吸水性用吸水率表示,材料的吸水率有质量吸水率和体积吸水率两种表达形式,一般采用质量吸水率。质量吸水率指材料吸水饱和时,所吸收水量占材料干质量的百分比。

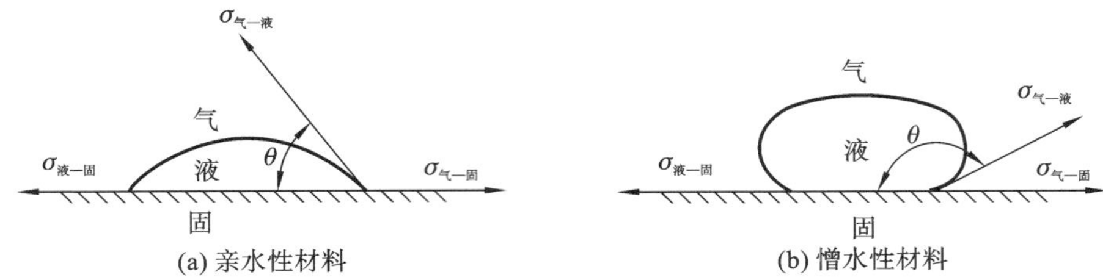

图 2-1　材料的润湿示意图

材料在潮湿空气中吸收水分的性质称为吸湿性。材料的吸湿性用含水率表示，材料的吸湿性是可逆的。当较干燥材料处于较潮湿空气中时，会从空气中吸收水分；当较潮湿材料处于较干燥空气中时，就会向空气中放出水分。

3. 耐水性与抗冻性

材料长期在水的作用下不破坏，强度也不显著降低的性质称为耐水性。材料的耐水性用软化系数来衡量，即材料在吸水饱和状态下的抗压强度与在干燥状态下的抗压强度之比。软化系数的范围为 0～1，工程中通常将软化系数＞0.85 的材料看作耐水材料。

材料的抗冻性，是指材料在吸水饱和状态下，能经受多次冻融而不产生宏观破坏，同时微观结构不明显劣化、强度也不严重降低的性能。材料的强度越高，其抵抗冰冻破坏的能力也越强，抗冻性越好。材料的孔隙率及孔隙特征对抗冻性影响较大，其影响与抗渗性相似。

2.2.2　材料导热与温度变形

导热性指材料传导热量的能力。材料的导热系数越小，其热传导能力越差，绝热性能越好。材料的导热系数与材料内部的孔隙构造密切相关，当材料中含有较多闭口孔隙时，其导热系数较小，材料的隔热绝热性较好；当材料内部含有较多粗大、连通的孔隙时，空气会产生对流作用，使其传热性大大提高；当材料吸水或吸湿后，其导热系数增加，导热性提高，隔热绝热性降低。

温度变形是指材料在温度变化时产生的体积变化，多数材料在温度升高时体积膨胀，温度下降时体积收缩。温度变形在单向尺寸上的变化称为线膨胀或线收缩，一般用线膨胀系数来衡量。

2.2.3　材料力学性能

材料的力学性能是指材料在外力作用下有关变形性质和抵抗破坏的能力。

1. 材料的强度

材料在外力作用下抵抗破坏的能力称为材料的强度，以单位面积上所能承受的荷载大小来衡量。致密度越高的材料，强度越高。同类材料抵抗不同外力作用的能力也不相同，尤其是内部构造非匀质的材料，其在不同外力作用下的强度差别很大。如混凝土、砂浆、砖、石和铸铁等，其抗压强度较高，而抗拉、抗弯(折)强度较低；钢材的抗拉、抗压强度都较高。几种常用材料的强度见表 2-1。

表 2-1　几种常用材料的强度

材　　料	强度/MPa			材　　料	强度/MPa		
	抗压	抗拉	抗弯		抗压	抗拉	抗弯
花岗岩	120.0～250.0	5.0～8.0	10.0～14.0	松木(顺纹)	30.0～50.0	80.0～120.0	60.0～100.0
普通黏土砖	7.5～15.0	—	1.8～2.8	建筑钢	230.0～600.0	230.0～600.0	—
普通混凝土	7.5～60.0	1.0～4.0	1.5～6.0				

2. 弹性与塑性

材料在外力作用下产生变形，当外力去除后，能完全恢复原来的形状，这种性质称为弹性，这种可恢复的变形称弹性变形。若在去除外力后，材料仍保持变形后的形状和尺寸，且不产生裂缝，这种性质称为塑性，此时的不可恢复变形称为塑性变形。弹性变形的大小与所受应力的大小成正比，所受应力与应变的比值称为弹性模量，弹性模量是衡量材料抵抗变形能力的指标。弹性模量越大，材料抵抗变形能力越强，在外力作用下的变形越小。

3. 脆性与韧性

脆性指材料在外力作用下，无明显塑性变形而发生突然破坏的性质，具有这种性质的材料称为脆性材料，如普通混凝土、砖、陶瓷、玻璃、石材和铸铁等。一般脆性材料的抗压强度比其抗拉、抗弯强度高很多倍。脆性材料抵抗冲击和振动的能力较差，不宜用于承受振动和冲击的场合。韧性指材料在振动或冲击荷载作用下，能吸收较大的能量，并产生较大的变形而不破坏的性质，具有这种性质的材料称为韧性材料，如低碳钢、低合金钢、塑料、橡胶、木材和玻璃钢等。

2.3　气硬性无机胶凝材料

2.3.1　石膏

石膏是一种以硫酸钙为主要成分的气硬性胶凝材料。

生产建筑石膏的原材料主要是天然二水石膏，也可采用化工石膏。建筑石膏主要成分是 β 型半水石膏。它是天然二水石膏在 107～170 ℃温度下煅烧成半水石膏（也称熟石膏）经磨细而成的一种粉末状材料。

建筑石膏与适量的水拌和后，最初形成可塑性良好的浆体，但很快就失去塑性而产生凝结硬化，继而发展成为固体。随着水化反应的进行，二水石膏生成量不断增加，水分逐渐减少，浆体开始失去可塑性，称为初凝。而后浆体继续变稠，颗粒之间的摩擦力和黏结力增加，完全失去可塑性，并开始产生结构强度，此时称为终凝。石膏终凝后，其晶体颗粒仍在不断长大并连生、互相交错，结构中孔隙率逐渐减小，石膏强度也不断增长，直至剩余水分完全蒸发后，强度才停止发展，形成硬化后的石膏结构。这就是建筑石膏的硬化过程。

建筑石膏是一种白色粉末状的气硬性胶凝材料，密度为 2.60～2.75 g/cm^3，具有以下特性。(1)凝结硬化快。建筑石膏初凝时间不少于 6 min，终凝时间不超过 30 min。(2)硬化时体积微膨胀。(3)硬化后空隙率大，表观密度和强度较低，强度仅为 3～5 MPa。(4)绝热、吸声性良好。建筑石膏制品的导热系数较小，并具有良好的绝热能力。(5)防火性能良好。(6)有一定的调温调湿性，能对室内温度和湿度起到一定的均衡调节作用。(7)耐水性、抗冻性差。(8)加工性和装饰性好。

2.3.2　石灰

石灰是以氧化钙或氢氧化钙为主要成分的气硬性胶凝材料。

用于制备石灰的原料有石灰石、白垩、白云石和贝壳等，它们的主要成分都是碳酸钙，在低于烧结温度下煅烧所得到的块状物质即为生石灰。煅烧良好的生石灰，质轻色匀，密度约为 3.2 g/cm^3，表观密度为 800～1000 kg/m^3。

石灰使用前，一般先加水，使之消解为熟石灰，其主要成分为 $Ca(OH)_2$，这个过程称为石灰的熟化或消化。该化学反应有两个特点：一是水化热大、水化速率快；二是水化过程中固相体积增大1.5～2倍。

石灰的硬化是指石灰浆体由塑性状态逐步转化为具有一定强度的固体的过程。石灰浆体在空气中逐渐硬化，是由以下两个同时进行的过程完成的。(1)结晶作用。石灰浆在使用过程中，因游离水分逐渐蒸发和被砌体吸收，引起溶液某种程度的过饱和，使 $Ca(OH)_2$ 逐渐结晶析出，促进石灰浆体的硬化。(2)碳化作用。氢氧化钙与空气中的二氧化碳化合生成碳酸钙结晶，释出水分并被蒸发。这个过程形成的 $CaCO_3$ 晶体，使硬化石灰浆体结构致密，强度提高。

石灰的技术性质如下。(1)可塑性和保水性好。(2)硬化缓慢，硬化后强度低。石灰砂浆 28 d 抗压强度通常只有 0.2～0.5 MPa，受潮后石灰溶解，强度更低。(3)硬化时体积收缩大。(4)耐水性差。

2.4 水　泥

水泥是一种粉状矿物胶凝材料，它与水混合后形成浆体，经过一系列物理化学变化，由可塑性浆体变成坚硬的石状体，并且能将散粒材料胶结成为整体，是一种水硬性胶凝材料。

水泥按性能及用途可分为三大类：(1)用于一般土木建筑工程的通用水泥，主要包括硅酸盐水泥、普通硅酸盐水泥、矿渣硅酸盐水泥、火山灰质硅酸盐水泥、粉煤灰硅酸盐水泥和复合硅酸盐水泥六种；(2)具有专门用途的专用水泥；(3)具有某种比较突出性能的特性水泥。

2.4.1 水泥的组成

1. 硅酸盐水泥熟料

由水泥原料经配比后煅烧得到的块状料即为水泥熟料，是水泥的主要组成部分。水泥的性能主要决定于熟料质量。

2. 水泥混合材料

(1)活性混合材料。活性混合材料具有潜在水化性能，常用的活性混合材料有粒化高炉矿渣、火山灰质混合材料及粉煤灰三种。①粒化高炉矿渣是高炉冶炼生铁时，将浮在铁水表面的熔融物经水淬等急冷处理而成的松散颗粒，又称为水淬矿渣。②天然火山灰材料是火山喷发时形成的一系列矿物，如火山灰、凝灰岩、浮石、沸石和硅藻土等；人工火山灰是与天然火山灰成分和性质相似的人造矿物或工业废渣，如烧黏土、粉煤灰、煤矸石渣和煤渣等。③粉煤灰是火力发电厂以煤粉作燃料，燃烧后收集下来的极细的灰渣颗粒，为球状玻璃体结构，也是一种火山灰质材料。

(2)非活性混合材料，又称填充性混合材料。磨细的石英砂、石灰石、慢冷矿渣等属于非活性混合材料，它们与水泥成分不起化学作用或化学作用很小。

3. 石膏

一般水泥熟料磨成细粉与水拌和会产生速凝现象，掺入适量石膏不仅可调节凝结时间，还能提高早期强度、降低干缩变形、改善耐久性等。

2.4.2 硅酸盐水泥的水化与凝结硬化

1. 硅酸盐水泥熟料水化

硅酸盐水泥熟料主要包含 4 种矿物成分：硅酸三钙 C_3S、硅酸二钙 C_2S、铝酸三钙 C_3A 和铁铝酸四钙 C_4AF。(1) C_3S 的水化产物为水化硅酸钙和氢氧化钙。C_3S 水化速率很快，水化放热量大。

生成的 C-S-H 凝胶构成具有很高强度的空间网络结构，是水泥强度的主要来源，早期和后期强度都较高。(2) C_2S 的水化与 C_3S 相似，水化速率慢很多，但后期增长大，水化放热量小；其早期强度低，后期强度增长，可接近甚至超过 C_3S 的强度，是保证水泥后期强度增长的主要因素。(3) C_3A 水化速率最快，水化放热量大且放热速率快。其早期强度增长快，但强度值并不高，后期几乎不再增长。水化铝酸钙凝结速率快，会使水泥产生快凝现象。因此，在水泥生产时要加入石膏作为缓凝剂，以使水泥凝结时间正常。(4) C_4AF 水化速率较快，仅次于 C_3A，水化热不高，其强度值较低，但抗折强度相对较高。

各矿物的抗压强度随时间的发展情况如图 2-2 所示。

由上述可知，几种矿物成分的性能表现各不相同，它们在熟料中的相对含量改变时，水泥的性质也随之改变。例如，要使水泥具有快硬高强的性能，应适当提高熟料中 C_3S 及 C_3A 的相对含量；若要求水泥的发热量较低，可适当提高 C_2S 及 C_4AF 的含量而控制 C_3S 及 C_3A 的含量。因此，掌握硅酸盐水泥熟料中各矿物成分的含量及特性，就可以大致了解该水泥的性能特点。

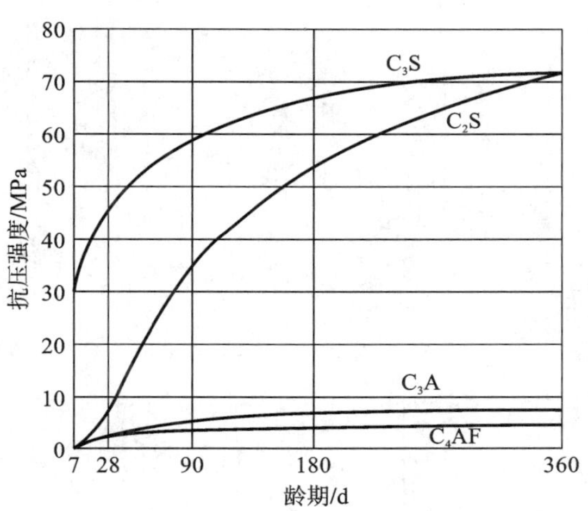

图 2-2　各矿物的抗压强度随时间的发展情况

2. 硅酸盐水泥的水化

硅酸盐水泥水化的主要产物是 C-S-H 凝胶和水化铁酸钙凝胶，以及氢氧化钙、水化铝酸钙和水化硫铝酸钙等晶体。在完全水化的水泥石中，C-S-H 凝胶约占 70%、氢氧化钙约占 20%、水化硫铝酸钙(包括钙矾石和单硫型水化硫铝酸钙)约占 7%。

3. 硅酸盐水泥的凝结硬化

图 2-3 显示了水泥水化过程中结构的形成过程。水泥加水拌和后，成为可塑性的水泥浆，随着水化反应的进行，水泥浆逐渐变稠失去流动性而具有一定的塑性强度，称为水泥的凝结；随着水化反应过程的推移，水泥浆凝固，具有一定的机械强度并逐渐发展成为坚固的水泥石，这一过程称为硬化。水泥的水化与凝结硬化是一个连续的过程。水化是凝结硬化的前提，凝结硬化是水化的结果。

水泥石的强度与其他多孔材料一样，取决于内部孔隙的数量，这类影响强度的孔隙，是指拌和水泥浆时形成的气孔及不参与水化反应的自由水所形成的毛细孔，但不包括极为微小的凝胶孔。一般情况下，水泥浆的孔隙率与其水灰比成正比，并随水化龄期推移而降低。因此，降低水灰比，可提高水泥石强度，并且水泥石强度随水化龄期推移而增强，如图 2-4 所示。

2.4.3　水泥的主要技术指标

(1)水泥化学品质技术指标。氧化镁、三氧化硫及碱类物质等可能引起水泥体积安定性问题，应对其含量进行限制。

(2)密度。硅酸盐水泥的密度一般为 3.1～3.2 g/cm^3，储藏过久的水泥，密度稍有降低。

(3)细度。水泥的细度要控制在一个合理的范围，要求其比表面积大于 300 m^2/kg，在 80 μm 标准筛上筛余量不得超过 10%。

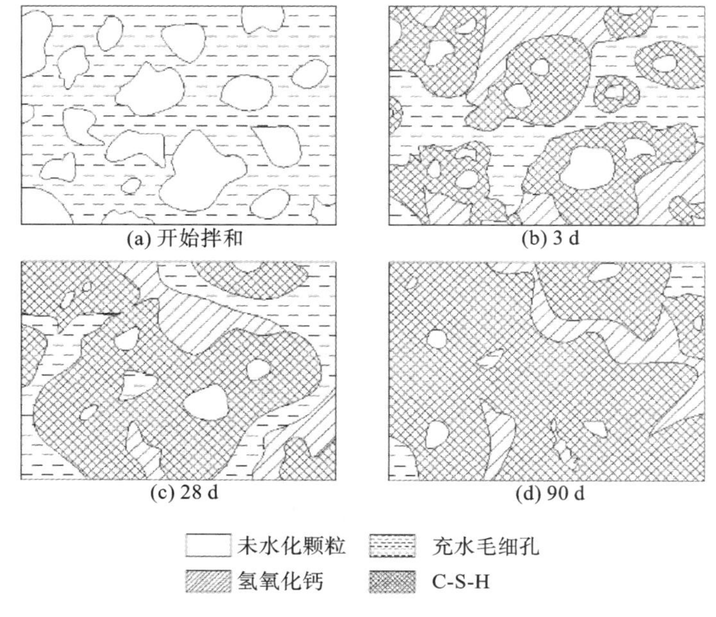

图 2-3　水泥凝结硬化过程

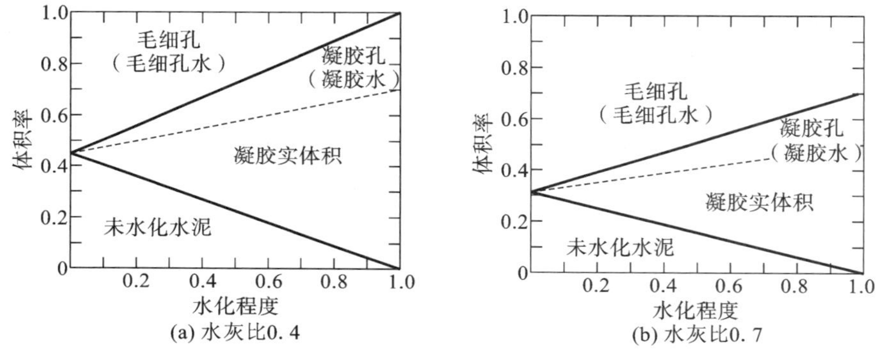

图 2-4　不同水化程度水泥石的组成

(4)凝结时间。硅酸盐水泥的初凝时间不得早于 45 min,终凝时间不得迟于 390 min。

(5)体积安定性。安定性是指水泥在凝结硬化过程中体积变化的均匀性。水泥浆体硬化过程中若发生不均匀的体积变化,就会导致水泥石膨胀开裂、翘曲,甚至失去强度,这即是安定性不良。

(6)水化热。水泥水化过程中放出的热称为水泥的水化热。一方面,水化热可促进水泥水化进程,尤其是冬季施工;另一方面,大体积混凝土由于水化热积蓄在内部,产生内外温度差,形成不均匀应力而开裂。

(7)强度。水泥强度是水泥的主要技术性质,是评定其质量的主要指标。强度等级按 3 d 和 28 d 的抗压强度和抗折强度来划分,分为 42.5、42.5 R、52.5、52.5 R、62.5 和 62.5 R 六个等级,有代号 R 的为早强型水泥。

2.4.4　常见水泥特性及其用途

(1)硅酸盐水泥与普通水泥。硅酸盐水泥与普通水泥凝结硬化较快,抗冻性好,适用于要求早期强度高、凝结快的工程,以及有抗冻融要求和冬季施工的工程。

(2)矿渣水泥。矿渣水泥石中氢氧化钙较少,水化产物碱度低,抗碳化能力较差,但抗淡水、海水和硫酸盐侵蚀能力较强,宜用于水工和海港工程。矿渣水泥具有一定的耐热性,可用于耐热混凝土工程。矿渣水泥中混合材料掺量较多,其保水性较差,泌水性较大,且干缩性也较大。矿渣水泥的抗冻性、抗渗性和抵抗干湿交替循环性能均不及硅酸盐水泥和普通水泥。

(3)火山灰水泥。火山灰水泥具有较高的抗硫酸盐侵蚀的性能,但抗大气稳定性较差。火山灰水泥的需水量和泌水性与所掺混合材料的种类关系甚大,当采用硬质混合材料(如凝灰岩)时,需水量与硅酸盐水泥相近,而采用软质混合材料(如硅藻土等)时,需水量增大,泌水性降低,但收缩变形增大。

(4)粉煤灰水泥。粉煤灰水泥水化硬化较慢,早期强度较低,但后期强度可以赶上甚至超过普通水泥,因此对于后期才承受荷载的工程,使用粉煤灰水泥很合适。粉煤灰水泥水化热较小,适用于大体积混凝土工程。粉煤灰水泥抗硫酸盐侵蚀能力较强,仅次于矿渣水泥,适用于水工和海港工程。粉煤灰水泥抗碳化能力和抗冻性较差。

(5)复合水泥。复合水泥的特性取决于其所掺两种或者两种以上混合材料的种类、掺量及相对比例。混合材料在复合水泥中不是每种材料的简单叠加,而是相互补充,这样可以更好地发挥混合材料各自的优良特性,使复合水泥性能得到全面改善。

2.5　混　凝　土

2.5.1　普通混凝土基本组成材料及技术要求

普通混凝土由水泥、水、砂和石子组成,另外还常掺入适量的外加剂和掺合料。水泥和水形成水泥浆,水泥浆包裹在砂颗粒的表面并填充砂颗粒之间的空隙形成砂浆。水泥浆在混凝土硬化之前起润滑作用,赋予混凝土拌和物流动性,便于浇筑施工;硬化之后起胶结作用,将砂石骨料胶结成一个整体,使混凝土产生强度,成为坚硬的人造石材。砂和石子在混凝土中起骨架作用,故称为骨料(集料),砂称为细骨料,石子称为粗骨料。外加剂起改性作用。掺合料则起降低成本和改性作用。

(1)水泥。水泥是混凝土中最重要的组分,配制混凝土时,应正确选择水泥品种和水泥强度等级,以配制出性能满足要求、经济性好的混凝土。

(2)细骨料。粒径在 0.16～5 mm 之间的骨料称为细骨料。砂按产源分为天然砂、人工砂两类。①颗粒形状及表面特征。细骨料的颗粒形状及表面特征会影响其与水泥石的黏结及混凝土拌和物的流动性。颗粒多棱角、表面粗糙,与水泥石的黏结性较好,因而拌制的混凝土强度较高,但拌和物的流动性较差;颗粒缺少棱角、表面光滑,与水泥石的黏结性较差,因而拌制的混凝土强度较低,但拌和物的流动性较好。②粗细程度和颗粒级配。用级配区表示砂的颗粒级配,用细度模数表示砂的粗细。细度模数越大,表示砂越粗。普通混凝土用砂的细度模数范围一般在 0.7～3.7,其中粗砂 $M_x=3.1\sim3.7$,中砂 $M_x=2.3\sim3.0$,细砂 $M_x=1.6\sim2.2$,$M_x=0.7\sim1.5$ 的称为特细砂,$M_x<0.7$ 的称为粉砂。

(3)粗骨料。粒径在 5～100 mm 之间的骨料称为粗骨料,粗骨料有卵石(又称为砾石)和碎石两类。碎石表面粗糙,棱角多,较洁净,与水泥石黏结得比较牢固;卵石表面光滑,与水泥石的胶结力较差。在相同条件下,卵石混凝土的强度比碎石混凝土低,在单位用水量相同的条件下,卵石混凝土的流动性比碎石混凝土大。

(4)混凝土拌和用水。一般来说，凡可饮用的水，均可以用于拌制和养护混凝土；未经处理的工业废水、污水及沼泽水，不能使用。

2.5.2 混凝土拌和物的和易性

混凝土拌和物指由混凝土组成材料拌和而成、尚未硬化的混合料，又称新拌混凝土。

1. 和易性概念

和易性指混凝土拌和物易于施工操作（拌和、运输、浇筑和振捣），不发生分层、离析、泌水等现象，以获得质量均匀、密实的混凝土的性能，反映了混凝土拌和物易于流动但组分间又不分离的一种性能，是一项综合技术性能，包括流动性、黏聚性和保水性三个方面。

流动性是指混凝土拌和物在自重或施工机械振捣的作用下，能产生流动，并均匀密实地充满模板的性能；黏聚性是指混凝土拌和物内部各组分间具有一定的黏聚力，在运输和浇筑过程中不易产生分层离析现象的性能；保水性是指混凝土拌和物具有保持内部水分不流失，不致产生严重泌水现象的性能。

2. 和易性的测定

通常是测定混凝土拌和物的流动性，观察评定黏聚性和保水性。流动性测定方法有坍落度筒法和维勃稠度法。坍落度的测定是将混凝土拌和物按规定的方法装入标准截头圆锥筒内，将筒垂直提起后，拌和物在自身质量作用下产生一定的坍落，如图 2-5 所示，坍落的高度(毫米)称为坍落度。坍落度越大，表明流动性越大。

3. 影响和易性的因素

(1)水泥浆含量。混凝土拌和物中的水泥浆，赋予混凝土拌和物一定的流动性。在水灰比不变的情况下，单位体积拌和物内，如果水泥浆愈多，则拌和物的流动性愈大。但水泥浆过多时，将会出现流浆、泌水现象，黏聚性、保水性变差；若水泥浆过少，则骨料之间缺少黏结物质，易使拌和物发生离析和崩坍。

(2)砂率。砂率是指细骨料含量占骨料总量的百分数。砂率有一个合理值，采用合理砂率时，在用水量和水泥用量不变的情况下，可使拌和物获得所要求的流动性和良好的黏聚性与保水性，如图 2-6、图 2-7 所示。

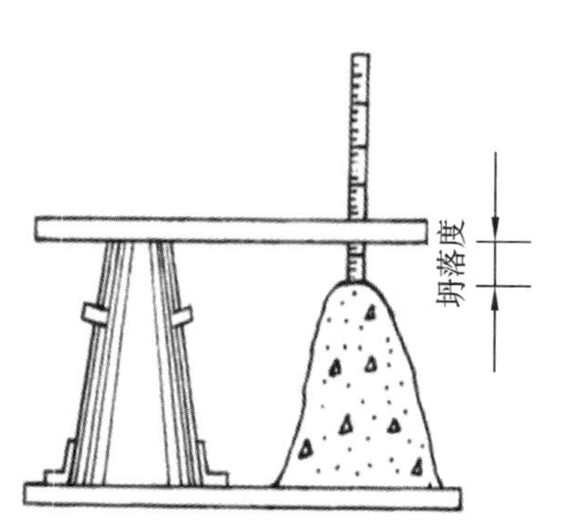

图 2-5 坍落度测定图

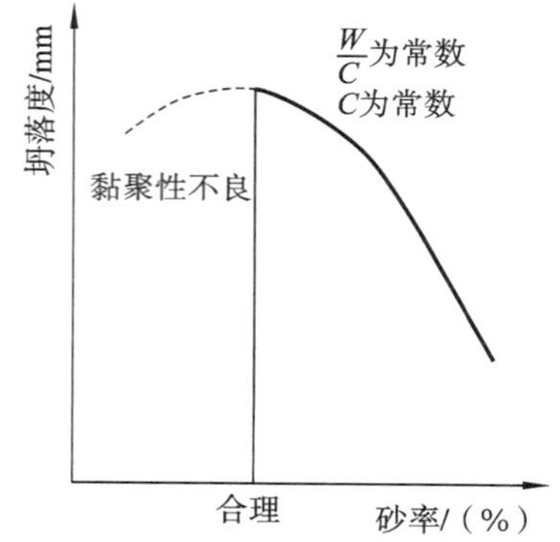

图 2-6 砂率与坍落度的关系曲线

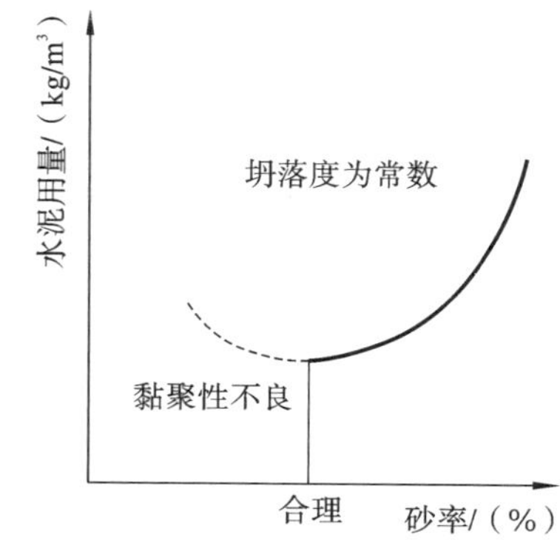

图 2-7 砂率与水泥用量的关系曲线

(3)水灰比。在水泥用量、骨料用量均不变的情况下，水灰比越大，拌和物流动性越大，反之则减小。但水灰比过大，会造成拌和物黏聚性和保水性不良，同时也影响水泥后期强度；水灰比过小，会使拌和物流动度过低，影响施工。

(4)水泥特性。水泥对拌和物和易性的影响主要是水泥品种和水泥细度的影响。在其他条件相同的情况下,需水量大的水泥比需水量小的水泥配制的拌和物流动性要小。

(5)骨料特性。一般说来,级配好的骨料,其拌和物流动性较大,黏聚性与保水性较好;表面光滑的骨料,如河砂、卵石,其拌和物流动性较大;骨料的粒径增大,总表面积减小,拌和物流动性就增大。

(6)外加剂。混凝土拌和物中掺入减水剂或引气剂,拌和物的流动性明显增大。引气剂还可有效改善混凝土拌和物的黏聚性和保水性。

(7)温度、时间。随着环境温度的升高,混凝土拌和物的坍落度损失加快(即流动性降低速度加快)。混凝土拌和物随时间的延长而变干稠,流动性降低。

4. 混凝土拌和物的凝结时间

水泥与水之间的反应是混凝土产生凝结的根源,但混凝土的凝结时间与配制该混凝土所用水泥的凝结时间并不相等。混凝土的水灰比、环境温度和外加剂的性能等均对混凝土的凝结快慢产生很大影响。

2.5.3　硬化混凝土的强度

1. 混凝土的强度

混凝土立方体抗压强度是指按标准方法制作的,标准尺寸为 150 mm×150 mm×150 mm 的立方体试件,在标准养护条件下[(20±2)℃,相对湿度为 90%以上],养护到 28 d 龄期,以标准试验方法测得的抗压强度值。

混凝土的抗拉强度比其抗压强度小得多,一般只有抗压强度的 1/13～1/10,且拉压比随抗压强度的增大而减小。

2. 影响混凝土强度的因素

(1)水泥强度等级和水灰比。水泥强度等级和水灰比是影响混凝土抗压强度的决定性因素。因为混凝土的强度主要取决于水泥石的强度及其与骨料间的黏结力(图 2-8),而水泥石的强度及其与骨料间的黏结力又取决于水泥的强度等级和水灰比的大小(图 2-9)。在水泥强度等级相同的情况下,强度将随水灰比的增加而降低。但如果水灰比过小,则拌和物过于干硬,在一定的捣实成型条件下,混凝土难以成型密实,从而使强度下降。另外,在相同水灰比和相同试验条件下,水泥强度等级越高,则水泥石强度越高,从而使用其配制的混凝土强度也越高。

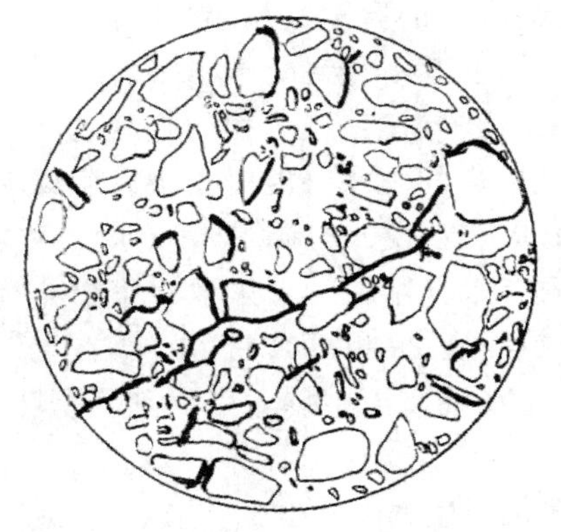

图 2-8　混凝土受压破坏裂缝

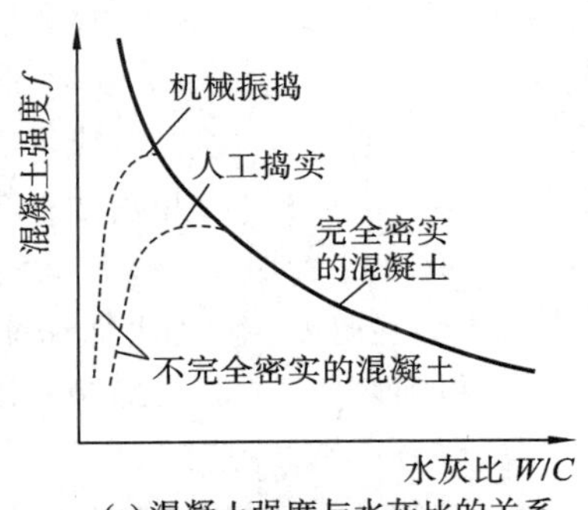

(a) 混凝土强度与水灰比的关系

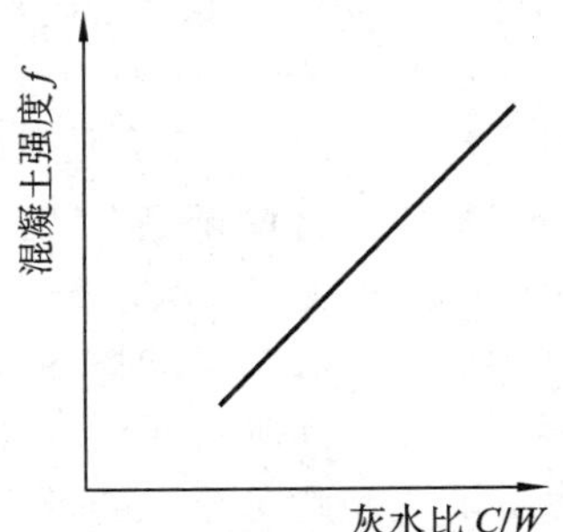

(b) 混凝土强度与灰水比的关系

图 2-9　混凝土强度与水灰比及灰水比的关系(原材料一定)

(2)骨料。骨料的强度一般都比水泥石的强度高(轻骨料除外),所以对混凝土的强度影响很小。骨料表面粗糙,则与水泥石的黏结力较大,故用碎石配制的混凝土比用卵石配制的混凝土强度高。

(3)养护温度、湿度。为了使混凝土正常硬化,必须在浇筑后一定时间内维持一定的潮湿环境。养护温度对混凝土强度发展也有很大影响。养护温度高,可以增大初期水化速度,混凝土早期强度也高。

(4)龄期。混凝土在正常养护条件下,其强度将随龄期的增加而增大,最初 7~14 d 发展较快,28 d 后强度发展趋于平缓。因而混凝土常以 28 d 龄期强度作为质量评定依据。

2.5.4 硬化混凝土的变形性能

混凝土在硬化和使用过程中,由于受到物理、化学和力学等因素的作用,常发生各种变形。由物理、化学因素引起的变形称为非荷载作用下的变形,包括化学收缩、干湿变形、碳化收缩及温度变形等;由荷载作用引起的变形称为在荷载作用下的变形,包括短期荷载作用下的变形及长期荷载作用下的变形。

2.5.5 混凝土的耐久性

混凝土的耐久性是指混凝土抵抗环境介质的长期作用,保持正常使用性能和外观完整性的能力,包括抗渗性、抗冻性、抗磨性、抗侵蚀性等。

(1)混凝土的抗渗性。混凝土的抗渗性是指混凝土抵抗液体压力渗透作用的能力。它是决定混凝土耐久性最主要的因素,因为外界环境中的侵蚀性介质只有通过渗透才能进入混凝土内部产生破坏作用。

(2)混凝土的抗冻性。混凝土的抗冻性是指混凝土在吸水饱和状态下,经受多次冻融循环作用,强度不严重降低,外观保持完整的性能。提高混凝土抗冻性的主要措施有:降低水灰比,加强振捣,提高混凝土的密实度;掺引气剂,将开口孔转变成闭口孔,使水不易进入孔隙内部,同时细小闭孔可减缓冰胀压力;保持骨料干净和级配良好,充分养护等。

(3)混凝土的抗磨性。混凝土的表面磨损有三种情况:一是机械磨耗,如路面、机场跑道、厂房地坪等处的混凝土受到反复摩擦、冲击而造成的磨耗;二是冲磨,如桥墩、水工泄水结构物、沟渠等处的混凝土受到高速水流中夹带的泥沙、石子颗粒的冲刷、撞击和摩擦造成的磨耗;三是空蚀,如水工泄水结构物受到水流速度和方向改变形成的空穴冲击而造成的磨耗。

(4)混凝土的抗侵蚀性。环境介质对混凝土的化学侵蚀有淡水的侵蚀、硫酸盐侵蚀、海水侵蚀、酸碱侵蚀等。采取的防止措施或是设法提高混凝土的密实度,改善混凝土的孔隙结构,以使环境侵蚀介质不易渗入混凝土内部;或是采用外部保护措施以隔离侵蚀介质,使其不与混凝土相接触。

(5)混凝土中的碱骨料反应。碱骨料反应(AAR)是指混凝土中的碱与具有碱活性的骨料之间发生反应,反应产物吸水膨胀或反应导致骨料膨胀,造成混凝土开裂破坏的现象。混凝土中发生碱骨料反应的必要条件有:①骨料中含有活性成分,并超过一定数量;②混凝土中含碱量较高(水泥含碱当量超过 0.6%或混凝土中含碱量超过 3.0 kg/m^3);③混凝土内有水分存在。可采取以下措施来预防:①条件允许时,尽量选择非活性骨料;②选用低碱水泥,控制混凝土中总的碱含量;③在混凝土中掺入适量的活性掺合料(如粉煤灰等)可适当抑制其膨胀率;④在混凝土中掺入引气剂,使其中含有大量均匀分布的微小气泡,可减小其膨胀破坏作用。

(6)混凝土的碳化。混凝土的碳化是指环境中的 CO_2 与水泥水化产生的 $Ca(OH)_2$ 作用,生成碳酸钙和水,从而使混凝土的碱度降低的现象。碳化对混凝土的物理力学性能有明显作用,会使混凝土出现碳化收缩,强度下降,还会使混凝土中的钢筋因失去碱性保护而锈蚀,最终导致钢筋混凝土结构的破坏。

2.5.6 混凝土外加剂

混凝土外加剂是指在拌制混凝土过程中掺入的用以改善混凝土性能的物质，掺量一般不大于水泥质量的5%（特殊情况除外）。外加剂在混凝土中掺量不多，但可显著改善混凝土拌和物的和易性，明显提高混凝土的物理力学性能和耐久性。

（1）外加剂的分类。①改善混凝土拌和物流变性能的外加剂，如减水剂、引气剂和泵送剂等。②调节混凝土凝结时间和硬化性能的外加剂，如缓凝剂、早强剂和速凝剂等。③改善混凝土耐久性的外加剂，如引气剂、防水剂、防冻剂和阻锈剂等。④改善混凝土其他性能的外加剂，如加气剂、膨胀剂、防冻剂、着色剂和道路抗折剂等。

（2）减水剂。减水剂是指在混凝土拌和物坍落度基本相同的条件下，能减少拌和用水量的外加剂，是工程中应用最广泛的一种外加剂。

（3）引气剂。引气剂是指在搅拌混凝土过程中能引入大量均匀分布、稳定而封闭的微小气泡（直径10～100 μm）的外加剂。引气剂对于混凝土的影响主要有：①改善混凝土拌和物的和易性；②提高混凝土的抗渗性和抗冻性；③降低混凝土的抗压强度。

（4）早强剂。早强剂是指能加速混凝土早期强度发展的外加剂。早强剂能促进水泥的水化和硬化，缩短养护周期，提高模板和场地周转率，加快施工速度。

（5）缓凝剂。缓凝剂是指能延缓混凝土凝结时间，而不显著影响混凝土后期强度的外加剂。

（6）速凝剂。速凝剂是指能使混凝土迅速凝结硬化的外加剂。

2.5.7 混凝土掺合料

混凝土掺合料是指在混凝土搅拌前或在搅拌过程中，直接掺入的人造或天然的矿物材料以及工业废料，其掺量一般大于水泥重量的5%，目的是改善混凝土性能、调节混凝土强度等级和节约水泥用量等。混凝土掺合料主要有粉煤灰、硅灰、磨细矿渣粉以及其他工业废渣。此外，还有沸石粉、磨细自燃煤矸石粉、浮石粉、火山渣粉等。

2.5.8 混凝土配合比设计

1. 普通混凝土配合比设计要求

普通混凝土配合比设计的任务是将水泥、粗细骨料和水等各项组成材料合理地配合，达到以下四项基本要求，即：满足结构设计的强度等级要求；满足混凝土施工所要求的和易性；满足工程所处环境对混凝土耐久性的要求；符合经济原则，即节约水泥以降低混凝土成本。

2. 普通混凝土配合比参数的确定原则

水灰比、砂率、单位用水量是混凝土配合比的三个重要参数：①水与水泥之间的比例关系，常用水灰比表示；②砂与石子之间的比例关系，常用砂率表示；③水泥浆与骨料之间的比例关系，常用单位用水量来反映。

（1）水灰比。满足强度要求的水灰比，可以使用工程原材料进行试验所建立的混凝土强度与水灰比关系曲线求得，也可以参照鲍罗米水灰比定则经验公式初步确定，而后进行试验校核。满足耐久性要求的水灰比，应通过混凝土抗渗性、抗冻性等试验确定。以上根据强度与耐久性要求所求得的两个水灰比中，应选取较小者，以便能够同时满足这些要求。

（2）混凝土单位用水量。混凝土单位用水量应以满足混凝土拌和物流动性的要求为准。

（3）合理砂率。预先估计几个砂率，拌制几组混凝土，进行和易性对比试验，从中选出合理砂率。也可查阅相关表格及考虑拨开系数砂率计算公式，进行查询和计算。

混凝土配合比参数关系如图 2-10 所示。

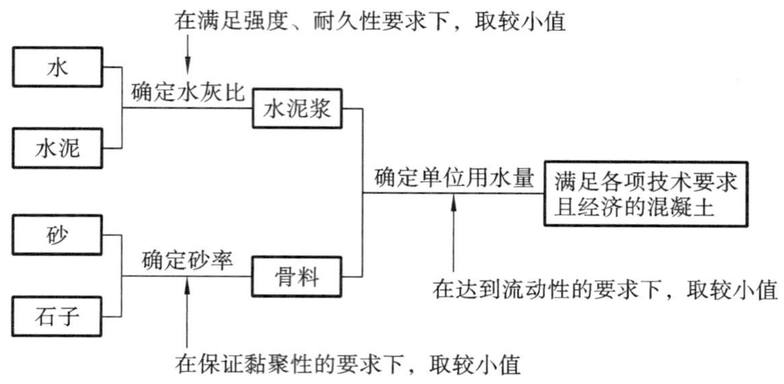

图 2-10　混凝土配合比参数关系

3. 普通混凝土配合比设计方法与步骤

普通混凝土配合比设计步骤可归纳为：估算初步配合比；试拌调整；确定混凝土配合比。

(1)初步配合比的计算。

①初步确定水灰比 W/C。根据混凝土强度及耐久性要求，参考鲍罗米水灰比定则经验公式以及相关表格，并考虑水灰比最大允许值初步确定水灰比。②初步估计单位用水量 $W(\mathrm{kg/m^3})$。根据拌和物坍落度的要求，参考相应表格初步确定。③初步估计合理砂率 $S/(S+G)$。④初步计算水泥用量 $C(\mathrm{kg/m^3})$。采用初步确定的水灰比及单位用水量计算，同时混凝土水泥用量应不少于施工规范要求的最小水泥用量。⑤计算砂、石子用量。根据上述各参数，可按“绝对体积法”或“假定表观密度法”进行计算。

(2)试拌调整，得出基准配合比。

按初步配合比，称取拌制 0.015～0.030 $\mathrm{m^3}$ 混凝土所需的各项材料，按试验规程拌制混凝土，测其坍落度，观察黏聚性及保水性。若不符合要求，则调整砂率或用水量，再进行拌和试验，直至符合要求。调整好的混凝土，测定其拌和物表观密度。根据该拌和物各项材料实际用量，计算该混凝土配合比。

(3)检验强度及耐久性等，确定试验室混凝土配合比。

按基准配合比，成型强度、抗渗、抗冻等试件，标准养护至规定龄期，进行试验。如果混凝土各项性能均满足要求，且超过要求指标不多，则此配合比是经济合理的。否则，应将水灰比进行必要的修正，并重新做试验，直至符合要求。

(4)施工配合比。

试验室得出的配合比，是以干燥材料为基准的，而工地存放的砂、石材料都含有一定的水分。所以现场材料的实际称量应按工地砂、石的含水情况进行修正，修正后的配合比称作施工配合比。

2.6　建筑钢材

建筑钢材是指用于工程建设的各种钢材。

2.6.1　建筑钢材的力学性能

(1)抗拉屈服强度，是指钢材在拉力作用下开始产生塑性变形时的应力，也称作屈服强度。当某些钢材的屈服点不明显时，可以将产生 0.2%残余变形时的应力作为屈服强度。

(2)抗拉极限强度，是指试件破坏前，应力-应变曲线上的最大应力值，也称作抗拉强度。抗拉强度不能直接利用，但屈服强度与抗拉强度的比值(即屈强比)能反映钢材的安全可靠程度和利用率。屈强比越小，表明材料的安全性和可靠性越高，结构越安全。屈强比过小，则钢材有效利用率太低，造成浪费。

(3)伸长率，是指试件拉断后，标距的伸长量与原始标距的百分比。伸长率表示钢材断裂前经受塑性变形的能力，伸长率越大，表示钢材塑性越好。

(4)硬度，是指其表面抵抗硬物压入产生局部变形的能力。

(5)冲击韧性，是指钢材抵抗冲击荷载作用的能力，用冲断试件所需能量的多少来表示。

(6)疲劳强度，是指材料在反复多次交变荷载作用下不破坏的最大应力。

2.6.2　建筑钢材的种类与选用

(1)碳素结构钢，又称普通碳素结构钢。碳素结构钢以其力学性能划分为不同牌号。牌号的表示方法：由字母 Q、屈服点值(以 MPa 计)、质量等级符号(A、B、C、D)及脱氧方法符号(F—沸腾钢；b—半镇静钢；Z—镇静钢；TZ—特殊镇静钢)四部分组成。

例如，Q235—A・F 即为屈服点不低于 235MPa、A 级质量、沸腾钢的碳素结构钢。

碳素结构钢牌号由 Q195 升至 Q275 时，钢的含碳量逐渐增多，强度提高，塑性降低，冷弯及可焊性下降。质量等级由 A 至 D 时，钢中有害杂质硫、磷含量逐渐减少，低温冲击韧性改善，质量提高。

(2)低合金高强度结构钢。低合金高强度结构钢是一种在碳素结构钢的基础上添加总量不小于 5%合金元素的钢材，所加合金元素主要有锰(Mn)、硅(Si)、钒(V)、钛(Ti)、铬(Cr)、镍(Ni)及稀土元素。

(3)优质碳素结构钢。优质碳素结构钢对有害杂质含量控制严格，质量稳定，综合性能好，但成本较高。其性能主要取决于含碳量的多少，含碳量高，则强度高，塑性和韧性差。

(4)钢筋。钢筋与混凝土之间有较大的握裹力，能牢固啮合在一起。钢筋抗拉强度高、塑性好，放入混凝土中可很好地改善混凝土脆性，扩展混凝土的应用范围，同时混凝土的碱性环境又很好地保护了钢筋。

(5)型钢。钢结构用钢材主要是热轧成型的钢板和型钢等；薄壁轻型钢结构中主要采用薄壁型钢、圆钢和小角钢；钢材所用的母材主要是普通碳素结构钢和低合金高强度结构钢。

2.7　沥青、木材

2.7.1　沥青

沥青是由极其复杂的高分子碳氢化合物及其非金属(氧、硫、氮)的衍生物所组成的混合物，是一种褐色或黑褐色的有机胶凝材料，其中以石油沥青最为常见。

1. 石油沥青概念及组分

石油沥青是石油原油经蒸馏提炼出各种轻质油及润滑油以后的残留物，或再经加工而得的产品，主要组分是油分、树脂和沥青质。①油分为淡黄色至红褐色的油状液体，是沥青中分子量最小和密度最小的组分，赋予沥青流动性。②树脂为黄色至黑褐色黏稠状物质，分子量比油分大，赋予沥青良好的黏结性、塑性和可流动性。中性树脂含量越高，石油沥青的延度和黏结力等品质越好。③沥青质（地沥青质）为深褐色至黑色固态无定形物质（固体粉末），分子量比树脂更大，是决定石油沥青温度敏感性、黏性的重要组成部分，其含量越多，则软化点越高，黏性越大，即越硬脆。

沥青中的油分和树脂能浸润沥青质。沥青的结构是以地沥青质为核心，周围吸附部分树脂和油分，构成胶团，无数胶团分散在油分中形成胶体结构。胶体结构又可分为溶胶型结构、凝胶型结构以及溶-凝胶型结构三种，如图 2-11 所示。

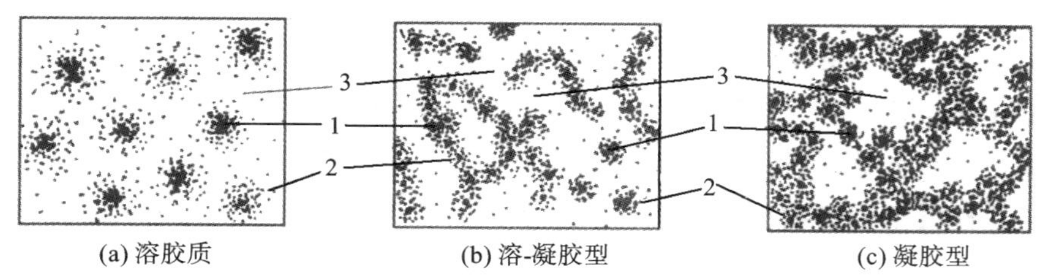

图 2-11　石油沥青胶体结构示意图

1—沥青质；2—树脂；3—油分

2. 石油沥青技术性质

（1）黏滞性。黏滞性是反映沥青材料内部阻碍其相对流动的一种特性，以绝对黏度表示，是沥青性质的重要指标。

（2）塑性。塑性指石油沥青在外力作用下产生变形而不破坏，除去外力后则仍保持变形后形状的性质。

（3）温度敏感性。温度敏感性是指石油沥青的黏滞性和塑性随温度升降而变化的性能。

（4）大气稳定性。大气稳定性是指石油沥青在热、阳光、氧气和潮湿等因素的长期综合作用下抵抗老化的性能，也称耐久性。

（5）其他技术性质。①黏附性。黏附性是指沥青与其他材料的界面黏结性能和抗剥落性能。②施工安全性。评估沥青安全性的指标包括闪点和燃点。闪点是指加热沥青至挥发出的可燃气体和空气的混合物，在规定条件下与火焰接触，初次闪火时的沥青温度。燃点也称着火点，指加热沥青产生的气体和空气的混合物，与火焰接触能持续燃烧 5 s 以上时的沥青温度。③防水性。石油沥青是憎水性材料，同时还具有一定的塑性，能适应材料或构件的变形，广泛用作土木工程的防潮、防水材料。④溶解度。溶解度是指石油沥青在三氯乙烯、四氯化碳或苯中溶解的百分率。

3. 石油沥青使用分类

石油沥青按用途分为建筑石油沥青、道路石油沥青和普通石油沥青三种，其技术指标要求可以查阅相应表格。在土木工程中使用的主要是建筑石油沥青和道路石油沥青。

4. 改性沥青

土木工程中使用的沥青要具有一定的物理性质和黏附性。为此，需要橡胶、树脂和矿物填料等对沥青进行改性。

2.7.2　木材

木材的密度具有变异性，即从髓到树皮或早材与晚材及树根部到树梢的密度变化规律随木材种类不同有较大的不同，平均为 1.50～1.56 g/cm^3，表观密度为 0.37～0.82 g/cm^3。

木材的含水率是木材中水分质量占干燥木材质量的百分比。木材中的水分按其与木材结合形式和存在的位置,可分为自由水、吸附水和化学结合水。当木材中无自由水,而细胞壁内吸附水达到饱和时,这时的木材含水率称为纤维饱和点。木材中所含的水分是随着环境的温度和湿度的变化而改变的。当木材长时间处于一定温度和湿度的环境中时,木材中的含水量最后会达到与周围环境湿度相平衡,这时木材的含水率称为木材平衡含水率。

木材具有显著的湿胀干缩性。当木材从潮湿状态干燥至纤维饱和点时,自由水蒸发不改变其尺寸;继续干燥,细胞壁中吸附水蒸发,细胞壁基体收缩,从而引起木材体积收缩。反之,木材吸湿膨胀,直到达到纤维饱和点时为止。细胞壁越厚,则胀缩越大。由于木材构造不均匀,各方向、各部位胀缩也不同,其中弦向最大,径向次之,纵向最小;边材胀缩大于心材。

2.8　土木工程新材料

在过去的几十年间,土木工程领域经历了日新月异的创新与变革,新材料的不断涌现成为推动这一领域发展的关键驱动力之一。建筑、道路、桥梁等基础设施作为现代社会的基石,其设计与施工对材料的性能提出了越来越高的要求。新材料的出现为这些基础设施的建设带来了诸多优势,它们不仅在强度、耐久性等方面展现出卓越的性能,还具备更优越的环境适应性,能够更好地抵御各种恶劣的自然环境和满足复杂的使用条件。

在众多新材料中,高性能材料、功能性材料以及可持续材料脱颖而出,成为当前土木工程领域研究的重点和热点。高性能材料以其优异的力学性能和耐久性,为提高建筑结构的安全性提供了坚实的保障;功能性材料则通过其独特的功能,如智能监测、自修复等,进一步提升了建筑结构的功能性和智能化水平;可持续材料则着眼于材料的全生命周期,注重减少对环境的影响,在实现建筑行业节能减排目标的同时,也为建设环境友好型社会做出了积极贡献。这些新材料的研发和应用,正在悄然改变着传统土木工程的面貌,引领着土木工程行业向着更加高效、安全、环保的方向发展。

2.8.1　高性能材料

高性能材料在土木工程领域中占据着重要的地位,它们通常具有在强度、耐久性、施工性能等方面显著优于传统材料的特点,能够满足各种复杂工程环境和工程应用需求。以下是几种主要的高性能混凝土及其应用。

1. 高性能混凝土(HPC)

高性能混凝土是一种通过对原材料的精心选择、配合比的优化设计并采用先进的生产工艺而制备出的具有卓越综合性能的混凝土。它以耐久性作为设计的核心指标,同时兼顾强度、工作性、适用性、体积稳定性和经济性等多方面的性能要求。其主要特点如下。

(1)高强度:高性能混凝土的抗压强度通常较高,能够满足高层建筑、大跨度桥梁等对结构承载能力有较高要求的工程的建设需要。一般其抗压强度可达到50 MPa,部分有特殊要求的高性能混凝土的抗压强度甚至可以超过200 MPa。例如,在超高层建筑中,如迪拜的哈利法塔,其核心筒结构就大量使用了高性能混凝土,以确保其在承受巨大的自重和风力等荷载作用下的安全性,其抗压强度达到80 MPa,为建筑的高耸入云提供了坚实的结构基础。

(2)高抗渗性:高性能混凝土具有极低的孔隙率和良好的密实性,能够有效阻止水分、氯离子等有害物质的侵入,从而显著提高混凝土结构的耐久性,使其在恶劣的环境条件下,如海洋环境、化学侵蚀环境等,仍能保持良好的性能。在一些沿海的大型港口建设中,高性能混凝土被广泛应用于码头结构,其高抗渗性有效抵御了海水的侵蚀,延长了码头的使用寿命。

(3)高耐久性：除抗渗性好之外，高性能混凝土还具有良好的抗冻性、抗碳化性、抗化学腐蚀性等，能够承受长期的环境压力和使用荷载，大大延长了混凝土结构的使用寿命，减少了维修和更换的频率。在寒冷地区的桥梁建设中，高性能混凝土的高耐久性使其能够经受住反复的冻融循环，保证了桥梁结构的长期稳定。

在高层建筑中，高性能混凝土用于基础、柱、梁等关键结构部位，能够提高结构的承载能力和稳定性，同时其良好的耐久性也减少了因混凝土老化和腐蚀而导致的结构安全隐患。在机场建设中，跑道、停机坪等部位采用高性能混凝土，能够承受飞机起降时的巨大荷载和频繁的冲击，保证机场的正常运营。在隧道工程中，高性能混凝土用于衬砌结构，能够有效抵抗地下水的侵蚀和地层压力，确保隧道的安全和稳定。在核电站建设中，高性能混凝土用于反应堆厂房、安全壳等关键部位，能够抵御核辐射和其他恶劣环境的影响，确保核电站的安全运行。

2. 自密实混凝土(SCC)

自密实混凝土是一种具有特殊流变性能的混凝土，它能够在自重作用下自流平、自密实，无须外力振捣即可填充到复杂的模板空间中，并且能够保证混凝土的密实性和均匀性。其主要特点如下。

(1)良好的流动性：自密实混凝土具有较大的坍落度和扩展度，能够在重力作用下自行流动，轻松地填充到各种形状复杂、钢筋密集的结构部位，避免了因振捣不充分而产生的蜂窝、麻面等质量缺陷。在一些复杂的高层建筑结构中，如核心筒内部的钢筋布置非常密集，自密实混凝土的良好流动性使其能够顺利填充，确保了混凝土的浇筑质量。

(2)优异的填充性：其特殊的配合比设计使得混凝土具有良好的黏聚性和抗离析性，在流动过程中能够保持均匀的状态，不会出现骨料与浆体分离的现象，从而确保了混凝土在复杂结构中的填充效果。在一些大型桥梁的箱梁结构中，由于内部结构复杂，自密实混凝土优异的填充性保证了混凝土在各个部位的均匀填充，提高了结构的整体性。

(3)施工便捷性：由于无须振捣，自密实混凝土大大减少了施工过程中的人工和机械振捣环节，不仅降低了施工噪声和粉尘污染，还节省了施工时间和成本，提高了施工效率。在城市中心的建筑施工中，自密实混凝土的施工便捷性尤为突出，减少了对周围居民和环境的影响。

在建筑结构中，自密实混凝土主要用于一些复杂的混凝土浇筑部位，如高层建筑的核心筒、转换层、梁柱节点等，能够保证混凝土的浇筑质量，提高结构的整体性和安全性。在桥梁工程中，自密实混凝土用于桥墩、桥台、箱梁等结构的混凝土浇筑，特别是对于一些形状复杂、钢筋密集的构件，自密实混凝土能够轻松地填充到各个角落，减小了施工难度和质量风险。此外，自密实混凝土还可以用于一些特殊的施工环境，如水下混凝土浇筑、狭窄空间混凝土浇筑等，具有传统混凝土无法比拟的优势。在水下隧道的建设中，自密实混凝土可以通过管道直接输送到水下的浇筑部位，无须进行水下振捣，大大提高了施工的安全性和效率。

3. 超高性能混凝土(UHPC)

超高性能混凝土是一种具有超高强度、超高耐久性和极好抗裂性能的新型混凝土材料，它代表了当今混凝土技术的最高水平。其主要特点如下。

(1)极高的强度：超高性能混凝土的抗压强度通常可达到 150 MPa，比普通混凝土高出 3 倍甚至更多，其抗拉强度也显著高于普通混凝土，能够承受极大的荷载和应力，为大跨度、高耸等结构提供了可靠的材料保障。例如，在一些大型的跨海大桥建设中，如港珠澳大桥，其部分关键部位就采用了超高性能混凝土，其抗压强度达到了 200 MPa，为大桥的超大跨度和承受巨大的车辆荷载提供了有力支撑。

(2)出色的耐久性:由于其极低的孔隙率和高度致密的微观结构,超高性能混凝土具有优异的抗渗性、抗冻性、抗化学腐蚀性等,能够在极端恶劣的环境条件下长期使用而不发生明显的性能退化,其使用寿命可达几十年甚至上百年。在一些高腐蚀环境的化工园区的建筑建设中,超高性能混凝土的出色耐久性使其能够抵御各种化学物质的侵蚀,保证了建筑的长期安全使用。

(3)良好的抗裂性能:超高性能混凝土在配合比设计和生产工艺上采取了一系列措施,如添加纤维等,使其具有良好的韧性和抗裂性能,能够有效抑制混凝土在受力和变形过程中裂缝的产生和扩展,进一步提高了结构的安全性和耐久性。在一些地震多发地区的高层建筑建设中,超高性能混凝土的良好抗裂性能使其在地震作用下能够减少裂缝的产生,提高了建筑的抗震性能。

在极限环境下,如海洋环境、高寒地区、强腐蚀环境等,超高性能混凝土的应用能够保证结构的长期耐久性和稳定性。在海上石油平台建设中,超高性能混凝土用于平台的基础、支撑结构等部位,能够抵御海水的侵蚀和海浪的冲击,确保平台的安全运行。在大型桥梁建设中,超高性能混凝土用于主梁、桥墩等关键部位,能够提高桥梁的跨度和承载能力,同时减少结构自重和维护成本。在一些特殊的工业建筑中,如化工、冶金等行业的厂房建设,超高性能混凝土能够抵抗化学腐蚀和高温等恶劣环境的影响,保证厂房的安全和稳定。

2.8.2　功能性材料

功能性材料是土木工程材料领域中的一颗璀璨明珠,它们除具备常规的物理性能外,还拥有独特的功能,能够满足特定的环境或工作条件需求,在土木工程的智能监测、自修复等前沿领域发挥着重要作用。

1. 光催化水泥

光催化水泥是一种创新性的水泥材料,它将光催化技术与传统水泥相结合,具有在光照条件下分解空气中污染物的神奇功能,如氮氧化物等,从而实现自清洁作用,为解决城市空气污染问题提供了一种新的思路和途径。其核心原理是在水泥中添加二氧化钛(TiO_2)作为主要的光催化活性成分,当受到紫外光照射时,二氧化钛能够产生强氧化性的自由基,这些自由基可以将空气中的污染物分解为无害的物质,如二氧化碳和水等。

在空气污染严重的城市和地区,光催化水泥广泛应用于外墙、道路建设等领域。在建筑外墙方面,光催化水泥可以制成各种装饰材料和涂料,涂覆在建筑物的外表面,通过光催化作用分解空气中的污染物,实现建筑的自清洁和空气净化功能,同时还能美化城市环境。例如,在一些大城市的商业中心区域,许多高层建筑的外墙采用了光催化水泥涂料,不仅使建筑外观更加美观,还在一定程度上改善了周围的空气质量。在道路建设中,光催化水泥用于路面铺设,能够在车辆行驶过程中不断净化道路周围的空气,减少汽车尾气等污染物的排放,改善城市的空气质量。在一些交通繁忙的城市主干道上,采用光催化水泥铺设的路面能够有效地降低空气中污染物的浓度。

2. 形状记忆材料

形状记忆材料是一类具有独特形状记忆效应的智能材料,常见的形状记忆材料包括形状记忆合金(如镍钛合金)等。这些材料在外界条件(如温度、应力等)发生变化时,能够自动恢复到原始形状,这种特殊的性能使其在土木工程中具有很大的应用潜力,尤其是在应对建筑变形、温度变化等复杂问题上展现出独特的优势。

形状记忆材料在建筑和桥梁结构中的应用越来越受到重视。在建筑结构中,形状记忆材料可以用于制作自适应的结构构件,如框架结构的梁柱节点、幕墙的连接部位等,当建筑因外界环境变化而产生变形时,形状记忆材料能够自动调整形状,减少结构的损伤和变形,提高建筑的抗震和抗风性能。例如，在一些地震多发地区的高层建筑中，采用形状记忆合金制作的梁柱节点在地震发生时能够根据结构的变形自动调整形状，吸收和耗散地震能量，保护建筑结构的安全。在桥梁结构中，形状记忆材料除用于伸缩缝装置外，还可以用于制作桥梁的支座、拉索等关键部件，通过形状记忆效应实现部件的自适应调节，提高桥梁的安全性和耐久性。在一些大型跨海大桥中，形状记忆合金制作的支座能够根据桥梁的伸缩和变形自动调整高度和角度，保证了桥梁的正常使用。

3. 智能混凝土

智能混凝土是一种具有感知和响应环境变化能力的新型混凝土材料，它能够实时监测结构的应力、温度、湿度等变化，并根据这些变化做出相应的反应，如自感应与自修复功能，为土木工程结构的安全性和耐久性提供了有力的保障。

(1)自感应混凝土：自感应混凝土通过内嵌传感器或电子材料，能够实时感知结构内部的应力、温度、湿度等物理量的变化，并将这些信息传输给外部的监测系统。这种实时监测能力使得工程师能够及时了解结构的健康状况，发现潜在的安全隐患，从而采取相应的措施进行维护和修复。在桥梁、隧道等交通基础设施中，自感应混凝土的应用尤为重要。例如，在大型桥梁的关键部位，如主梁、桥墩等，植入自感应混凝土传感器，可以实时监测桥梁在车辆荷载和环境因素作用下的应力变化情况，一旦发现应力异常或超过安全阈值，及时发出预警信号，确保桥梁的安全运营。在隧道工程中，自感应混凝土可以用于监测隧道衬砌结构的变形和应力变化，及时发现衬砌结构的裂缝和损伤，为隧道的安全维护提供保障。在一些山区的高速公路隧道中，自感应混凝土的应用有效地提高了隧道的安全性和维护效率。

(2)自修复混凝土：自修复混凝土具有自动修复裂缝的神奇功能，其修复机制通常依赖于含有活性物质的微胶囊或自愈合聚合物。当混凝土结构出现裂缝时，微胶囊或自愈合聚合物中的活性物质会在水分、氧气等作用下发生化学反应，生成新的物质来填充裂缝，从而实现裂缝的自动修复。在高速公路、机场跑道等交通繁忙的地方，自修复混凝土的应用能够大大减少因裂缝和磨损而导致的维护成本和交通中断时间。例如，在一些高速公路的试验路段，采用了自修复混凝土铺设路面，当路面出现裂缝时，自修复混凝土能够在车辆荷载的作用下自动修复裂缝，延长了路面的使用寿命，提高了公路的运营效率。在一些大型机场的跑道建设中，自修复混凝土的应用也越来越广泛，有效地减少了跑道的维护时间和成本。

2.8.3 可持续材料

可持续材料作为土木工程领域的新兴力量，正逐渐成为行业发展的主流趋势。它们不仅注重材料本身的性能和质量，更强调在材料的整个生命周期内对环境的影响最小化，符合全球节能减排的发展要求，为实现建筑行业的可持续发展提供了有力的支撑。

1. 再生混凝土

再生混凝土是一种绿色环保的混凝土材料，它是由建筑废料、拆迁废弃物等回收材料经过高效的分选、破碎、清洗等处理工艺后，再与一定比例的水泥、骨料、外加剂等混合搅拌而成。通过科学合理的配合比设计和生产工艺控制，再生混凝土可以保持较高的力学性能，满足一定工程建设的需要。

在城市建设的过程中，再生混凝土的应用越来越广泛。在非承重结构方面，如建筑物的填充墙、隔断墙等，利用建筑废料制作的再生混凝土可以替代传统的黏土砖等材料，既节约了大量的天然资源，又减少了建筑废弃物对环境的污染。在一些老旧小区的改造中，再生混凝土制作的填充墙和隔断墙得到了广泛应用，有效地减少了建筑垃圾的排放。在道路工程中，再生混凝土可以用于铺设次要道路、人行道、停车场等，其良好的力学性能和耐久性能够满足这些部位的使用要求。在一些城市的次干道和人行道的改造中，再生混凝土的应用不仅降低了工程成本，还减少了对环境的影响。在景观建筑领域，如公园的假山、花坛、座椅等，再生混凝土可以根据需要制作成各种形状和颜色，既美观又环保。此外，在一些临时工程中，如建筑工地的临时道路、围挡等，再生混凝土也可以发挥其独特的优势，降低工程成本，减少对环境的影响。在一些大型建筑工地，再生混凝土制作的临时道路和围挡不仅满足了施工的需要，还体现了环保理念。

2. 绿色建筑材料

绿色建筑材料是指那些在生产、使用及废弃过程中具有低能耗、低污染、低碳排放等特点的建筑材料。这类材料涵盖了多种类型，包括低能耗的绝缘材料、可再生资源制成的建筑材料、可降解的建筑材料等，它们为现代绿色建筑设计提供了丰富的材料选择。

在现代绿色建筑设计中，绿色建筑材料的应用无处不在。例如，采用高效保温材料的墙体，如聚苯板、岩棉板等，能够有效减少建筑物的热量传递，降低冬季采暖和夏季制冷的能耗，提高建筑的节能性能。在一些寒冷地区的绿色建筑中，聚苯板保温材料的应用使得建筑物的冬季采暖能耗降低了 30% 以上。在天然通风系统中，采用可再生资源制成的通风管道，如竹纤维通风管道等，不仅具有良好的通风性能，还减少了对环境的影响。在一些绿色建筑的设计中，竹纤维通风管道的应用体现了可持续发展的理念。此外，可降解的建筑材料在一些临时建筑和景观建筑中的应用也越来越广泛，如可降解的塑料模板、纸质建筑材料等，在使用后能够自然降解，减少了对环境的污染。在一些大型展会的临时建筑中，可降解的塑料模板和纸质建筑材料的应用既满足了施工的需要，又体现了环保的要求。

课后习题

1. 简述孔隙及孔隙特征对材料强度、表观密度、吸水性、抗渗性、抗冻性的影响。

2. 什么是硅酸盐水泥？生产硅酸盐水泥时为什么要加入适量石膏？

3. 水泥浆和骨料在混凝土制备过程中分别起什么作用？

4. 提高混凝土耐环境水侵蚀性能的主要措施有哪些？

5. 混凝土拌和物的和易性包括哪三个方面？

6. 影响混凝土强度的主要因素有哪些？

7. 大体积混凝土温度控制措施主要有哪些？

8. 改善混凝土耐久性的主要措施有哪些？

9. 论述混凝土减水剂的作用效果。

10. 混凝土配合比设计过程中，在保证混凝土技术性能要求条件下，怎样才能使配制出的混凝土更具经济性？

第3章 建筑工程

3.1 概　　述

建筑工程是指通过对各类房屋建筑及其附属设施的建造和与其配套的线路、管道、设备的安装活动所形成的工程实体。在建筑工程的各个环节中，建筑结构是决定建筑物安全性和稳定性的重要因素。建筑结构是指能够安全承受所有压力，并能保证其正常工作而形成的空间受力体系。建筑结构在古代和现代，在东方和西方都是风格迥异、各具特色。接下来，本章主要介绍建筑结构的基本构件、类型和施工方法。

3.1.1 建筑结构发展历史

建筑结构的发展离不开结构理论的完善，同时建筑结构的发展和建筑设备的开发、施工技术的应用也与建筑物的发展密不可分。

旧石器时代，距今大约五十万年前，当时的建筑结构主要通过经验来完成建造，工具也只能是一种简易的、从自然界中容易得到的手工器械，如斧、矛、铲等(图 3-1)。原始的土木工程分为两类：穴居洞穴(图 3-2)和巢居窝棚(图 3-3)。

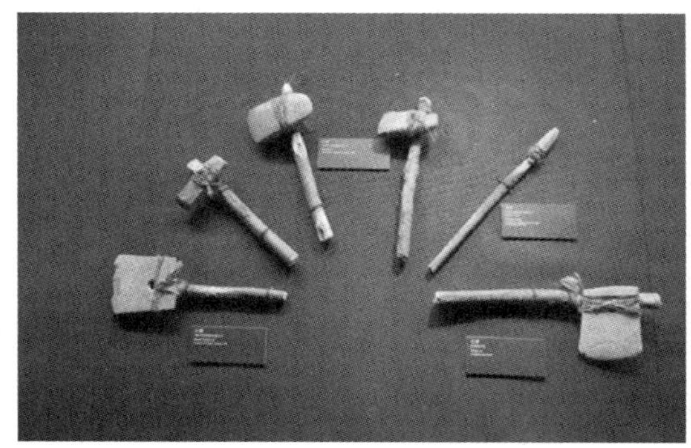

图 3-1 手工器械

图 3-2 穴居洞穴

在那时，我国的原始人就已使用窑洞作为栖身之所，用以遮风挡雨和逃避猛兽的追捕。新石器时代是由中国考古工作者所定的历史时期，开始于一万多年以前，其基本完成时期距今两千余年至五千余年之间。该时期不仅出现了简单的打磨工具，而且诞生了一系列手工艺品。例如，考古发现的瓷器、青铜、铁器、玉石、炭化纺织物残块，以及水稻硅质体等古代文明遗存。中国是世界上最早出现陶器的国家，并通过湖南的玉蟾岩遗址(图 3-4)和江西的仙人洞遗址(图 3-5)向外传播发散到俄罗斯和日本，之后便在亚洲地区被保留了下来。在公元前 1000 年左右，人们使用的建筑材料更加多样化，于是便有了木结构、石结构以及砖石混合结构等。

古代西方建筑多为砖石结构，如埃及胡夫金字塔(图 3-6)、古希腊帕特农神庙(图 3-7)、古罗马斗兽场(图 3-8)等，都令人印象深刻。帕特农神庙始建于公元前 447 年，主体结构主要由白色大理

图 3-3　巢居窝棚

图 3-4　湖南的玉蟾岩遗址

图 3-5　江西的仙人洞遗址

图 3-6　胡夫金字塔

图 3-7　帕特农神庙

石建造而成。帕特农神庙是鼎盛时期建筑设计与雕刻艺术的主要代表，堪称“希腊国宝”，是人类建筑史上一颗璀璨的明珠。

中华民族文化源远流长，在 5000 年的历史长河中，我们的祖先创造了引人瞩目的建筑技术和文化，它在东方乃至世界形成了鲜明的特色，因此被称为三大建筑体系之一。我国古建筑多采用木制构件，它的特点是取料简便，施工速度快，但也存在着不足之处，比如容易引发火灾、被雨水侵蚀，相比采用传统石材的建筑维持时间较短等。而当今世界上现有规模较大、保护较为完好的木制构造的中国古代建筑群——北京故宫(图3-9),堪称五宫之首。故宫建筑物通过空间、数量、色彩、装饰等各种要素的相互影响,才构成了独特的空间造型美感:殿宇楼台,高低错落有致,壮丽而雄伟。故宫的建筑物集中展示了我国古代建筑艺术的优良传统和独特风格,是中国古代建筑的经典之作。

图3-8　古罗马斗兽场

图3-9　北京故宫

建筑工程实践的增多,产生了中国早期关于土木建筑的一些图书,比如中国春秋战国时代的《考工记》、北宋喻皓的《木经》、中国古代最完备的建筑工程方法图书——北宋李诫的《营造法式》等。到了1638年,意大利科学家伽利略就颁布并提出了"关于两门新科学的对话"。1687年,牛顿归纳出了流体力学三个定理。1825年纳维确立了在土木中建筑结构设计的最大容许应力法。土木建筑工程逐渐形成了一个系统的专业,施工结构设计方法也有了长足的突破。砖、瓦、木材、石等施工建材也获得了日益广泛的使用,水泥、钢材、钢筋混凝土和较早期的预应力混凝土也有所进展。

第二次世界大战后,和平和发展成为当时的主旋律,各国纷纷致力于经济发展和技术提升,为建筑结构提供了物质基础和技术方法,促使建筑结构有了质的转变。

由于人类的发展和技术的进步,人们对建筑的要求也越来越高,已经不仅仅满足于"风刮不住,雨淋不到",而是"冬暖夏凉,一应俱全"。为满足人们自身的需求,建筑物的结构布置不仅要求舒适,更要求美观。因此建筑结构材料以钢材、特种材料以及绿色环保材料为主。

经济的发展、科技水平的提升,导致人口急剧增加,由此导致了人多地少、城市用地紧缺,高层建筑、超高层建筑物和地下商场、地铁等地下建筑应运而生。这些建筑物的结构形式以框架、剪力墙、框架剪力墙、钢结构、筒体结构等为主。

许多重大工程项目将会在未来慢慢实现,对建筑结构材料的要求将会越来越严格,建筑结构材料将会向着轻质、高强、绿色环保、特殊性能的方向发展,也对建筑结构材料的技术、外观等提出了更高的要求。

建筑结构的设计方式,向着精确化、自动化发展,互联网智能技术必然掀起建筑结构的大变革。那时人们将不再局限于自身的计算能力,而是借助计算机寻找更为合理的方法,去实现更宏伟的建筑。那些不能用试验验证的破坏方式,将在计算机上一一展现,帮助人们找到其破坏方式和破坏因素,大大提高工程结构的安全性和可靠性。

3.1.2　古代和现代的一些典型建筑

长城(图3-10)修筑于中国春秋战国时代,其不仅是我国也是当今世界上建设时期最长、工程量最大的古代军事防护建筑。秦灭六国统一天下后,秦始皇就着手整修了其余长城,始有万里长城之称。而明朝是最后大修长城的中国朝代，明长城东起鸭绿江边的虎山长城，西至嘉峪关，全长 7300 多千米，犹如一条盘踞的巨龙。

图 3-10　万里长城

吴哥窟（图 3-11），简称吴哥寺，意即“首都的寺庙”，由于地处柬埔寨，因此被誉为柬埔寨国宝，是当今世界上最高的寺庙型建筑物，同时还是目前世界上最早的高棉型建筑物，被誉为全球七大奇观之一。吴哥窟总占地约 208 亩（1 亩约为 666.67 m^2），当中的山形寺中央塔高 65 m。吴哥窟建筑物是 12 世纪吴哥王朝极盛时期的杰作，整个建筑结构都是用一块块巨石建造的，既没有采用石灰混凝土结构，更没有支立框架梁柱。因此不管从施工技艺方面，还是建筑艺术成果方面来看，整个吴哥窟都堪称世界奇观。

图 3-11　吴哥窟

意大利比萨斜塔（图 3-12）修建于 1173 年，它由知名建设者那诺 · 皮萨诺负责设计建造。比萨斜塔从地基到塔顶的高程为 58.36 m，从地面到塔顶的高程为 55 m，圆形地基建筑面积为 285 m^2。目前的建筑倾角大约为百分之十，即 5.5°，偏离了地板外沿 2.3 m，向顶部凸出了 4.5 m。奇迹广场上的四座建筑物堪称世界建筑杰作，它在空间结构上的设计从建筑美学角度上来看也是独一无二的，“代表了人类创造精神的杰作”。

图 3-12 比萨斜塔

泰姬陵(图 3-13),被称为"世界新七大奇迹"之一,也是印度最负盛名的遗迹之一。泰姬陵全称为"泰姬·玛哈尔陵",是用洁白的大理石建成的大型墓地清真寺,用玻璃、玛瑙等镶嵌,拥有较高的美学价值。泰姬陵为爱情所生,是由莫卧儿帝国皇帝沙·贾汗为悼念其妃子而于 1632 年至 1654 年间,在阿格拉附近修建的。整个泰姬陵总长 583 m,宽 304 m,四周都被红砂石墙紧紧环绕。整个墓地面积约 170000 m^2。在山陵中间、东西两面均设有样式相同的建筑物:一个是清真寺,另一个是答辩厅。泰姬陵的四面各有一个高达四十多米的尖塔,内有约五十级台阶。

图 3-13 泰姬陵

埃菲尔铁塔(图 3-14)建成于 1889 年，是当时的法兰西当局为纪念法国大革命一百周年，以及筹办世界博览会而建造的。埃菲尔铁塔是由桥梁设计工程师古斯塔夫·埃菲尔设计建造的，埃菲尔铁塔初始高度 312 m，现高 324 m；一楼高 57 m，占地 4415 m^2；二楼高 115 m，占地 1430 m^2；三楼高 276 m，占地 250 m^2。埃菲尔铁塔顺利地把铁运用到建筑主体，并且创下了当时的全球最高建筑纪录。如今埃菲尔铁塔已经成为巴黎的名片之一。

图 3-14　埃菲尔铁塔

古根海姆博物馆(图 3-15)是由建筑师弗兰克·劳埃德·赖特设计的，在 1959 年建成。它的建筑形状很独特，由白色螺旋形混凝土构成，螺线的内部形成了一个开放的空间，以玻璃圆顶采光。该博物馆全部建筑占地面积为 24000 多平方米，展出的空间也有 11000 多平方米，共分为十九间展览室，其中一个是全球最大的艺廊之一，面积为 3900 m^2。如今它已经成为纽约的地标建筑之一。

图 3-15　古根海姆博物馆

阿拉伯塔酒店(图 3-16),因其外观类似于船帆,又名迪拜帆船酒店,以金碧辉煌、豪华无比闻名于世。帆船酒店初期的建筑设计想法是由前阿联酋军事长官、迪拜王储阿勒马克图姆提出的,酒店由伦敦著名设计师 W. S. Atkins 设计,外形像是一条鼓满了风的帆。阿拉伯塔酒店一共有 56 层、高 321 m,是当时世界上最大的酒店,比法国巴黎的埃菲尔铁塔还要高出一截。酒店建于距离沙滩岸边二百八十多米远的波斯湾地区内最大的人工岛上,仅由一个弧形的轨道连通地面,在旅馆的最顶层还拥有由一条从它的边沿延伸的悬臂梁所构成的停机坪。

图 3-16　阿拉伯塔酒店

3.2　建筑结构的基本构件

建筑结构基本构件虽形式多样,但大体上可以分为两种:水平构件和竖向构件。水平构件是指承担竖向负荷,以受弯、受剪为主的建筑构件,如板、梁等;竖向构件是指同时用于支承水平构件和承担水平荷载的结构,如柱、墙等。有些结构能够同时承担水平荷载和竖向荷载,如膜、壳、拱、杆等。

3.2.1　板

板指的是厚度远远低于其平面尺寸的建筑构件,通常水平设置,但也有斜向设置(如楼梯板)或竖向设置(如墙板)的,主要用于承载弯矩和剪力。板在实际工程中主要用作基础板、墙面板、楼板(图 3-17)、屋面板等。

板的类型也是多式多样的,大致有如下几种分类方式:按所用材质的差异,可以分成木板、钢板、钢筋混凝土板、预应力钢筋混凝土板等;按在建筑物中的部位差异,可以分成屋面板、楼板、基础面板等;按平面形状不同,可以分成三角形板、矩形板、方形板、椭圆板等。

3.2.2　梁

梁指的是截面尺寸远远小于其跨度的建筑构件,通常水平设置,并有支座支承,主要承载弯矩和剪力,以弯曲为主要变形。

图 3-17　楼板

梁根据使用材质的不同,可分成木梁、钢梁[图 3-18(a)]、钢筋混凝土梁[图 3-18(b)]、预应力钢筋混凝土梁等。梁按截面形式,可划分为矩形梁、T 形梁、L 形梁、Z 形梁、槽形梁、箱形梁、空腹梁、叠合梁等。

(a) 钢梁

(b) 钢筋混凝土梁

图 3-18　不同材料的梁

梁按支承方式不同可分成简支梁、悬臂梁、连续梁。两端均安装于支座上,不能产生垂直移动,仅能自由转动的梁称简支梁[图 3-19(a)]。为了保持横梁不产生水平移动,在梁的一侧设置水平约束,这种设有水平约束的支座叫作固定铰支座,而另一端未设水平约束的支座叫作活动铰支座。悬臂梁[图 3-19(b)]的一端被固定在支座上,而该端既不能旋转,也无法产生水平和垂直移动,该处的支座叫作固定支座,而另一端则能够随意旋转和移动,叫作自由端。同时具有两个或两个以上支座的梁,叫作连续梁[图 3-19(c)]。

梁按在建筑中的部位不同,可以分为主梁、次梁(图 3-20)、连梁、圈梁、过梁等。次梁的主要功能就是承受从楼板传递下来的荷载,然后把荷载传递给主梁。而主梁除了要直接承担从楼板传下来的荷载,还要承担从次梁传递下来的荷载。连接二榀框架,使之形成一个整体的梁,即连梁。圈梁通常用在砖混结构的建筑中,把整体建筑围成一圈,以增强建筑构件的抗震性能。过梁一般设置在门洞或窗洞的上方,具有承担洞口上部结构荷载的功能。

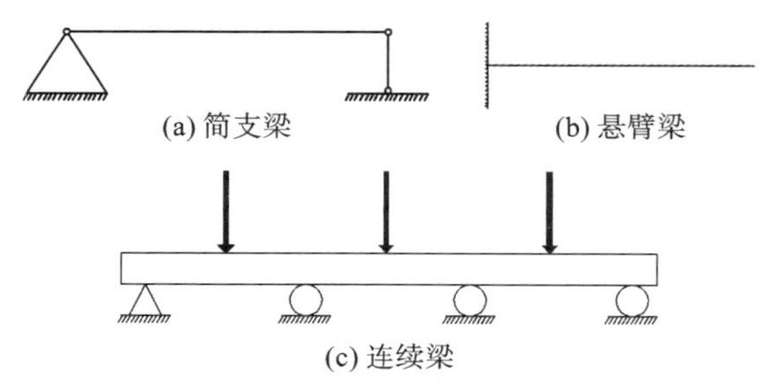

图 3-19　梁的支承类型

图 3-20　主梁、次梁

3.2.3　柱

柱是在建筑结构中主要承受轴向压力和弯矩的竖向构件，其主要承受来自梁的压力、桩体的重力等，并把压力传递给地基。

柱按截面形状可分成方柱、圆柱、管柱、矩形柱、工字形柱、H 形柱、L 形柱、十字形柱、格构柱、双肢柱等；按柱体材质可分成石柱、砖柱、木柱、钢柱、钢筋混凝土柱、钢管混凝土柱和各种组合柱；按长细比可分成短柱、长柱和中长柱；按柱的受力情况可以分为轴心受压柱和偏心受压柱。

在建筑工程实践中，使用最普遍的柱是钢筋混凝土柱(图 3-21)。钢筋混凝土柱，按照制作和施工的方式不同又可分成现浇柱和预制柱。

图 3-21　钢筋混凝土柱

3.2.4　墙

墙是建筑物竖直方向的主要构件，其主要作用是承重和围护，此外还有分隔、保温、隔声等功能。

根据墙在建筑中的部位可将墙分成外墙和内墙，设在房屋两侧的外墙叫作端墙或山墙，高出房顶平面的外墙叫作女儿墙。墙的位置不同，作用也不相同，外墙主要起抵御自然界各种因素对室内侵袭的作用，而内墙具有分隔空间和保持室内环境舒适宜居的功能。墙按是否承重可以分为承重墙和非承重墙。承重墙与柱的功能相似，起到了承担上部结构传递下来的荷载、墙体自重和抵抗水平方向的风荷载以及抗震的作用。在框架结构中，墙仅起围护作用，这种墙称为非承重墙。墙按照制造方法和施工方式的不同，可分成现场砌筑的砖墙[图 3-22(a)]、砌块墙、现场浇筑的混凝土或钢筋混凝土板式墙，以及在厂房中预制的用于现场安装的板材墙[图 3-22(b)]、组合墙等。

(a) 砖墙

(b) 预制墙

图 3-22　不同种类的墙

3.2.5　拱

拱由拱圈(主要承受轴向压力,有时也承受弯矩和剪力)及支座组成。既可用支座做成支墩承受垂直力、水平推力以及弯矩,也可以用柱、墙或基础承受垂直力,用拉杆承受水平推力。拱圈由于主要承受轴向压力,构件的弯曲变形极小,所以不需或仅需用少许钢筋材料来抵抗由弯曲变形产生的拉应力,和同跨度、同荷载的梁比较起来,也可以节约材料,提高刚度。不过由于拱构件的支座会产生很大的水平推力,而拱的跨度越大,产生的水平推力也越大,所以在实际施工中,拱构件大多用于教堂、火车站、机场、大仓库、体育场等大跨度屋盖和桥梁结构(图 3-23、图 3-24),也可用于一般跨度的承重构件。

图 3-23　斯卡拉歌剧院

图 3-24　巴黎圣母院

拱可分为很多种类:按使用材料可以分为混凝土拱、砖砌拱、钢拱、木拱等;按形状可以分为箱形拱、圆弧拱、桁架拱、双曲拱等;按支撑条件可以分为无铰拱、双铰拱、三铰拱和拉杆拱等。不同支撑条件的拱如图 3-25 所示。

3.2.6　壳

壳是一种三维的薄壁曲面构件,具备很好的空间受力特性,主要以沿厚度方向均匀分布的中面应力来抵抗外部荷载,因此能够以极小的厚度覆盖大跨度空间。壳的受力原理能用手握鸡蛋的实例来说明:一位成年男性用手抓住一个生鸡蛋,即使用尽浑身力量也无法将它捏碎,因为它能够把蛋体承受的所有力量均衡地分配给蛋壳的各个部位。建筑师们基于壳的这种受力特性,设计出了很多既节省材料又形状奇特、十分漂亮的建筑,例如:悉尼歌剧院(图 3-26)、人民大会堂、中国国家大剧院(图 3-27)、北京火车站以及其他许多世界知名建筑物。

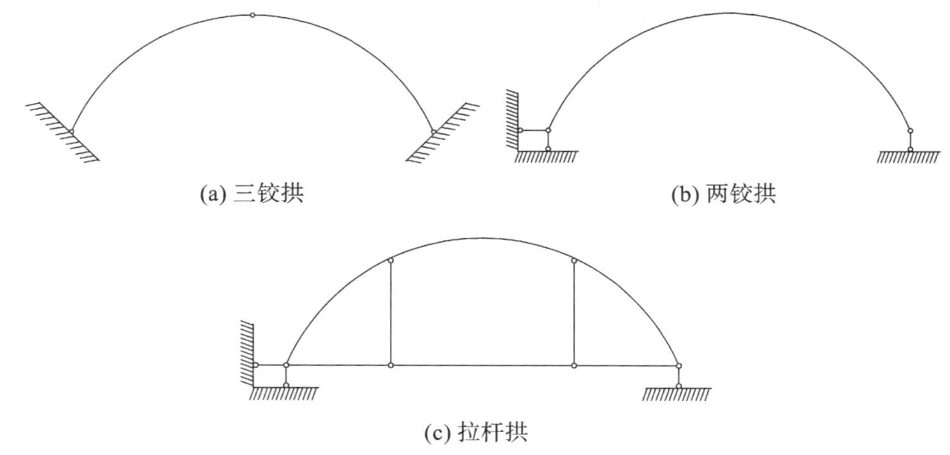

(a) 三铰拱　　(b) 两铰拱

(c) 拉杆拱

图 3-25　不同支撑条件的拱

图 3-26　悉尼歌剧院

图 3-27　中国国家大剧院

壳的分类方法有很多,按所用材料可分为混凝土壳、钢结构壳等;按壳面形式可以分为薄壳和网壳,其中薄壳就是曲面的薄壁结构,网壳是一种类似于平板网架的空间杆系结构,用短小的刚性杆制成,它兼具杆件和壳体的性质;按曲面生成的形式可以分为筒壳、球壳、圆顶薄壳、双曲扁壳和双曲抛物面壳等。

3.2.7　膜

膜是由一层很薄的柔性面状材料制成的建筑构件,主要承受拉应力。膜结构建筑物具有许多优势,如自重轻、建筑物空间跨度大、建筑物形状多样、施工简单等。但膜结构建筑物抵抗局部荷载作用的能力差,易产生褶皱、部分破坏或整体破坏等问题。膜结构建筑物主要可分为张拉膜结构与充气膜结构两大类。张拉膜结构通过柱及钢架支承或钢索张拉成型,充气膜结构建筑物靠室内不断充气,使室内外形成一定的气压差,从而使屋盖膜布获得一定的向上的浮力,以实现较大的跨度。

位于北京市的“水立方”游泳馆(图 3-28)是一座外围护结构由多层气枕构成的充气式膜结构建筑,其中使用 ETFE(乙烯-四氟乙烯共聚物)膜材料近 100 t。

图 3-28　"水立方"游泳馆

3.2.8　杆

杆是建筑中只能用于承受轴向压力或拉力，不能用来承受弯矩和剪力的一种构件。杆的两端通过球铰或平面圆柱铰与其他物体连接。一般来说杆的长度远远大于其截面宽度，单独使用容易发生失稳破坏，因此常组成杆系用于建筑结构中。杆组成杆系后可以同时承受弯矩、剪力、扭矩、轴力。常见的由杆组成的结构形式有桁架结构、网架结构(图 3-29)等。

图 3-29　由杆件组成的网架结构

3.3　建筑结构类型

3.3.1　按结构构件的材料分类

1. 木结构

建筑结构材料主要采用木材，并通过各种金属构件连接或榫卯手段进行固定的结构称为木结构。木结构由天然材料组成，受材料本身条件限制，我国木材相当缺乏，在山区、林区和农村有一定的应用(图 3-30)。

图 3-30 木结构房屋

近代胶合结构的出现，扩大了木结构的使用范围。胶合木结构在一些技术发达的国家出现较早，得到了较大的发展，成为木结构的主要形式。

2. 砖石结构

砖石结构是以石块、砖或其他砌块为主砌筑成的工程结构。砖石结构是一种古老的结构，其具有就地取材，造价低，耐火性、耐久性好，以及施工简便、易于普及等优点，但也具有砌体强度较低，特别是抗拉、抗剪强度很低，抗震能力较差，砌筑劳动强度较大，不利于工业化施工等缺点。

3. 混凝土结构

由混凝土构件组成的结构称为混凝土结构。混凝土结构与其他结构相比，其主要优点是：整体性好；可模性好，可根据需要设计制成各种形状和尺寸的结构和构件；耐久性、耐火性好；工程造价和维护成本低。

混凝土结构的主要缺点：自重较大；抗拉强度较低，容易开裂；施工工期较长且受气候和季节的约束；新旧混凝土不易连接，因此混凝土修复比较困难和复杂。

4. 钢筋混凝土结构

钢筋混凝土结构是指混凝土内配有增强钢筋的结构，其承重的主要构件是用钢筋混凝土建造的，包括薄壳结构、大模板现浇结构及使用滑模、升板等建造的钢筋混凝土结构(图 3-31)。钢筋混凝土结构由钢筋和混凝土制成，由钢筋承受拉力，混凝土承受压力，具有整体性好、防火性能好、坚固、耐用、比钢结构节省钢材和成本低等优点。

5. 钢结构

钢结构主要由型钢和钢板等制成的钢梁、钢柱、钢桁架等构件组成，是主要的建筑结构类型之一，通过焊接、螺栓或铆钉连接的方式连接各构件。因其重量轻，且施工简单，常应用于大中型工厂、体育场馆、超高层建筑物等。钢结构厂房如图 3-32 所示。

图 3-31　钢筋混凝土结构

图 3-32　钢结构厂房

钢结构的主要特点如下。

(1)钢结构材料自身重量轻,强度高。

(2)钢材具有良好的焊接性能。

(3)钢材的塑性和韧性好,材质匀称,结构牢固。

(4)钢结构密封性能好,具有不渗透的特点。

(5)钢结构绿色环保,可重复使用。

(6)钢结构耐热不耐火。

(7)钢结构耐腐蚀性能差。

3.3.2 按房屋的结构体系分类

1. 砖混结构

砖混结构是指建筑物中竖向承重结构的墙采用砖或者砌块砌筑，构造柱以及横向承重的梁、楼板、屋面板等采用钢筋混凝土的结构(图 3-33)。

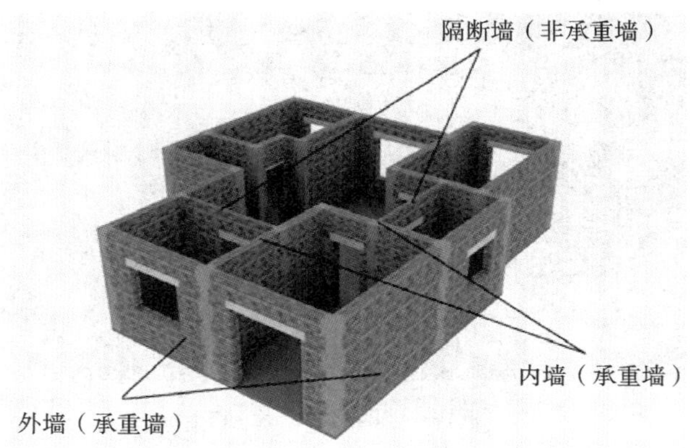

图 3-33 砖混结构

砖混结构主要适用于开间深度较小，室内建筑面积较小，多层或低层的房屋。其使用寿命较短，抗震级别相对较低。如今砖混结构房屋已改成框架结构，与钢筋混凝土结合。

2. 墙板结构

墙板结构是由墙面和楼板组成的承重体系结构。这种墙板既是承重结构，也是房间的隔墙，可发挥一材多用的功能。

这种结构的缺点是房间平面布局的灵活性还不够。现在为了解决这种问题，建筑开始逐步向大开间方面蓬勃发展。墙板结构多应用于住宅楼、公寓等，也可用于办公室、校园等公共建筑物中。

3. 框架结构

框架结构是利用梁、柱构成的框架体系结构，能同时承受竖向荷载和水平荷载。在高层的民用建筑和多层的工业厂房中，砖墙承重已不能适应荷重较大的要求，这些建筑物往往采用框架作为承重结构(图 3-34)。

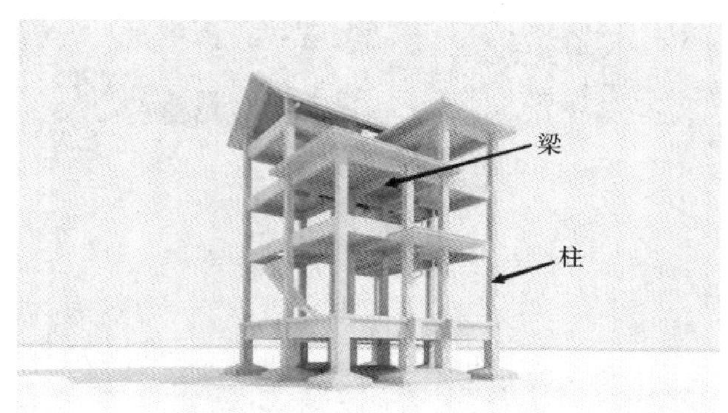

图 3-34 框架结构

框架建筑的主要优点：空间分隔灵活，自重轻，节省材料；可以较灵活地配合建筑平面布置，利于安排需要较大空间的建筑结构；框架结构的梁、柱构件易于标准化、定型化，便于采用装配整体式结构，以缩短施工工期；采用现浇混凝土框架时，结构的整体性、刚度较好，设计处理得好也能达到较好的抗震效果，而且可以把梁或柱浇筑成各种需要的截面形状。

4. 剪力墙结构

剪力墙结构是用钢筋混凝土墙板来代替框架结构中的梁柱，能承担各类荷载引起的内力的结构，能有效控制结构的水平力(图 3-35)。这种结构在高层房屋中被大量运用。

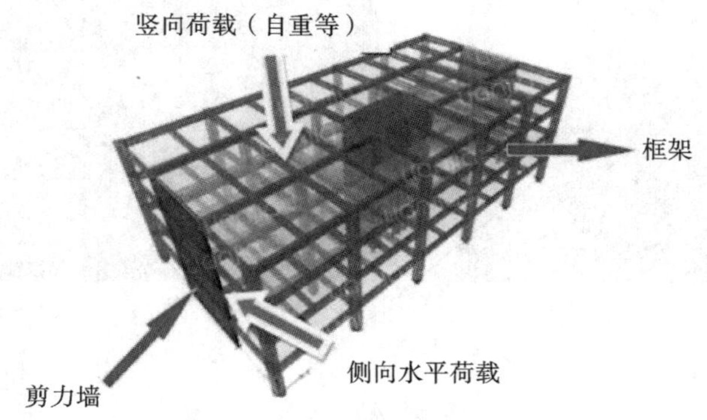

图 3-35　剪力墙结构

5. 筒体结构

筒体结构是由框架-剪力墙结构与全剪力墙结构综合演变和发展而来的。它将剪力墙集中到房屋内部或外部形成封闭的筒体，筒体结构刚度大，抗扭性能好。因为剪力墙集中，不影响房屋的使用面积，所以筒体结构适用于各种高层公共建筑和商业建筑。

当今世界绝大多数超高层建筑都采用筒体结构体系，如上海金茂大厦、广州珠江新城西塔(图 3-36)。框架-核心筒结构如图 3-37 所示。

图 3-36　广州珠江新城西塔

图 3-37　框架-核心筒结构

现代房屋结构中的电梯井、楼梯间、管道和服务间等也采用筒体结构。筒体结构可分为框架-核心筒、框筒、筒中筒、束筒和组合筒五种，在世界上广泛应用。

6. 薄壳结构

薄壳结构是一种三维曲面构件。薄壳结构主要承受轴力，结构内力分配相对均衡，因此可以充分发挥材料的强度，但其抗弯能力有限，不宜承受集中荷载。薄壳结构广泛应用于建筑物屋盖(图 3-38)。

7. 网架结构

网架结构是一种空间杆系结构，其受力杆件通过节点按一定规律连接起来。节点一般设计成铰接，杆件主要承受轴力作用，杆件截面尺寸相对较小。这些空间汇交的杆件又互为支承，将受力杆件与支承系统有机地结合起来，因而用料经济。由于网架结构的构件组合规则，大量的杆和节点的形状、规格一致，既有利于工厂化生产，也方便施工装配。如图 3-39 所示的岭南明珠体育馆就是一种典型的网架结构。

图 3-38 中国国家大剧院

图 3-39 岭南明珠体育馆

3.4 建筑结构施工方法

3.4.1 脚手架工程

脚手架是土木工程施工必不可少的设施，不仅关系到施工人员的生命安全，还关系到整个工程的作业问题。因脚手架破坏而导致的事故数不胜数，所以施工作业时要严格按照操作要求搭建脚手架。

脚手架结构的类型很多，按其安装部位可划分为外脚手架安装结构和内脚手架安装结构两大类；按其所用建筑材料划分为竹脚手架、木材脚手架和金属材料脚手架等。目前，脚手架结构正朝着由金属材料构成的多用途的工具型脚手架结构发展。

脚手架的基本规定如下：①符合最基本的使用条件；②具有适当的强度、刚度和稳定性；③搭拆简易，搬运便捷，可反复周转利用；④因地制宜，就地取材，尽量节省材料。

多立杆式外脚手架结构一般是由脚手架立杆、斜支架、脚手板等构成的。其优点是架台高，能灵活布置，取材广，钢筋、木材、竹等都能使用。而目前较为普遍的外脚手架类型为扣件式脚手架结构(图 3-40)，也属于多立杆式外脚手架。

碗扣式钢管脚手架是一款多用途脚手架，其杆件处采用碗扣连接。这种脚手架独创了带齿碗扣接口，具备拼拆快速、省力，内部结构稳固可靠，安装设备齐全，通用性较强，承载力高，结构安全，便于加工，不易损坏，方便快捷，容易搬运，使用范围较广等优点，极大地提高了工作效率。

门式钢管脚手架(图 3-41)是由企业制造、现场拼装组成的脚手架，是当今世界上使用最普遍的脚手架之一。它是由两副双门门式构架、两副剪切机支柱、一个水平支撑模块，以及四个接头组合而成的。它的主要优势如下：①规格一致；②材料结构科学合理，受力特性好，充分发挥了钢材力量，整体承载力大；③在施工中装拆方便、架设效率较高，节能节时、结构安全、经济合理。它的主要不足之处如下：①对构件规格并无任何弹性，构件规格的任意变化都需要换用另一个规格的门架及配套；②交叉支柱易在中铰接点处断裂；③定型后加工脚手板质量较大；④价格昂贵。

里脚手架位于建筑内，一层墙体砌筑完成后，就可以转移至上层进行墙体的砌筑。里脚手架不但能够广泛应用于建筑内外墙的砌筑，还可以用于室内建筑。里脚手架的特点：搭设材料很少，但装、拆比较频繁，所以需要轻便灵活，装、拆方便。其构造形式主要有折叠式、支柱式、门架式等几种。

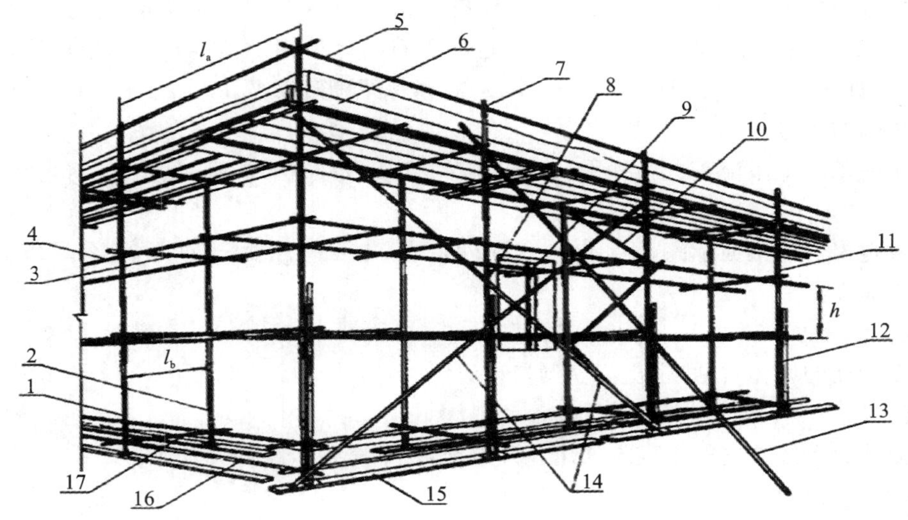

图 3-40　扣件式脚手架

1—外立杆；2—内立杆；3—横向水平杆；4—纵向水平杆；5—栏杆；6—挡脚板；7—直角扣件；8—旋转扣件；9—连墙件；10—横向斜撑；11—主立杆；12—副立杆；13—抛撑；14—剪力撑；15—垫板；16—纵向扫地杆；17—横向扫地杆

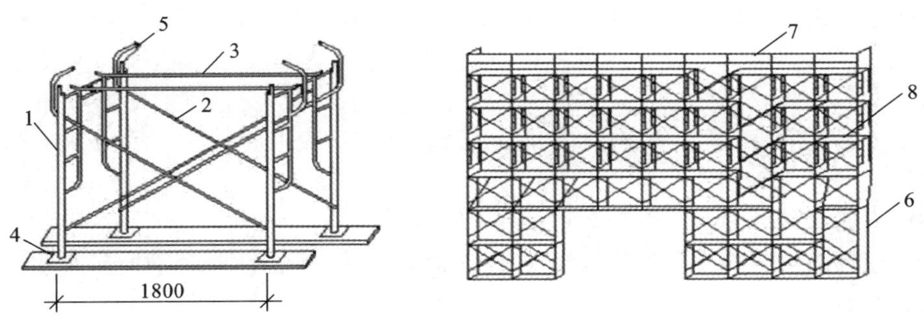

图 3-41　门式钢管脚手架

1—门式框架；2—剪力撑；3—水平梁架；4—螺旋基脚；5—连接器；6—梯子；7—栏杆；8—脚手板

升降式脚手架以已浇筑完成的框架为主要受力中心，装修施工高度则从上到下，逐级降低。随着建筑工程的发展，结构施工量也在逐步增加，与扣件式脚手架和门式钢管脚手架相比，升降式脚手架只需要一层，因此可减少许多工程量，但它对构件的高度也有相应的要求。

3.4.2　砌筑工程

砌体施工也称砌筑施工，是建筑中利用普通黏土砌块、承重黏土空心砖、各类小型砖块和石头等物料做砌体的施工方法。

1. 砖砌体的砌筑方法

砖砌体的浇筑方式主要有四类，分别是“三一”砌砖法、挤浆法、刮浆法和满口灰法。“三一”砌砖法与挤浆法是中国建筑中应用较为普遍的两种方式。

“三一”砌砖法是指一块砖、一铲灰、一挤揉（简称“三一”），并刮去挤出的砂浆的砌筑方法。“三一”砌砖法的特点：①通常是单人操作，导致劳动强度大，消耗大量时间，影响效率；②随砌随铺，随时挤揉，因此灰缝容易饱满，黏结强度较高，增强了砌体的稳定性和硬度。

挤浆法，是指在砌筑砖墙前先用灰勺、小灰桶等将墙体铺贴上砂浆，然后立即用大铲或者推尺等打灰器把砂浆层摊铺，再用单手或双手将砖块挤入相应的砂浆层的砌筑方式。挤浆法需要先将砖块放平，并做到上齐面、下齐面、横平竖直。这样砌筑的好处在于：能够连续挤砌几块砖头，减少烦琐的动作；平推平挤，可保证灰缝饱满；效率较高；确保了砌筑安全。

2. 砖砌体的施工过程

砖墙砌筑的基本施工流程分为抄平、放线、摆砖、立皮数杆、挂线、砌砖、勾缝、清理等。

(1)抄平。

砌墙前应定出各层楼面标高，用 M7.5 水泥砂浆或 C10 细石混凝土抄平，使各段墙面的底部标高在同一水平面上。

(2)放线。

根据图纸标注的墙体尺寸，定出门窗洞口位置线。

(3)摆砖。

在放线的基面上按选定的组砌方式用干砖试摆，目的是使竖缝厚度均匀。

(4)立皮数杆(图 3-42)。

立皮数杆的目的是使水平缝厚薄一致，通常立于墙角、内外墙交接处、楼梯间及洞口附近，间距不超过 15 m，皮数杆上±0.00 与周围建筑物的±0.00 相吻合。

(5)挂线。

砌块中采用挂线方式是为确保砌体竖直、水平。二四墙体为单面挂线，三七墙体及以上则为双面挂线。

(6)砌砖。

常见的砌砖工艺主要有“三一”砌砖法和挤浆法。浇筑过程中应三皮一吊、五皮一靠，以保持与墙体垂直均匀。

(7)勾缝、清理。

砖墙的勾缝宜选用凹缝或平缝，凹缝的深度通常为 4～5 mm。勾缝完成后，应做好对墙体、柱面和落地灰的处理。

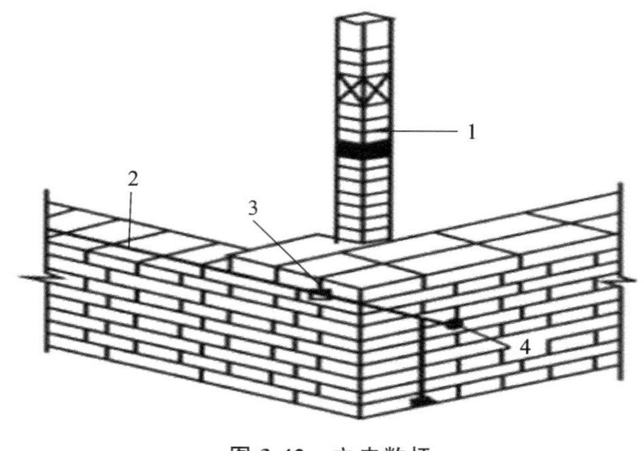

图 3-42 立皮数杆

1—皮数杆；2—准线；3—竹片；4—圆铁钉

3.4.3 钢筋混凝土工程

钢筋混凝土结构建筑主要由钢筋、混凝土、模板等多种工程项目构成，因为施工项目众多，所以要实现保障质量、增加建筑施工速率和降低成本的目的，就必须做好施工项目管理，统筹安排，合理协调。钢筋混凝土浇筑作业施工流程如下：施工准备→采运材料→机械加工→模具、钢筋混凝土等物料制安→混凝土混合均匀→装运→施工振实→保养→拆模→建筑→检查、竣工验收。

1. 模板工程

模板是使刚浇筑的混凝土成形的模型。模板系统一般包含三个部分，分别是模板、支撑结构和紧固件。

模板具有使浇筑的混凝土获得预定的外形和规格，并使其在施工进行中或施工后保持平稳的功能。在模板的保护下，混凝土在凝结后硬化，且保养比较容易，能够产生良好的观感质量。

模板的分类方式很多，包括：①根据形式不同，可分为平面模板和曲面模板；②根据受力要求不同，可分为承重模板和非承重模板；③根据材质不同，可分为木模板、钢模板、钢木组合模板、重力式混凝土模板、预应力混凝土镶面模板、铝合金模板、塑料模板等；④按照构造和使用方法不同，可分为拆移式模板和固定模板；⑤根据具有的独特性能，可分为滑动模板、真空吸盘或真空软盘模板、保温模板、钢模台车等。在施工中使用的模板一般有组合钢模板（图 3-43）和胶合板模板（图 3-44）。

图 3-43　组合钢模板

图 3-44　胶合板模板

模板必须具有适当的承载力、强度和稳定性，才可以安全地承担混凝土的自重、侧压力和施工荷载；在符合工程施工要求的同时，还应确保建筑结构的形式、规格和定位的准确性；此外模板还应结构简便，易于拆除，满足钢材的捆扎与装配及混凝土的浇筑和维护等要求。

在放置模板的同时，还必须观察模具及其支架，若有问题应及时维护。模板的连接处要确保不渗漏混凝土；模板和钢筋的机械连接面要抹隔离剂以确保拆除方便；浇筑混凝土时，应使模板内干燥整洁。对清水混凝土施工和装修项目，宜采用能保障工程施工的模板。模板中的预埋件、装配口和预留孔都不得遗失，并应准确放置。

在做好模板的拆卸工作后，为了不对楼层产生冲击负荷，并确保水泥表层和模板表面不引起损坏，对于拆下来的模板和支架要尽快清运。拆卸的模板应尽快清洗和保养，根据规格和类型单独安装，以利于下次使用。如已定型的组合钢模板涂料剥落时，应补刷防锈漆。对已拆卸的模板和支承的结构，在混凝土强度超过设计强度时才能容许它承担全部负荷。

2. 钢筋工程

（1）钢筋的类型。

钢筋的种类很多，按照应用的不同，可分为普通钢筋和预应力钢筋；按照钢材的孔径大小可以分成三种，分别为钢筋、钢丝和钢绞线；根据钢材制造技术的不同，可分为热轧钢材、热处理工艺钢材、冷加工工艺钢材。

(2)钢筋的验收。

钢筋在进入现场后，应当根据国家现有的有关标准的规定，对其进行力学性能试验，并且其产品质量也应当达到国家有关技术标准的规定。检查验收的内容主要是检查标志、检验外观，以及根据相关规范的要求选择试样(图 3-45)和进行力学性能测试等。当大直径钢筋运输到达现场时，要严格地按批次分级挂牌保存，并且应分别堆放。

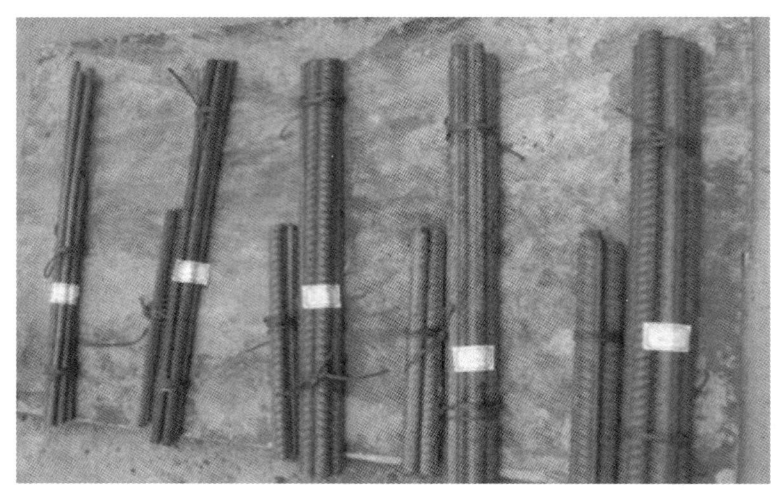

图 3-45　钢筋取样图

(3)钢筋加工。

结构的设计要求和钢筋加工的成品种类决定了钢筋加工程序。一般的钢筋加工程序有调直、除锈、剪切、焊接、绑扎、安装等。若是对钢筋的硬度要求不大，而对塑性要求严格，还可以对钢筋进行冷拉和冷拔加工。钢筋的绑扎安装，应与模板施工相互协调、配合。钢筋绑扎安装完成后，还需要进行质检，合格后可进行混凝土施工。

(4)钢筋连接。

建筑工程中常见的钢筋连接(图 3-46)方式是捆扎连接、焊接连接和机械连接。除非有特殊情形，通常情况下应采取焊接连接，目的是提高钢筋接头质量，以增加接头效率和节省钢材。

3. 混凝土工程

混凝土工程一般有混凝土的制备、运输、浇筑、养护等施工过程，每个过程都缺一不可，任何环节出现问题都将会造成工程质量问题。

(1)混凝土的配制。

混凝土的制备包括混凝土的配料和搅拌。混凝土由水泥、砂石料、掺合料、外加剂以及拌和用水等按一定的配合比搅拌而成。这个过程是在搅拌机里完成的。其中混凝土搅拌机分为两类，一类是自落式搅拌机(图 3-47)，另一类是强制式搅拌机(图 3-48)。当混凝土用量较大，而搅拌机不能满足使用要求时，就需要在施工现场设置混凝土搅拌站。

(2)混凝土的运输。

商品混凝土不仅输送量大，而且运输时间长，所以人们也常常使用商品混凝土拌和运输车辆、混凝土泵或混凝土泵车等专用运输机具，目的在于保证运输过程中商品混凝土不出现初凝和分层

图 3-46　钢筋连接

图 3-47　自落式搅拌机

图 3-48　强制式搅拌机

离析现象。分散搅拌和自设混凝土拌和站的施工一般来说需要量小且路程近，通常可以直接使用电动手推车、井架运输车和提升机等机械运输设备。

(3)混凝土的浇筑。

混凝土施工分为两个步骤：浇筑和振捣。保证质量、保证施工人员安全工作的关键是确保所浇筑混凝土的平整度和密实度。在水下浇筑混凝土时，应当使用导管法(图 3-49)，目的是避免混凝土在过水层时砂浆与骨材脱离。

为保证施工中混凝土浇筑密实，必须分层浇筑。振捣时要用振动器。振动器主要分为内部振动器、外部振动器、表面振动器和振动台。如今，免振捣混凝土也陆续地在建筑工程上应用。

(4)混凝土的养护。

要保证正在施工的混凝土顺利硬化，就需要对混凝土进行养护，且养护方式必须满足相应的温湿度要求。不同的养护方式，对混凝土耐久性的影响也不同。比较常见的养护方式有自然养护、干

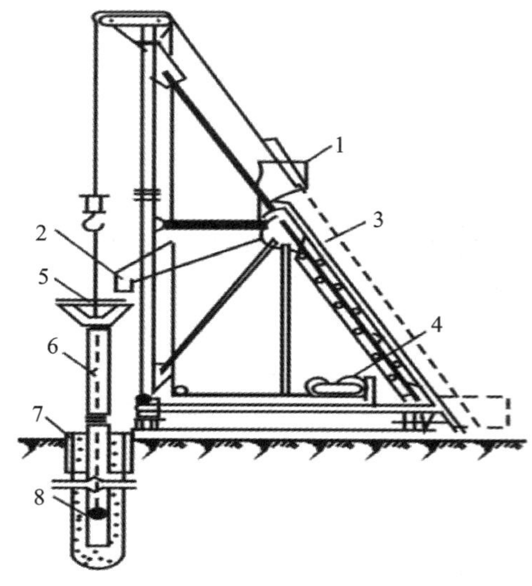

图 3-49 水下浇筑混凝土

1—上料斗；2—贮料斗；3—滑道；4—卷扬机；
5—漏斗；6—导管；7—护筒；8—隔水栓

湿养护、太阳能养护等。从维护系统启动至保养工作完成，所经过的周期叫作标准保养周期。根据国家标准《混凝土结构工程施工质量验收规范》（GB 50204—2015），混凝土试件标准养护的条件如下：温度 20±2℃，相对湿度 95%以上，养护龄期通常为 28 天。

3.4.4 预应力混凝土工程

预应力混凝土完美融合了钢材的抗拉特性与混凝土的耐热性能，可大幅提升钢筋混凝土结构的强度、耐久性与抗裂性。近年来，随着建筑行业的发展，预应力混凝土慢慢开始崭露头角。预应力混凝土技术不仅应用于传统建筑中，还应用于一些特种结构、高层建筑和海洋工程中。

预应力混凝土施工方法包括先张法、后张法和无黏结预应力混凝土施工法等。

1. 先张法

先张法施工是先将预应力筋张拉至控制位置后，用装夹工具临时紧固于制梁台座或钢模上，然后浇筑混凝土。待混凝土强度达到一般混凝土强度标准值的 75%时，首先松开预应力筋，然后预应力钢筋会形成弹性回缩，这时预应力筋和混凝土间的黏附力会对混凝土形成预压应力。先张法施工工艺如图 3-50 所示。

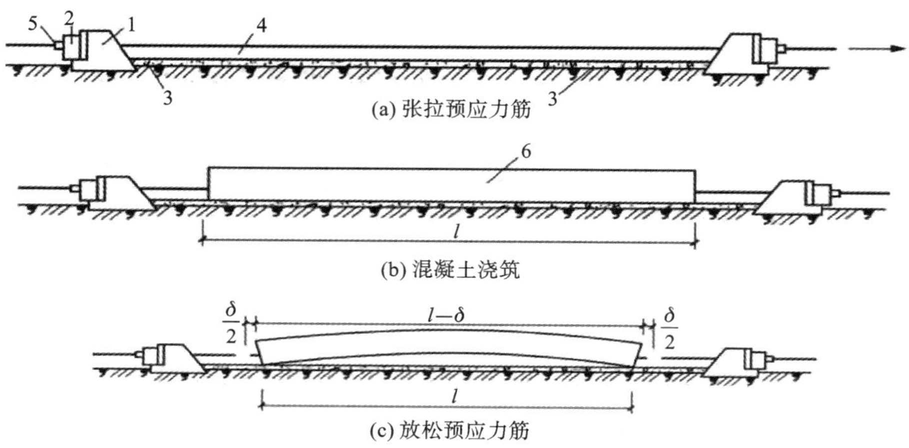

图 3-50 先张法施工工艺

1—台座；2—横梁；3—台面；4—预应力筋；5—夹具；6—构件

2. 后张法

后张法是指首先根据预应力筋的情况预留出适当的孔道，然后穿入预应力筋，当混凝土强度达到一般混凝土强度标准值的 75%时，再将预应力筋通过孔道后张拉至设计中规定的控制位置，并使用锚具将预应力筋重新定位，最后进行孔道注浆成型。后张法施工工艺如图 3-51 所示。

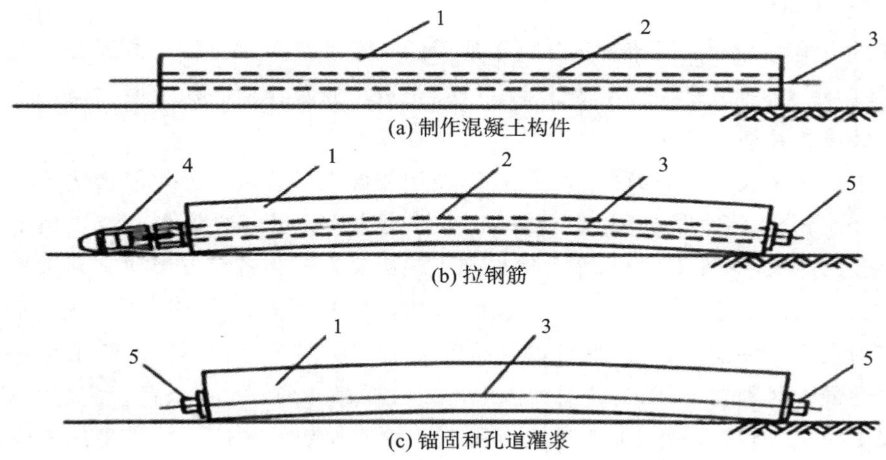

图 3-51 后张法施工工艺

1—钢筋混凝土构件；2—预留孔道；3—预应力筋；4—千斤顶；5—锚具

3. 无黏结预应力混凝土施工法

在后张法浇筑过程中，预应力筋一般包括两类：有黏结的预应力筋和无黏结的预应力筋。有黏结的内部预应力筋经张拉后，通过注浆成型与混凝土黏结在一起，是后张法的常规方法。无黏结预应力混凝土施工法则是近年来通过研究发展起来的新型技术，并得到国家的大力推广。无黏结预应力混凝土的浇筑方式是在预应力筋表面先刷油，再使用塑料袋包裹预应力筋，然后如一般钢筋那样铺设于模板内完成混凝土的浇筑，待混凝土的抗拉强度超过规定的抗拉强度后，便开始进行预应力筋的张拉与锚固。该方式需要通过锚具将预应力传送给混凝土结构，因此无须预留孔道，且施工简便，大大提高了浇筑速率，但同时对锚具的要求较高。该方式特别适合建筑双向的连续平板和密肋楼板，因此使用此方式更加经济合理。

3.4.5 结构安装工程

结构安装工程，是在现场用机械将预制的结构布置到所设计的地点的施工流程，是自由装配式结构施工的基础步骤。结构安装施工具有施工周期短、结构种类多、技术要求高等特点，是将来中国建筑行业施工技术的主要发展趋势。它能够加快建筑施工，改善劳动环境，进而大大提高劳动生产效率。

1. 吊装机械

吊装机械主要是各类起重机，例如桅杆式起重机、履带式起重机、汽车式起重机等。

(1)桅杆式起重机。

桅杆式起重机是最简易的起重装置，一般由木料或钢铁制成。这类起重机有制造简单、拆除方便、不受场地约束等优点。但这种起重机又有突出的结构缺陷，需要设置过多的缆风绳，移动比较麻烦，同时其起重半径小，灵活性也不足。因此桅杆式起重机适用于现场没有任何大型起重机械且需要吊装大型构件、施工场地狭窄的情况。

(2)履带式起重机。

有履带行走装置的全回转起重机称为履带式起重机。其主要由行走装置、旋转机构、机身和起重臂等构成。采用履带式起重机可以降低对地面的压力，同时其还具有操作灵活的特点。履带式起重机不仅能在平稳路面上行驶，在泥泞地面上也如履平地。

(3)汽车式起重机。

汽车式起重机是将升降机构布置于与轿车通用的汽车底盘上的自行式全回转起重机。它具备行车速度快、转向迅速、对道路损害小等优点。缺点是进行安装作业时稳定性较差。

2. 分件吊装法和整体吊装法

分件吊装法是组装式厂房或简单工业厂房所使用的施工吊装法。分件吊装法按流水方式不同可分成两大类:分层分段流水吊装法和分层大流水吊装法。分层分段流水吊装法利用化整为零的办法,把一层楼房分成各个施工层次,然后根据施工层次又划分为各个安装段。起重机在每一安装段都按照墙、梁、楼板的顺序进行安装,直至该段的结构件全部安装完毕才能转移至下一安装段。待第一层的结构全部安装固定完成,就可以继续安装上一层的构件。分层大流水吊装法和分层分段流水吊装法的最大区别在于,因为分层大流水吊装法在每一个施工层上都没有进行分段,所以需要的临时稳固支撑也比较多,只适用于建筑面积不大的建筑物。分件吊装法是建筑框架结构安装中最常使用的方式,具有各工作步骤比较简单安全、大大提高安装速度与效果、易于进行现场布置等优点。

整体吊装法是先把建筑构件在地面上拼装为整体,然后用起重装置安装在原设计地点上的施工方法。整体吊装法分为多机抬吊法和单桅杆吊挂法两种。整体吊装法具有施工速度快的优点,而且由于构件事先在地面组装,因此不受脚手架高度和作业运输条件等的限制。

3. 顶升法施工

顶升法施工(图 3-52)就是先在地面上将屋顶结构拼接完成,再用多个千斤顶把屋顶结构顶升到设计标高的施工方法。其中,千斤顶的顶升过程要同步进行。这种方法的技术要求苛刻,但同时避免了高空作业。

图 3-52 顶升法施工

课后习题

1. 简述板的分类方式。
2. 梁按支承方式不同可分为哪几种？并简要说明每种梁的特点。
3. 柱按受力情况可分为哪几类？在建筑工程实践中最常用的柱是什么柱？
4. 墙按在建筑中的部位和是否承重可分为哪几类？其作用有何不同？
5. 拱的支座类型有哪些？拱结构适用于哪些建筑类型？
6. 壳的分类依据有哪些？请举例说明按不同分类依据分类的壳结构类型。
7. 简述脚手架结构的类型及特点(至少列举三种)。
8. 钢筋混凝土工程包括哪些施工过程？每个过程的要点是什么？

第4章 道路工程

4.1 概 述

道路是一种带状的三维空间人工构筑物，它包括路基、路面、桥梁、涵洞、隧道等工程实体。道路是交通的基础，也是国家经济活动的基础和人民生活的基础设施。道路的主要功能是作为城市与城市、城市与乡村、乡村与乡村之间的联系通道。

4.1.1 道路工程发展历史

道路工程历史源远流长。历史上最早的原始社会人群，因生活和生产的需要，形成天然原始的人行小径。以后要求有更好的道路，于是取土填坑、架木过溪，以利通行。当人类由原始农业转为驯养牲畜后，逐渐利用牛、马、骆驼等乘骑或驮运。这种生产力的飞跃进一步要求更适用的道路，因而出现驮运道，如图 4-1 所示。

图 4-1 周公山古驮道

车轮是古代的伟大发明之一。它使陆地运输从此进入以马车为交通工具的时代。巴比伦、埃及、中国、印度、希腊、罗马、印加等文明古国，为了满足军事和商贸需求，在道路工程方面都有过辉煌成就，古波斯大道、欧洲琥珀大道、罗马阿庇乌大道、中国秦代栈道和驰道等享誉至今，特别是横贯亚洲的丝绸之路延续两千余年，对东西方文化交流起到巨大影响，中国四大发明也从此传播于世界。图 4-2 为古波斯帝国的国王大道。

中国古代道路工程有卓越创造。据《周礼》所记，京都王城面积九里见方，城内有经纬干道，外有环涂（环行路）和野涂（郊外道路）。野涂又分为宽度递减的路、道、涂、畛、径五级。“季春之月，令司空官，周视原野，开辟道路，毋有障塞”；“列树以表道，立鄙食以守路”。可见中国自古以来就重视道路的规划、修建和养护。公元前 316 年，“秦伐蜀，修金牛道，于绝险之处、傍凿山岩而施板梁为阁”，《战国策·秦策》称之为栈道，如图 4-3 所示。秦筑驰道，汉唐通西域，各国商旅兴盛。

罗马帝国衰亡后，直到 18 世纪中叶，现代道路工程才开始在欧洲兴起。1747 年，第一所路桥学校在巴黎建立。法国的特雷萨盖、英国的特尔福德和马克当等工程师提出新的理论和实践，认为良好的路基也能承受荷载，故将罗马式路面厚度减到 25 cm 以下，采用块石作基层和碎石作面层并取得成功，从而奠定了现代道路工程的基础。1883—1885 年，德国戴姆勒·奔驰发明了汽车，开创了以汽车交通为主的现代道路工程的新时代。如图 4-4 为德国修建的世界第一条高速公路——德国 A555 高速公路。

图 4-2　古波斯帝国的国王大道

图 4-3　古代金牛栈道

图 4-4　世界第一条高速公路——德国 A555 高速公路

世界上最长的沙漠高速公路

4.1.2 中国道路建设现状

1. 我国现有道路建设情况

改革开放以来，我国的交通事业发展迅速，从20世纪90年代开始，我国高速公路每年以3000 km的速度增长，建设规模和速度实为世界罕见。到2017年底，中国高速公路通车总里程达到13.6万千米，里程长度已超越美国跃居世界第一。截至2023年末，全国公路里程达到543.68万千米，高速公路里程达到18.36万千米，国家高速公路里程则达到12.23万千米。

2008年，总长约3.5万千米的“五纵七横”国道主干线全线贯通。“五纵七横”国道主干线建设规划的实施，优化了我国交通运输结构，促进了高速公路持续、快速和有序的发展，对突破交通运输的“瓶颈”发挥了重要作用，有力地促进了我国经济发展和社会进步。

其中的“五纵”国道主干线包括：由黑龙江同江经哈尔滨、长春、沈阳、大连、烟台、青岛、连云港、上海、宁波、福州、深圳、广州、湛江、海口至三亚；由北京经天津、济南、徐州、合肥、南昌至福州；由北京经石家庄、郑州、武汉、长沙、广州至珠海；由二连浩特经集宁、大同、太原、西安、成都、内江、昆明至云南河口；由重庆经贵阳、南宁至湛江。

“七横”国道主干线包括：由绥芬河经哈尔滨至满洲里；由丹东经沈阳、唐山、北京、呼和浩特、银川、兰州、西宁、格尔木至拉萨；由青岛经济南、石家庄、太原至银川；由连云港经徐州、郑州、西安、兰州、乌鲁木齐至霍尔果斯；由上海经南京、合肥、武汉、重庆至成都；由上海经杭州、南昌、长沙、贵阳、昆明至云南瑞丽；由衡阳经南宁至昆明。

现如今，我国交通事业跨越式发展，人们的出行方式发生颠覆式改变。高速公路通车里程、系统规模均居世界第一；农村公路总里程超过400万千米，硬化路率超过99.6%；港珠澳大桥、秦岭终南山公路隧道、雅康高速公路等成为中国公路的世界名片。

2. 我国未来道路建设的发展规划

2022年7月4日，《国家公路网规划》获国务院批准。国家公路网规划的目标是：到2035年，基本建成覆盖广泛、功能完备、集约高效、绿色智能、安全可靠的现代化高质量国家公路网，形成多中心网络化路网格局，实现国际省际互联互通、城市群间多路连通、城市群城际便捷畅通、地级城市高速畅达、县级节点全面覆盖、沿边沿海公路连续贯通。到21世纪中叶，高水平建成与现代化高质量国家综合立体交通网相匹配、与先进信息网络相融合、与生态文明相协调、与总体国家安全观相统一、与人民美好生活需要相适应的国家公路网，有力支撑全面建成现代化经济体系和社会主义现代化强国。

国家公路网规划总规模约46.1万千米，由国家高速公路网和普通国道网组成，其中国家高速公路约16.2万千米（含远景展望线约0.8万千米），普通国道约29.9万千米。国家高速公路网由7条首都放射线、11条北南纵线、18条东西横线，以及6条地区环线、12条都市圈环线、30条城市绕城环线、31条并行线、163条联络线组成。我国普通国道网由12条首都放射线、47条北南纵线、60条东西横线，以及182条联络线组成。

4.2 道路的分类与结构

按照使用特点、交通性质，道路可分为公路、城市道路、厂矿道路、林区道路和乡村道路。除对公路和城市道路有准确的等级划分标准外，对林区道路、厂矿道路和乡间道路一般不再划分等级。

位于城市郊区及城市以外，连接城市与乡村，主要供汽车行驶的具备一定技术条件和设施的道路，称为公路。按其行政等级分为国道、省道、县道、乡道、村道等。其中，国道包括国家高速公路和普通国道，省道包括省级高速公路和普通省道。在城市范围内，供车辆及行人通行的具备一定技术条件和设施的道路，称为城市道路。它是城市组织生产、安排生活、发展经济、物资流通所必需的交通设施。按其地位功能可分为快速路、主干路、次干路和支路。本章着重介绍城市道路和高速公路。

4.2.1　道路分级

1. 公路分级

根据《公路工程技术标准》(JTG B01—2014)，公路按功能、使用任务和交通量分为高速公路、一级公路、二级公路、三级公路、四级公路五个等级。

高速公路是专供汽车分方向、分车道行驶，全部控制出入的多车道公路。高速公路的年平均日设计交通量宜在 15000 辆小客车以上。高速公路是具有特别重要的政治、经济意义，专供汽车分道高速、连续行驶，全部设置立体交叉和控制出入，并以长途运输为主的公路。

一级公路是供汽车分方向、分车道行驶、可根据需要控制出入的多车道公路。一级公路的年平均日设计交通量宜在 15000 辆小客车以上。一级公路连接重要政治、经济中心，是通往重要工矿区、可供汽车分道快速行驶、部分控制出入和部分设置立体交叉的公路。

二级公路是供汽车行驶的双车道公路。二级公路的年平均日设计交通量宜为 5000～15000 辆小客车。二级公路连接政治、经济中心或大型工矿区以及运输繁重的城郊公路。

三级公路是供汽车、非汽车交通混合行驶的双车道公路。三级公路的年平均日设计交通量宜为 2000～6000 辆小客车。三级公路是沟通县与县或县与城市的一般干线公路。

四级公路是供汽车、非汽车交通混合行驶的双车道或单车道公路。双车道四级公路年平均日设计交通量宜在 2000 辆小客车以下；单车道四级公路年平均日设计交通量宜在 400 辆小客车以下。四级公路是沟通县与乡、镇的支线公路。

公路的设计速度是公路设计中的一个重要指标，各级公路设计速度应符合表 4-1 的规定。设计速度的选用还应根据公路的功能与技术等级，结合地形、工程经济、预期的运行速度和沿线土地利用性质等因素综合论证确定。

表 4-1　各级公路的设计速度

公路等级	高速公路			一级公路			二级公路		三级公路		四级公路	
设计速度/(km/h)	120	100	80	100	80	60	80	60	40	30	30	20

一直以来，公路技术等级主要以交通量为依据选用，对道路所处区域特点及交通网络结构考虑较少。当前，我国公路发展已处于完善路网阶段，以交通量为主导确定公路等级的结果是，不同交通功能的公路，由于交通量类似，而按同样的标准修建，不利于构建合理的路网结构，不利于有效地利用资源，也不利于充分发挥公路建设的投资效益。所以，公路建设应按地区特点、交通特性、路网结构综合分析确定公路的功能，根据功能结合交通量、地形条件等选用技术等级和主要技术指标。

2. 城市道路分级

根据《城市道路工程设计规范(2016 年版)》(CJJ 37—2012)，城市道路按在道路网中的地位、交通功能以及对沿线的服务功能等，分为快速路、主干路、次干路和支路四个等级。快速路、主干路设计年限应当为 20 年；次干路应当为 15 年；支路宜为 10～15 年。

快速路应中央分隔、全部控制出入、控制出入口间距及形式，应实现交通连续通行，单向设置不应少于两条车道，并应设有配套的交通安全与管理设施。快速路两侧不应设置吸引大量车流、人流的公共建筑物的出入口。

主干路应连接城市各主要分区，以交通功能为主。主干路两侧不宜设置吸引大量车流、人流的公共建筑物的出入口。

次干路应与主干路结合组成干路网，以集散交通的功能为主，兼有服务功能。

支路宜与次干路和居住区、工业区、交通设施等内部道路相连接，应解决局部地区交通问题，以服务功能为主。

根据《城市道路工程设计规范(2016 年版)》(CJJ 37—2012)的规定，各级城市道路设计速度如表 4-2 所示。

表 4-2 各级城市道路的设计速度

道路等级	快速路			主干路			次干路			支路		
设计速度/(km/h)	100	80	60	60	50	40	50	40	30	40	30	20

4.2.2 道路结构

道路的结构主要包括五个部分：路基、路面、排水系统、防护工程以及沿线设施。

1. 路基

路基位于路面以下，是行车路面的基础，它是由土、石按照一定尺寸、结构要求建筑成的带状土工结构物。路基既要具有足够的力学强度和稳定性，又要经济合理，以保证行车部分的稳定性和抵御自然因素的影响。由于路基通常由天然土石材料构成，因此，还要求路基有足够的水稳定性。公路路基的横断面形成包括路堤、路堑和填挖结合路基，如图 4-5 所示。其中，路堤有一般路堤、软土路堤、沿河路堤、护脚路堤等；路堑是开挖地面而成的路基，两旁设排水边沟，基本路堑形式有全挖式、台口式和半山洞式；填挖结合路基是路堤和路堑的结合形式。路基的几何尺寸由高度、宽度和边坡组成。路基高度由路线纵断面设计确定；路基宽度根据设计交通量和公路等级确定；路基边坡会影响路基的整体稳定性，必须正确设计。

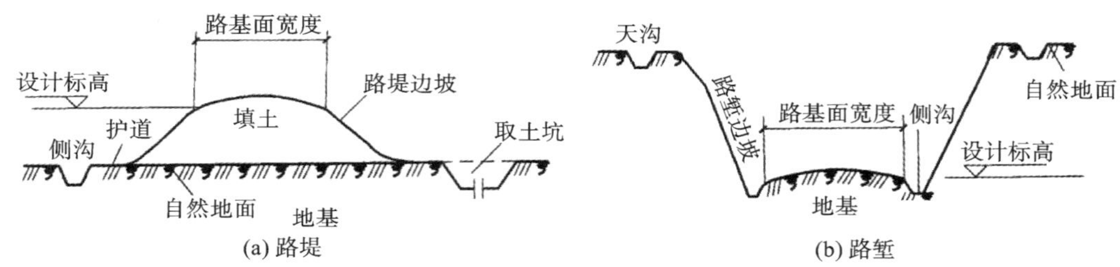

图 4-5 公路路基横断面形式

2. 路面

路面是用各种坚硬材料分层铺筑而成的路基顶面的结构物，以供汽车安全、迅速和舒适地行驶。因此，路面必须具有足够的力学强度和良好的稳定性、抗滑性，必须表面平整。路面一般按其力学性质分为柔性路面和刚性路面两大类。柔性路面主要有碎石路面和各种沥青路面，它的刚度较小，抗拉强度较低，荷载作用下变形较大，路面弹性较好，无接缝，行车舒适性好。刚性路面是指水泥混凝土路面，它一般强度高，刚性大，整体性好，在车轮的作用下路面的变形较小。图 4-6 所示为典型的路面结构图，路面的常用材料有沥青、水泥、碎石、黏土、砂、石灰及其他工业废料等。公路路面结构设计使用年限应不小于表 4-3 的规定。

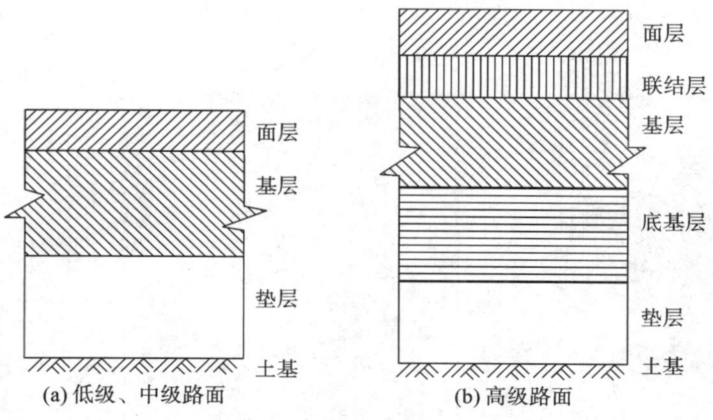

图 4-6　路面结构图

表 4-3　公路路面结构设计使用年限

公路等级		高速公路	一级公路	二级公路	三级公路	四级公路
设计使用年限/年	沥青混凝土路面	15	15	12	10	8
	水泥混凝土路面	30		20	15	10

3. 排水系统

排水系统是指由一系列拦截、疏干或排除危及公路的地面水和地下水的设施，结合沿线条件进行合理规划设计而形成的完整、畅通的排水体系，如图 4-7 所示。排水系统按其排水方向不同，分为纵向排水设施和横向排水设施。纵向排水设施有边沟、截水沟和排水沟等。横向排水设施有桥梁、涵洞、路拱、过水路面、透水路堤和渡水槽等。排水系统按排水位置又分为地面排水设施和地下排水设施两部分。地面排水设施用以排除危害路基的雨水、积水及外来水；地下排水设施主要用于降低地下水位及排除地下水。

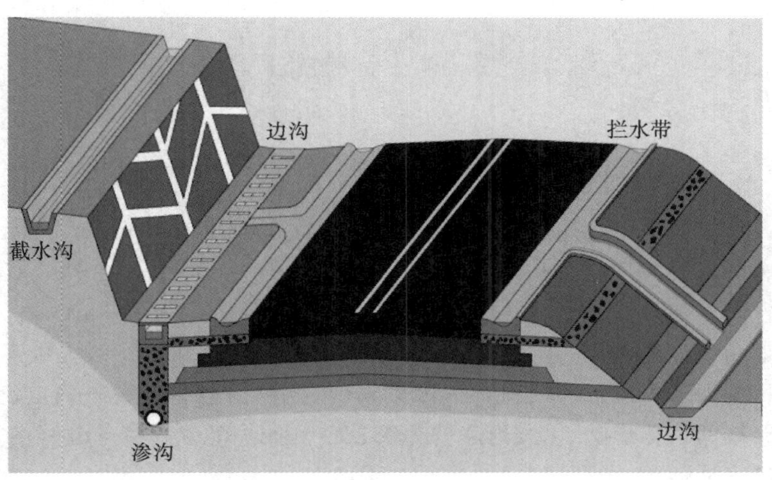

图 4-7　路面排水系统示意图

4. 防护工程

防护工程是指为防止降水或水流侵蚀、冲刷以及温度、湿度变化的风化作用造成路基及其边坡失稳而采取的工程措施，如图 4-8 所示。常见的防护工程有种草、栽植灌木、抹面、喷浆、圬工铺筑等，用以防治土质和风化岩石路基边坡的冲刷和碎裂与剥落，并可起到美化路容和协调自然环境的作用，在雨量集中或汇水面积较大时，还需同排水设施相配合。

图 4-8　道路坡面防护工程

5. 沿线设施

道路的沿线设施是道路沿线交通安全、管理、服务以及环境保护设施的总称，主要包括交通安全设施、交通管理设施、防护设施、停车设施、路用房屋及其他沿线设施和绿化。

由于城市道路一般比公路宽阔，为适应城市里种类繁多的交通工具，提供更多的公共服务功能，除以上道路的基本结构外，城市道路还具有一些特有的组成部分。比如：道路下有各种管线，如地下电缆、煤气管道、给水管等。再如，沿街设施有照明灯柱、电杆、邮筒、清洁桶等。

4.3　道路的设计、施工与养护

4.3.1　道路设计

良好的道路设计方案可以提升交通效率、减少交通事故，并提供更好的出行体验和公共服务功能。道路设计的主要内容包括以下几个方面。

1. 路线设计

路线设计是道路设计的核心，决定了道路的基本走向和形态。设计时需要考虑地形、地貌、地质条件、气候条件、交通需求以及环境保护等因素，并需要根据这些因素来确定道路的起点、终点、中间控制点以及路线的整体形状，以及道路的等级、设计速度、车道数和车道宽度等参数，以确保道路能够满足预期的交通需求。

2. 交叉口设计

如图 4-9 所示，交叉口是道路网络中的重要节点，其设计对于交通流畅和安全至关重要。交叉口设计包括平面交叉口设计和立体交叉口设计。平面交叉口设计需要考虑交通流量、车辆类型、行人通行、非机动车通行等因素，设置合适的交通信号、车道、人行道、非机动车道等设施。立体交叉口设计则包括高架桥、立交桥、隧道等的设计，以减少交通冲突，提高通行效率。

图 4-9　典型的道路十字交叉口

3. 高架桥与立交桥设计

高架桥和立交桥是道路设计中的重要组成部分，能够在有限的空间内提供多个交通层面的通行能力，有效缓解交通拥堵。设计时需要考虑桥墩和桥梁的承载能力、基础的抗震性设计等因素，以确保桥梁的稳定性和安全性。图 4-10 为典型城市道路立交桥。

图 4-10　城市道路立交桥

4. 纵断面设计

纵断面设计主要关注道路的纵坡设计和竖曲线设计。纵坡设计需要考虑地形、排水、行车安全等因素，确定合适的坡度和坡长，如图 4-11 所示。竖曲线设计则用于连接不同坡度的路段，确保车辆行驶过程中的舒适性和安全性。

图 4-11　道路纵坡

5. 横断面设计

如图 4-12 所示，横断面设计涉及道路的宽度、横坡、车道、人行道、非机动车道、绿化带等设施的设置。其设计需要根据交通需求、地形条件、环境条件等因素进行综合考虑，确保道路能够满足不同交通方式的通行需求，同时具有良好的景观效果。

图 4-12　城市道路横断面组成

6. 排水系统设计

排水系统设计是道路设计中不可或缺的一部分，包括雨水排水系统设计和污水排水系统设计。设计时需要考虑道路的排水性能和防水能力，以确保道路在雨季也能正常通行。

7. 其他设计内容

其他设计内容包括道路线形设计、道路几何设计、道路材料设计、道路交通标志标线设计、道路照明设计、道路绿化设计等。这些设计内容共同确保了公路的安全、便捷、经济和美观，同时考虑了环保和节能的要求。

4.3.2　道路施工

1. 路基工程施工

路基工程是道路工程中的一项重要工程，它是路面的基础，是公路的主体，并与桥梁和环境景观相协调，形成蜿蜒曲折的工程实体。路基敷设在地面之上，暴露于大气之中，受地形、地质、水文和气候等自然因素影响较大，其工程质量直接影响到结构物的排水稳定、公路使用品质、旅客乘车的舒适度和正常的行车交通。

路基工程主要是土石方挖填、边坡防护加固、设置排水系统等现场施工，具有如下特点。

(1)工艺简单：路基施工工艺有挖方、运土、铺平、碾压，由人工和机械相结合即可完成，技术要求不是很高，技术人员和大批民工都可参与其中。在机械设备不足的年代，修路通常是全民动员，实行人海战术；现代修路以机械为主要工具，大大降低了劳动强度。

(2)工程数量大：路基工程的土石方数量大，劳动力和机械用量多，施工期长。

(3)涉及面广：挖土、填土、弃土、借土涉及当地生态平衡、水土保持、农田水利等方方面面，会对环境造成一定影响。所以，项目建设前应进行环境影响评价。

(4)投资高：公路的投资大，据统计，县乡道路造价为每千米 500 万～1000 万元，高速公路造价为每千米 6000 万～12000 万元，一般公路的路基造价占公路总投资的 25%～45%，一些山区可达到 65%。

路基施工可以采用机械施工，辅以人工施工。对于土方施工，运距较近时可采用推土机、平地机和铲运机；运距较远(>100 m)时，可采用挖土机配自卸汽车。施工前应根据设计文件恢复路线，并进行中桩和边桩放样、边坡放样，用石灰线标出施工范围(边界)。路堑放坡开挖如图 4-13(a)所示；对于路堤，需分层铺平，及时碾压密实，如图 4-13(b)所示。

(a) 路堑开挖

(b) 路堤施工

图 4-13　路基施工

石方施工常采用爆破技术。可使用的炸药有黑火药、TNT 炸药、硝铵炸药，引爆材料有导火线、传爆线、雷管等。

2. 路面工程施工

路面是道路最表面的结构层，暴露在自然环境中，在干湿变化、温度变化的条件下，长年承受重复行驶的各种车辆荷载的作用。为了保证行车的通畅、满足舒适和经济耐用的要求，路面应具有下列性能：承受荷载的能力和抵抗变形的能力，水温稳定性，耐久性，表面平整性，抗滑性和环保性。路面面层类型和适用范围见表 4-4。

表 4-4　路面面层类型及适用范围

面层类型	适用范围
沥青混凝土路面	高速公路、一级公路、二级公路、三级公路、四级公路
水泥混凝土路面	高速公路、一级公路、二级公路、三级公路、四级公路
沥青贯入式路面、沥青碎石路面、沥青表面处治路面	三级公路、四级公路
砂石路面	四级公路

沥青混凝土路面和水泥混凝土路面在国际上被称为有铺装路面，前者柔软、后者刚硬，适用于所有等级的公路；沥青贯入式路面、沥青碎石路面和沥青表面处治路面等称为简易铺装路面，适用于三级公路和四级公路；而砂石路面称为未铺装路面，这种路面晴天灰多、雨天泥多，仅可用于四级公路。

(1)沥青混凝土路面。

沥青混凝土路面属于柔性路面，由不同颗粒尺寸的矿料(碎石、石屑、砂和矿粉)按最佳级配原则选配，以一定比例的沥青作为结合料经拌和压实而成。沥青混凝土路面的优点是表面平整无接缝、行车舒适、振动小、噪声小、开放交通快、养护简便；缺点是温度敏感性高，履带车辆不能行驶。沥青混凝土路面是一种适合现代快速汽车交通的路面，新建、改建、扩建的各级道路均可采用。

路用沥青应在沥青拌和厂的沥青加温池中加热至 140～170 ℃(石油沥青)或 90～130 ℃(煤沥青)，经管道输送到沥青拌和机。矿料应在沥青拌和厂的加热滚筒(干燥筒)加热至 150～170 ℃，矿粉填料不加热。加热后的矿料与沥青及矿粉按一定比例装入沥青搅拌机中搅拌，一般搅拌时间为 30～50 s。混合料的控制出厂温度为 125～165 ℃，用具有保温条件的自卸汽车运输到工地。

沥青混凝土路面基层必须清扫干净，按规定浇洒透层油或黏层油。自卸汽车把沥青混凝土混合料倾卸于摊铺机料斗上，立即用摊铺机进行摊铺，摊铺机后面紧跟压路机碾压形成路面，如图 4-14(a)所示。

(2)水泥混凝土路面。

水泥混凝土路面属于刚性路面，可以是素混凝土路面，也可以是钢筋混凝土路面。水泥混凝土路面的优点是承受荷载的能力强，稳定性好，表面较粗糙、抗滑性能好，能适应履带车辆行驶，耐磨性好，使用寿命长(设计寿命 20～30 年)；缺点在于水泥用量大，开放交通慢(养护时间长)，有接缝，致使行车有跳车振动，对超载敏感，损坏修复困难。水泥混凝土路面在公路、城市道路中广泛应用。

水泥混凝土路面的施工顺序为放样清底、安装模板、安设传力杆、拌制和运送混凝土、摊铺振捣、表面修整、养护。如图 4-14(b)所示为水泥混凝土路面正在摊铺。为了减少温度变化引起的路面翘曲或开裂，混凝土板应设置许多纵横接缝构造，施工时应锯缝和填缝。

(a) 沥青混凝土路面摊铺碾压

(b) 水泥混凝土路面摊铺

图 4-14　路面施工

4.2.3　道路养护管理

道路在使用中，因车辆的碾压、冲击、磨耗、气候变化等因素的作用，造成了表面的损伤和损坏。这些损伤和损坏对汽车的行驶速度、载重能力、燃油消耗、机械磨损、驾驶舒适性、交通安全、环境保护等都有很大的危害。通常来说，道路日常养护和维修的主要内容包括以下几个方面。

1. 路基养护

路基养护的工作内容包括：整理路肩、边坡，修剪路肩边坡，清除杂草和杂物，保持路容整洁，图4-15(a)展示了工人正在清理边沟；疏通边沟，保持排水系统畅通；清除挡土墙、护栏滋生的杂草，修理伸缩缝，疏通泄水孔，清除松动石块；修理路缘带；小段开挖边沟、排水沟、截水沟；清除零星塌方，填补路基缺口，处理轻微沉陷翻浆；修理桥头接线或桥头、涵顶跳车；修理挡土墙、护坡、护坡道、泄水槽、护栏等局部损坏；修理路肩车辙，局部加固路肩等。

2. 路面养护

路面养护的工作内容包括：清除路面泥土、杂物，排除路面积水、积雪、积冰，保持路面整洁，图4-15(b)所示为路面杂物垃圾清理；处理沥青路面的泛油、拥包、裂缝、松散等病害；水泥混凝土路面日常清缝、灌缝及堵塞裂缝；修理和刷白路缘石；修补坑槽、沉陷，处理波浪、局部龟裂、啃边等病害；局部修理水泥混凝土路面板块等。

(a) 边沟清理

(b) 路面清理

图 4-15　道路日常养护

3. 桥梁、涵洞、隧道养护

桥梁、涵洞、隧道养护的工作内容包括：清除污泥、积水、杂物，保持桥面清洁；疏通涵洞，疏导桥下河槽；养护伸缩缝，疏通泄水孔，油漆栏杆；日常养护桥涵；局部修理桥栏杆，修理泄水孔、伸缩缝、支座等局部轻微损坏；修补墩、台及河床铺底和防护圬工的微小损坏；加固修理涵洞进出口铺砌；局部维修和疏通修理排水沟等。

4. 交通工程及沿线设施养护

交通工程及沿线设施养护的工作内容包括：维护或定期清洗标志牌、里程碑、百米桩、界碑、轮廓标；修理护栏、隔离栅、轮廓标、标志牌、里程碑、百米桩等；局部补画路面标线等。

5. 绿化养护

绿化养护的工作内容包括：抚育行道树、花草，抹芽、修剪、治虫、施肥；行道树、花草缺株补植；冬季刷白行道树等。

6. 其他设施养护

其他设施养护的工作内容包括：排水设施的维护和清理，确保道路排水系统畅通；定期检查和维护交通标志和信号灯等设施，确保其正常工作。

通过这些具体的保养和维修措施，可以确保道路及其附属设施保持良好的工作状态，延长其使用寿命，提高道路的安全性和舒适性。若道路现有各结构安全性与舒适性已经难以正常运转，也无法满足现有交通流和运输需求，则需要对原有技术标准偏低的路段、构筑物和沿线设施分阶段进行改造、扩建，逐步提高道路的使用品质和服务。

4.4 道路工程的发展趋势

随着科技的飞速发展和城市化进程的加快，道路的发展已经日新月异。如今的道路不仅是交通通道，更是智能技术应用的绝佳平台。以自动驾驶技术为例，道路已成为智能车辆探索未来的战场。道路的创新发展，使得人们的出行更加便捷，也为物流运输提供了极大的便利。未来的道路将更加注重环保和智能化，如绿色公路、智能交通系统等将成为未来公路发展的重要趋势。这些创新不仅提高了公路的通行效率，也推动了城市的发展。未来道路工程的发展趋势主要包括以下几个方面。

1. 智能化和数字化

随着物联网、大数据、云计算和人工智能等新一代信息技术的广泛应用，道路工程正在逐步实现智能化和数字化转型升级。例如，智能交通系统（intelligent transportation system，ITS）是将先进的信息技术、通信技术、传感技术、电子控制技术与交通管理和运输系统结合起来的综合系统，其基本框架如图 4-16 所示。ITS 的目标是通过智能化手段优化交通资源的利用，提高交通效率，增强交通安全，并减少环境污染。

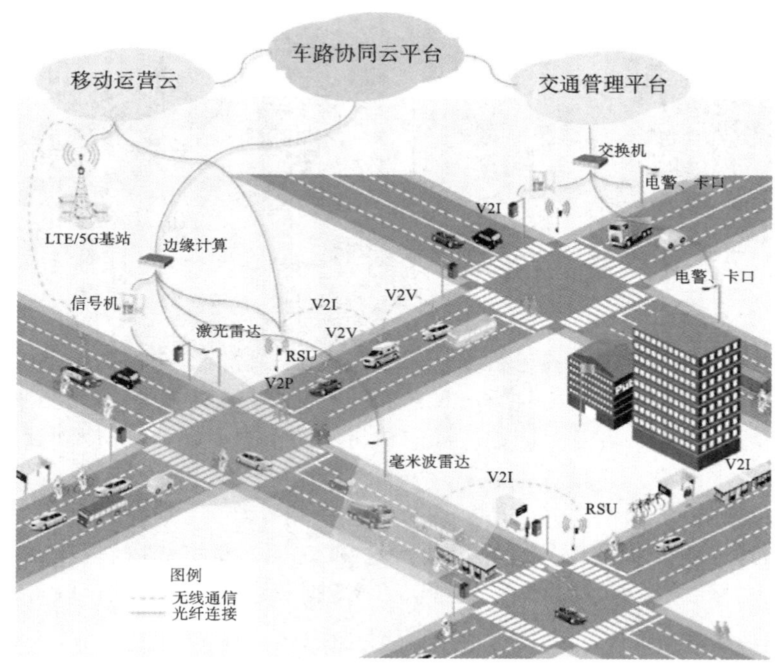

图 4-16　智能交通系统的基本框架

再如，近年来，数字孪生技术兴起，可将物理世界的道路及其环境，通过传感器、物联网和数据建模技术，在虚拟空间中构建一个实时动态的数字模型。数字孪生技术在道路工程中的应用涵盖设计、建设、运营和维护全生命周期，具有优化效率、节约成本和提升决策科学性的显著优势。此外，自动驾驶与车路协同技术可使道路基础设施配备支持自动驾驶的传感器和通信设备（如 C-V2X 技术），以实现车辆与道路设施的协同互动，提高自动驾驶的可靠性。图 4-17 展示了某高速公路管理中心利用数字孪生技术搭建的交通监控智慧平台。

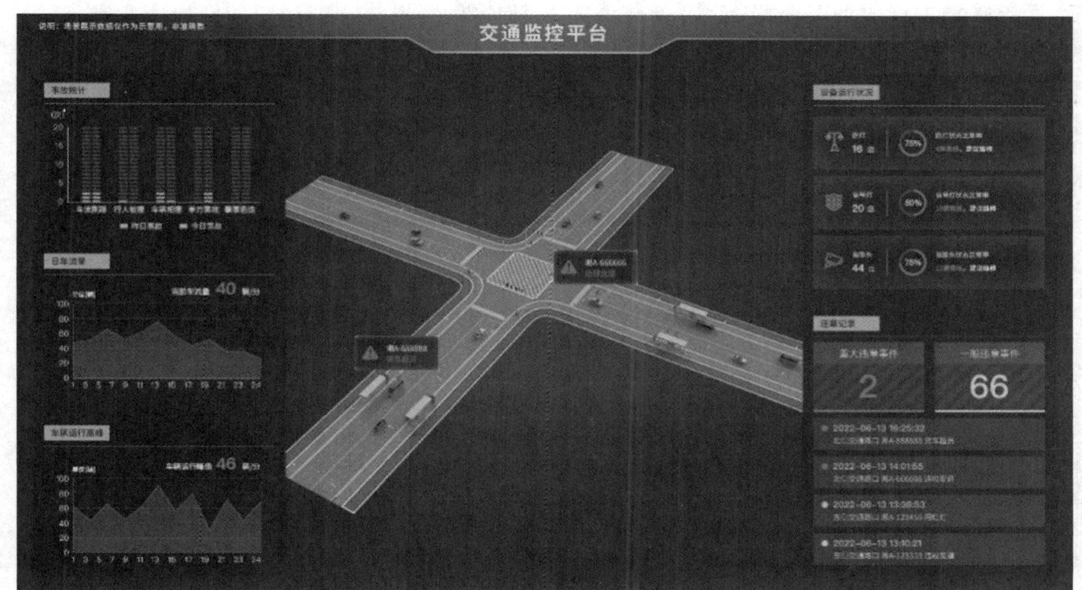

图 4-17　高速公路交通监控智慧平台

2. 绿色化与可持续发展

随着全球气候变化和人们环境保护意识的增强，道路工程建设更加注重绿色化和环保化，具体表现在如下几个方面。①采用环保材料和节能技术，减少对环境的影响，推动道路工程行业的可持续发展。例如，使用高性能混凝土、低碳水泥、再生沥青和可循环材料，减少碳排放和资源消耗；采用自修复材料（如纳米技术和生物材料），大大延长道路寿命，降低维护成本。②在设计方面，优化道路排水系统以减少雨水径流对环境的影响。③推广植被护坡和生态屏障，减少对自然生态的干扰。④在道路建设和运营中，通过太阳能路面、风能设施等技术，实现能源自给自足。⑤开发低能耗和零排放施工设备。

3. 模块化与装配式

模块化和装配式技术能够显著提升施工效率，减少对周边交通的影响。一些装配式道路如今也逐步推广应用，其采用工厂预制部件，在施工现场进行快速拼装。模块化和装配式技术还能够提高构件质量和施工精度，减少现场工作时间、垃圾排放以及环境污染。在快速维修与替换技术方面，开发可拆卸的路面模块，便于定期维护和更换也是未来道路养护的趋势。

4. 多功能道路基础设施

未来道路不仅仅是交通通行工具，还将集成发电、储能、通信等多种功能。如发电道路，通过安装光伏面板或压电材料，将道路表面转化为新能源生产平台，实现对沿途电动车充电站、照明和信号灯供电的支持。一些多用途设施将道路设计与步道、自行车道、绿化带结合，满足多样化的出行需求。智能路灯、充电桩、雨水收集设施等进一步提升道路的综合利用效率。此外，结合城市立体开发，建设地下综合管廊和隧道式道路，缓解地面空间压力也是未来道路建设的发展方向。

未来道路工程的发展将注重智能化、可持续性、多功能性和韧性，结合社会和环境需求，为人类提供更高效、安全和环保的交通系统。

1. 道路工程的定义和主要任务是什么？

2. 解释道路工程中的“路基”概念，并简述其主要功能。
3. 列举并简述道路的常见类型。
4. 道路的设计速度与道路安全有何关系？
5. 何为道路的排水系统？简述其重要性。
6. 道路的横断面设计包括哪些要素？其作用是什么？
7. 说明道路工程施工中的质量控制措施。

第5章 铁路工程

5.1 概　　述

铁路工程是指修建铁路各阶段所运用的技术。铁路工程最初包括与铁路有关的土木(轨道、路基、桥梁、隧道、站场)、机械(机车、车辆)和信号等工程,现在铁路工程仅狭义地指铁路选线、铁路轨道、路基和铁路站场及枢纽。

铁路按轨距、牵引动力、任务和运量进行分类。按照轨距分类,铁路分为标准轨距铁路、宽轨铁路和窄轨铁路。轨距是铁轨顶面16 mm范围内两股钢轨作用之间的最小距离。轨距的测量方法为测量两条钢轨轨顶内侧垂直平面的距离(图5-1)。1886年国际铁路会议正式通过1435 mm为国际标准轨距,比1435 mm宽的轨道称为宽轨,比1435 mm窄的轨道称为窄轨。世界上大多数国家设计的轨道均为国际标准轨距,即1435 mm的轨道。

图5-1　测轨距图

铁路按牵引动力可分为三类,分别为电力牵引、内燃牵引和蒸汽牵引。蒸汽机车为最早的机车,在日新月异的21世纪,因为其污染环境、能源转换率低,基本上已经被淘汰。电力机车和内燃机车在能源转换和污染环境方面有着极大的改善,所以仍经常出现在大众的视野内。

在中国,铁路分为Ⅰ级铁路、Ⅱ级铁路、Ⅲ级铁路。Ⅰ级铁路,即在路网中起骨干作用的铁路;Ⅱ级铁路,即在路网中起辅助联络作用的铁路;Ⅲ级铁路,即具有地方性质的铁路。有些国家的铁路分为干线、支线和山区线。

5.2 铁路发展概况

5.2.1 铁路发展史

1825 年 9 月 27 日，英国达林顿—斯托克顿铁路建成通车，标志着世界开始摆脱马车，进入蒸汽时代。到 1860 年，英国建成的铁路长达 14512 千米，并形成以伦敦为最大枢纽的铁路网。到 1928 年的时候，铁路规模达到 32565 千米的历史最高水平。1828 年，美国开始修建从巴尔的摩到俄亥俄的第一条铁路，于 1830 年完成通车。1916 年美国铁路总里程达到历史最高峰，约 41 万千米。铁路是 19 世纪最后 40 年美国经济发展的中心。与此同时，法国于 1825 年、德国于 1830 年先后进行了工业革命，也开始修建属于自己的铁路。

中国最早的铁路修建于 1875 年。英国商人在上海建设了中国的第一条营运铁路，名为吴淞铁路(图 5-2)，全长仅 14.5 千米。1881 年，清政府主张兴建了第一条官办铁路——唐胥铁路。在八国联军入侵中国之后，清政府决定自行修建第一条完全由中国人自行设计施工的铁路——京张铁路，由铁路工程专家詹天佑主持设计建造。1912 年“中华民国”成立，因为频繁的战乱和外部势力的影响，中国铁路发展缓慢。1949 年中华人民共和国成立，政府于 1950 年开始修建新中国成立后的第一条铁路——成都到重庆的成渝铁路。到 21 世纪，中国铁路飞速发展，设计时速 200 千米、最高时速为 300 千米的秦沈铁路作为中国第一条客运专线铁路于 2003 年正式投入运行。又过了 3 年，上海磁悬浮列车正式投入运行。同年，中国修建了世界上海拔最高、线路最长的青藏铁路，解决了一系列世界难题。2008 年中国第一次拥有了一条时速超过 300 千米的高速铁路——京津城际铁路。截至 2020 年 12 月，全国铁路营业里程增加到 14.63 万千米，增长 20.9%，其中高铁增加到 3.79 万千米，翻了近一番，“四纵四横”高铁网提前建成，“八纵八横”高铁网加密成型，建成了世界上最现代化的铁路网和最发达的高铁网。

图 5-2　吴淞铁路

5.2.2　铁路发展展望

未来几年，我国将进一步完善综合运输大通道，加强出疆入藏、中西部地区、沿江沿海沿边战略骨干通道建设，有序推进能力紧张通道升级扩容。“十四五”期间，铁路建设任务仍十分繁重，在建、已批项目规模达 3.19 万亿元。到 2025 年，全国铁路营业里程将达到 17 万千米左右，其中高铁(含城际铁路)5 万千米左右，铁路基本覆盖城区人口 20 万以上城市，高铁覆盖 98%城区人口 50 万以上城市。中国铁路从合作研发到自主创新，总体技术水平已然迈入世界先进行列，路网的不断完善为经济社会发展提供了有力支撑。高速、高原、高寒、重载铁路技术达到世界领先水平，智能高铁技术全面实现自主化，350 千米时速的复兴号跨越了祖国大江南北，征服了无数山川河流，中国铁路正以实力领跑世界。

5.3　高速铁路与重载铁路

5.3.1　中外高速铁路

中国高速铁路(China railway highspeed)，简称中国高铁，是指在中国修建完成并使用的高速铁路，是当代中国人出行的一种基础交通设施。中国高铁种类繁多，根据在路网线路中的不同地位和服务范围，中国高铁分为主次干线和支线；根据速度指标，中国高铁又可以分为三种(250 千米/时、300 千米/时、350 千米/时)，也可以分为城区高铁、山区高铁等(图 5-3)。

图 5-3　中国高铁

国外高速铁路不同于中国高铁。1985 年日内瓦协议做出新规定：新建客货共线型高铁时速在 250 千米以上，新建客运专线型高铁时速在 350 千米以上。世界在日新月异地变化，高速铁路的标准也发生着巨大的变化。日本是世界上最早开始发展高速铁路的国家之一，也是世界上第一个建成实用高速铁路的国家(图 5-4)。日本政府于 1970 年发布的第 71 号法令规定了对于高速铁路的定义：凡一条铁路的主要区段，列车的最高运行速度达到 200 千米/时及以上者，可以称为高速铁路。而美国联邦铁路管理局曾将高速铁路定义为最高营运速度高于 145 千米/时的铁路。

5.3.2　中外重载铁路

重载铁路(the heavy-haul railway)是指行驶列车总量大、行驶大轴重货车或行车密度和运量特大的铁路，主要用于运输大型原材料货物，20 世纪 20 年代在美国首次出现。

图 5-4　日本新干线

中国的重载铁路(图 5-5)标准制定得比较迟，中华人民共和国国家铁路局于 2017 年发布了《重载铁路设计规范》，这是我国第一部重载铁路行业标准，也是世界上首部系统完整、内容全面的重载铁路设计规范，填补了重载运输领域技术标准的空白，进一步丰富和完善了我国铁路工程建设标准体系，对于指导重载铁路健康发展、提高铁路建设的社会经济效益具有重要促进作用。

图 5-5　中国境内首个重载铁路干线铁路——大秦铁路

国外重载铁路主要集中在澳大利亚、加拿大、南非和美国等国，主要用来运输铁矿石、煤炭等重载货物。比如美国的伯灵顿北方圣达菲铁路公司(BNSF)是美国最大的铁路公司之一，每天开行约 190 列运煤单元重载列车，每辆车载重 108 吨。每列 135 辆，长 2.41 千米，总重超过 1 万吨，列车运行速度 30 千米/时。

5.4　铁路线路设计

5.4.1　铁路等级与主要技术标准

铁路等级应根据其在铁路网中的作用、性质、设计速度和客货运量来确定，分为高速铁路、城际铁路、客运共线铁路、重载铁路。铁路设计速度应根据运输需求、工程条件等因素综合技术经济比选确定，其中高速铁路的设计速度应该是 350 千米/时、300 千米/时、250 千米/时，城际铁路的设计速度是 200 千米/时、160 千米/时、120 千米/时，客货共线分为客货共线Ⅰ级和Ⅱ级，客货共线Ⅰ级的设计速度和城际铁路的设计速度一样，客货共线Ⅱ级的设计速度是 120 千米/时、100 千米/时、80 千米/时，重载铁路的设计速度是 100 千米/时、80 千米/时。

城际铁路动车组编数应根据预测的客运量，结合车辆选型、运输组织方案，经技术经济比选确定。高速铁路、城际铁路的最小行车间隔应按照运输需求研究确定，宜采用 3 min。

高速铁路、城际铁路应采用电力牵引。客货共线铁路、重载铁路的牵引种类应根据路网与牵引动力规划、线路特征和沿线自然条件以及动力资源发布情况合理选定，并宜采用电力牵引。

机车类型应根据牵引种类、牵引质量、设计速度等运输需求，按照与线路平、纵断面技术标准相协调的原则，并宜与相邻线牵引质量相协调。

重载铁路设计轴重应根据大宗货物品类、列车开行方案、设备条件、工程经济性等因素综合分析确定。

5.4.2　选线原则

线路选线设计应在充分考虑项目所在地的地质资料之后，再统筹考虑线路所经过的地区的周围环境、工程条件等因素，经技术经济比选确定线路走向。

铁路选线设计应遵循下列原则。

(1)符合综合交通网、铁路网等相关规划。

(2)行经主要城市和重要城镇，与城镇化发展和产业布局相协调。

(3)与城市总体规划、其他交通方式衔接顺畅，有利于铁路沿线土地综合开发。

(4)符合环境保护、水土保持、防灾减灾、土地节约、文物保护及社会稳定的要求。

(5)铁路宜与其他交通方式共用走廊，减少土地分割，节约土地用地。城区地段应结合城市功能分区、景观要求、环境影响等因素合理选择线路敷设方式。

(6)结合地形、水文和工程地质条件，绕避各类不良地质体，合理确定工程类型和工程处理措施，保障工程及运营安全。

(7)充分考虑既有公(道)路、建(构)筑物、高压电力走廊等设施的影响，减少迁改工程量。

(8)满足易燃易爆、放射性物品等危险品的安全间距和安全防护要求。

(9)符合军事设施和国防要求。

(10)积极采用铁路选线设计的新技术、新方法、新手段。

5.5　线面和纵断面设计

5.5.1　区间线面设计

铁路线路平面设计是指设计铁路线路空间曲线在地形平面的投影。通过灵活设计线路的直线、圆曲线和缓和曲线等技术参数，不仅可以使线路满足铁路行车安全、平稳和舒适的要求，同时可使工程和运营条件达到最佳。因此，铁路线路平面设计是十分重要的环节。线路设计要求如下：①行车安全、平顺，指的是不脱钩，不断钩，不脱轨，不途停，不运缓，旅客乘车舒适；②节约资金，考虑好工程费用和运营，达到最高收益比；③合理布置建筑物，各类建筑物的技术要求须满足规定，并且要功能协调、布局合理。

如图 5-6 所示，线路中心线是用路基横断面上 O 点在纵向的连线表示的。O 点为距外轨半个轨距的铅垂线 AB 与路肩水平线 CD 的交点。线路的空间位置是由它的平面和纵断面来决定的。线路平面是指线路中心线在水平面上的投影，表示线路平面状况。线路纵断面是指沿线路中心线所作的铅垂剖面展直后线路中心线的立面图，表示线路起伏情况，其高程为路肩高程。

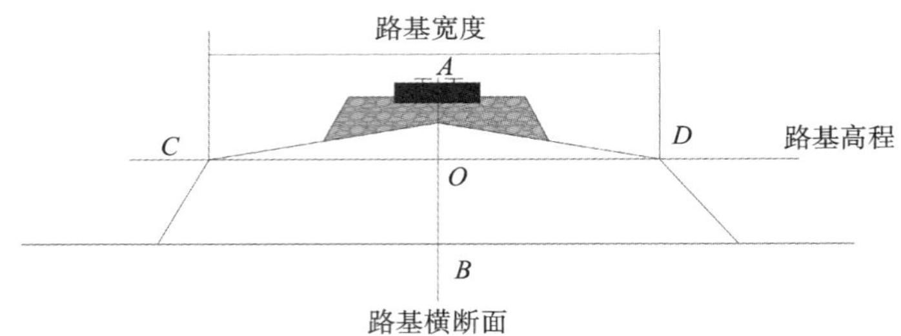

图 5-6　路基横断面图

线路平面由直线和曲线组成。直线是进行铁路线路平面设计时，为了缩短线路长度和改善运营条件而设计的，所以应尽可能地设计较长的直线段。直线设计的一般原则：

(1)根据地形地物条件，使直线与曲线相互协调；

(2)力争设置较长直线，减少交点个数，以缩短线路长度，改善运营条件；

(3)力求减少交点转角的度数。

曲线是当线路设计遇到地形、地物等障碍时设置的，为了减少工程造价和运营支出，还应适当地设置曲线铁路。曲线由圆曲线和缓和曲线组成。

正线指连接车站并贯穿或直股伸入车站的线路。夹直线是指相邻两缓和曲线端点间的直线段。

5.5.2　区间线路纵断面设计

铁路线路根据地形的走势变化，分为上坡、下坡和坡道。高速铁路、城际铁路的区间正线最大坡度应根据地形条件、设计速度、运输需求和工程投资比选确定。最大坡度不宜大于 20‰，困难条件下坡度不应大于 30‰。

铁路线路纵断面上坡度的变化点，称为变坡点。纵断面上相邻变坡点的距离，称为坡段长度。从运营角度来看，最好把纵断面设计成尽量长的同一坡度，以减少变坡点，利于行车平顺，同时也要考虑地形条件和工程量大小。

车辆经过变坡点时，将产生振动和竖向加速度，引起旅客不适；同时由于坡度变化，车钩会产生一种附加力，车辆经过凹凸地点时，相邻车辆处在不同坡度上，易使车钩上下错移(图 5-7)。当相邻坡坡度差段过大、附加应力过大、两车钩上下错移量过大时，列车易发生断钩、脱钩等事故，因此应在相邻坡段间用一圆顺曲线进行连接，使列车顺利地由一个坡段过渡到另一个坡段，这个纵断面上变坡点处所设的曲线叫作竖曲线。

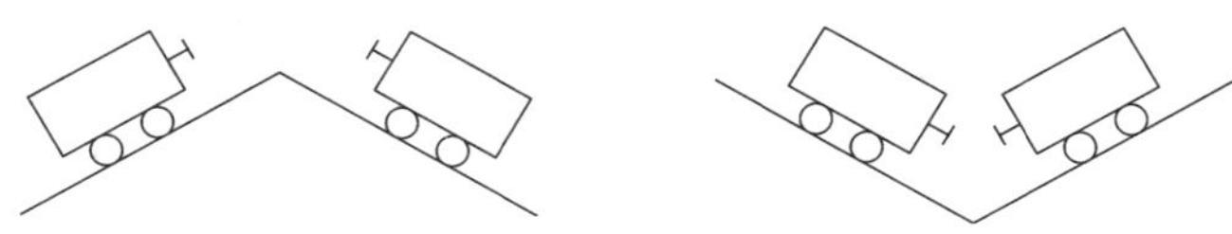

图 5-7　车辆经过变坡点的状态图

5.5.3　桥涵、隧道、路基地段纵断面设计

桥涵按其长度可划分为特大桥(多孔跨径总长大于 1000 m)、大桥(多孔跨径总长 100～1000 m)、中桥(多孔跨径总长 30～100 m)、小桥(多孔跨径总长 8～30 m)、涵洞。

桥涵路段的纵断面设计需求：

(1)涵洞和道碴桥面桥可设在任何纵断面的坡道上；

(2)明桥面桥宜设在平道上，如果必须设在坡度上，坡度不宜大于 4‰；

(3)明桥面不能和竖曲线重合；

(4)桥涵处的路肩设计高程，涵洞处应不低于水文条件和构造条件所要求的最低高度；桥梁处应不低于水文条件和桥下净空高度所要求的最低高度。

隧道纵断面设计须先进行坡道选择，后进行坡度设计和坡段设计。隧道纵断面设置为单面坡或者人字坡。单面坡和人字坡分别适用于不同的隧道。适用于单面坡的是位于紧邻地段、要争取高程的区段上的隧道，越岭隧道两端展线上的隧道，地下水不丰富的隧道，以及可以单口掘进的短隧道；人字坡则适合长大隧道、越岭隧道、地下水丰富而抽水设备不足的隧道。

5.6　铁路轨道和路基结构

5.6.1　铁路轨道的类型及部件

轨道部件由钢轨、轨枕、扣件、联结零件、道床、道岔、轨道加强设备(主要有防爬设备、轨距杆、轨撑等)组成。我国铁路轨道根据运营条件、年通过总重密度划分为特重型轨道、重型轨道、次重型轨道、中型轨道、轻型轨道。

5.6.2　路基的组成及横断面

路基是轨道或者路面的基础，是经过开挖或填筑而形成的土工构筑物。路基本体包括天然土、路堤和路堑。路基本体根据地质条件和填筑材料的不同，又可以分为路堤、路堑、半路堤、半路堑、半堤半堑、不填不挖路基六种基本形式。路基横断面图是在路线各中心桩处，垂直于线路中心线进行横向剖切所得到的剖面图。

铁路路基主要由以下几部分组成。

1. 排水设备

地面排水设备：用来将有可能停滞在路基范围以内的地面水迅速排出到路基以外，并防止路基以外的地面水流入路基范围，以免下渗浸湿路基土体或形成漫流冲刷路基边坡，如侧沟等。

地下排水设备：根据水文和地质条件修筑于地面以下一定深度，用来截断、疏干、引出地下水或降低地下水位，以使路基及边坡保持干燥状态，提高土的稳固能力，如排水槽等。

2. 防护设备

坡面防护设备：用来防护易受自然作用破坏而出现坡面变形的土质边坡，如铺草皮以及防护崩塌落石而修建的拦截和遮挡的建筑物，如明洞等。

冲刷防护设备：用来防护水流或波浪对路基的冲刷和淘刷，如挡土墙等。

支撑加固设备：用来支撑加固路基本体，以保证其稳固性，如支挡墙等。

防沙、防雪设施：用来防止风沙、风雪掩埋路基，如各种栅栏等。

3. 路堤

路堤是指天然地面上用土或石填筑的具有一定密实度的线路建筑物。

4. 路堑

路堑指从原地面向下开挖形成的路基形式。它能起到缓和道路纵坡或越岭线穿越岭口控制标高的作用。

5.6.3 轨枕

轨枕是铺设在道床与钢轨之间，用以承受从钢轨传来的力和振动并传给道床，同时用以保持钢轨轨距和方向的轨道部件。

轨枕按其制造的材料可分为木轨、混凝土枕和钢枕，按其用途(或使用部位)可分为一般线路上用的轨枕、道岔上用的轨枕和钢梁桥上用的桥枕。

1. 木枕

优点：弹性好、重量轻，制作简单，电绝缘性能好，扣件与木枕联结简单，铺设和养护维修、运输方便，与碎石道碴之间有极大的摩擦系数等。

缺点：需要大量木材、易腐蚀、使用寿命短(10～20 年)。

木材材质不同，铺设入线路年限不同，众多木枕弹性也不同，因此，在列车动力冲击下会出现不平顺，产生较大的附加力，容易产生轨向不良和轨距扩大等。

2. 混凝土枕

优点：取材容易，对轨道的稳定性好，可满足干线铁路高速度、大运量的需求，不会受腐蚀、虫蛀以及失火影响，使用寿命长等。

缺点：容易产生裂纹从而失效，质量大，不易更换，弹性差，维修难度大等。

混凝土枕使用规定如下。

(1)临时线、货场线，冻害、翻浆冒泥、路基不稳定的地段，半径在 200 m 以下的曲线路段等均不宜铺设混凝土枕。

(2)在距道岔、正式道口或无碴桥和有护轨的有碴桥两端应各铺 15 根木枕作为过渡段。木枕与混凝土枕分界处如果在钢轨接头处，应顺延 5 根轨枕以外，不得交叉混合铺设。

3. 钢枕

优点：承载力大，生产过程简单，具有良好的性能，使用寿命远超混凝土枕；抗疲劳性能好；轨道维护量少，维护成本低；可回收利用；易加工、不怕火、不怕虫蛀，耐重载、耐冲击、耐振动等。

缺点：特定环境条件下易生锈，只能用于特定类型钢枕和轨距；与混凝土枕相比，道床横向阻力较小；成本比木枕、混凝土枕的成本要高；易使轨枕过早地产生疲劳。

5.7 铁路建设施工

铁路建设施工是指利用铁路技术手段，对铁路线路、桥梁、隧道、车站等基础设施进行新建、改建和维修的过程。它涉及的技术要求高，工程规模大，并且存在较高的安全风险。铁路建设施工不仅包括线路、桥梁、隧道、车站等基础设施的建设，还必须考虑地形地貌、气候条件等自然因素的影响，并确保施工质量和安全，以保障铁路运输的安全和效率。铁路工程一般由桥梁工程、路基工程、沟涵排水工程、隧道工程等附属工程组成，构造繁杂，线路、线形多变，施工里程一般较长。

5.8　铁路运营和管理

5.8.1　铁路运输

铁路运输是通过铁路列车承载旅客和货物的一种运输方式(图 5-8)。它在现代社会的物资运输过程中起着十分重要的作用,有着运输量大、运输成本低、运输速度快、受天气影响小、适用于大宗货物的长途运输等特点。铁路运输已成为我国货物运输的主力。

图 5-8　铁路运输

5.8.2　铁路行车组织

铁路行车组织的重要内容包括:车流组织、列车运行图、线路通过能力、车站行车组织工作、铁路运输生产计划和调度指挥。

(1)车流组织的基础是货流。在一定时期内,货物由出发地点向到达地点输送的过程就是货流。车流是一定时期内,在某一方向、某一区段或某一车站上,车辆的去向或到站(流向)和数量(流量)的总称。

(2)列车运行图实质上是列车运行的图解,以横轴表示时间,纵轴表示距离,斜线为列车运行线。列车运行图编制原则如下:先客后货,先快后慢,先直通后管内,先编初步方案再具体画图。

(3)线路通过能力是指某一铁路线、方向或区段,根据现有的固定技术设备(如区间、车站、机务设备及电化铁路线的供电设备等),在一定类型的机车车辆和行车组织方法(如运行图类型及车站技术作业过程等)条件下,在单位时间(通常为一昼夜)内所通过的规定重量的最大列车对数或列数。货运通过能力可以用列数、车数、货物吨数来表示。通过能力分为三个不同的概念:设计通过能力、现有通过能力和需要通过能力。

(4)车站行车组织工作主要内容包括:车站技术设备的使用和管理、接发列车和调车工作的组织、列车和车辆的技术作业程序、车站作业计划与调度,以及车站通过能力和改编能力的计算等。

(5)铁路运输生产计划由铁路月度货物运输计划和铁路运输工作计划两部分组成。铁路月度货物运输计划的主要内容包括:全国、各铁路局的品类别货运量,国际联运进出口运输计划,水陆联运计划,装车地直达列车和成组装车计划,卸车计划等。铁路运输工作计划是为了完成铁路月度货物运输计划而制定的机车车辆运用计划。

(6)调度指挥的基本任务包括:正确编制和执行铁路运输生产计划和运输工作日常计划,科学地组织客流、货流和车流,合理地使用机车车辆及运输设备,组织均衡运输,挖掘运输潜力,提高运输效率,组织与运输有关的各部门紧密结合,协同工作,努力完成各项运输任务。我国铁路的各级运输部门的调度机构包括:国家铁路集团调度指挥中心、铁路局集团公司调度所、站段调度室。

课后习题

1. 铁路按轨距可分为哪几类?国际标准轨距是多少?
2. 根据速度指标,中国高铁可以分为哪几种?
3. 我国第一部重载铁路行业标准是什么?其颁布的意义是什么?
4. 根据材料来分类,铁路枕轨分为几种,各自有哪些优缺点?
5. 论述铁路选线设计应遵循的原则。

第6章 桥梁工程

6.1 桥梁基本概念

6.1.1 引言

桥梁是跨越障碍的通道，是供公路、城市道路、铁路、渠道、管线等跨越水体、山谷或彼此间相互跨越的工程构筑物，是交通运输中重要的组成部分；是一个国家或地区经济实力、科学技术、生产力发展等综合国力体现；是代表一个地区经济、历史、人文等社会发展的标志性建筑，是社会历史发展的不朽丰碑。

桥梁种类繁多，可以根据需要进行各种分类。

(1)按用途分为铁路桥、公路桥、公铁两用桥、人行桥、运水桥(渡槽)及其他专用桥梁(如通过管道、电缆等)。

(2)按跨越障碍类型分为跨河桥、跨谷桥、跨线桥(又称立交桥)、高架桥、栈桥等。

(3)按建桥材料分为木桥、钢桥、钢筋混凝土桥、预应力混凝土桥、圬工桥(包括砖桥、石桥、混凝土桥)等。

(4)按桥面在桥跨结构的不同位置分为上承式桥、下承式桥和中承式桥。

(5)按单孔跨径和多孔跨径总长分为特大桥、大桥、中桥、小桥和涵洞。其中：

①特大桥：多孔跨径总长＞1000 m，单孔跨径＞150 m。

②大桥：100 m≤多孔跨径总长≤1000 m，40 m≤单孔跨径≤150 m。

③中桥：30 m＜多孔跨径总长＜100 m，20 m≤单孔跨径＜40 m。

④小桥：8 m≤多孔跨径总长≤30 m，5 m≤单孔跨径＜20 m。

⑤涵洞：单孔跨径＜5 m。

桥梁与人类生活密切相关。它不仅方便两岸(两侧)居民日常往来，降低物流成本，同时还是标志性建筑甚至是一件难得的艺术品。

中国是世界上最早从事桥梁建设的国家，赵州桥(公元 595—605 年，图 6-1)是当今世界上现存最早、保存最完整的古代石拱桥，体现了中国古代劳动人民高超的建筑技术和智慧。

1957 年，主跨 128 m 的万里长江第一桥武汉长江大桥(图 6-2)建成，彻底结束了我国长江无桥的历史，从此“一桥飞架南北，天堑变通途”。

而据中铁大桥局统计，截至 2024 年 1 月，我国长江上已建大桥累计达到了 153 座。目前长江上已建大桥跨度最大的是 2019 年建成的武汉杨泗港长江大桥(图 6-3)，大桥主跨 1700 m。而在建的江苏张靖皋长江大桥(图 6-4)主跨更是达到了惊人的 2300 m，打破了日本明石海峡大桥 1991 m 的世界纪录。这些数据表明中国在桥梁建设的建设速度、建设规模、技术难度等方面已经占据世界领先地位。

图 6-1　赵州桥

图 6-2　武汉长江大桥

世界最大跨度双层悬索桥——武汉杨泗港长江大桥

图 6-3　武汉杨泗港长江大桥

图 6-4　江苏张靖皋长江大桥

6.1.2　桥梁的组成

如图 6-5 所示，桥梁结构的基本组成部分包括桥跨结构、支座系统、桥墩、桥台和墩台基础五大部分，又称为五个“大部件”。

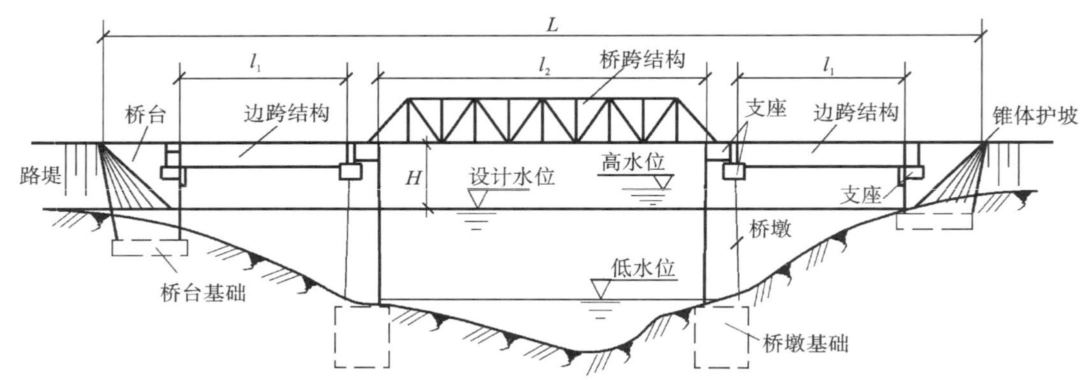

图 6-5　桥梁组成结构

(1)桥跨结构。桥跨结构又称桥孔结构、上部结构，是跨越障碍的结构物，是桥梁支座以上跨越桥孔的结构。

(2)支座系统。支座系统位于桥墩、桥台与上部结构之间，作用是支撑上部结构并将荷载传递到墩台上，并保证上部结构在荷载、温度变化或其他因素作用下产生一定的位移。常用支座有简易垫层支座、弧形钢板支座、钢筋混凝土摆柱支座和橡胶支座等。

(3)桥墩。桥墩是在河中或岸上支承两侧桥跨上部结构的构筑物。一般公路和铁路桥梁常采用的桥墩类型有实体(重力)式桥墩、空心式桥墩、构架式桥墩和柱式桥墩等。

(4)桥台。桥台设在桥的两端,一侧与路堤相接,另一侧支承桥跨的上部结构。

(5)墩台基础。桥梁基础承担桥墩、桥跨结构的全部重量以及桥梁上的移动可变荷载,而且往往修建于江河流水中,受到水流冲刷,故桥梁基础一般比房屋基础规模大、施工难度高,需要考虑的问题也比较多。桥梁基础有刚性扩展基础、桩基础、沉井基础等,在特殊情况下,还可采用沉箱基础、吊箱基础、套箱基础等。

桥梁的小部件包括桥面铺装、排水防水系统、栏杆(防撞栏杆)、伸缩缝和灯光照明五部分,又称为五个“小部件”。它们影响行车的舒适性、安全性,结构耐久性以及桥梁外表的观赏性。

6.1.3　桥梁工程总体规划

桥梁在规划设计时贯彻安全、经济、适用和美观的原则,一般需要考虑以下要求。

(1)使用上的要求。桥梁行车道和人行道应保证车辆和行人安全通行,满足将来交通发展需要。桥型、跨度和桥下净空还应满足泄洪、安全通航和通车的要求。

(2)经济上的要求。桥梁的建造应体现经济合理。选择桥梁方案时要充分考虑因地制宜和就地取材及施工水平等物质条件,力求在满足功能要求的基础上,使总造价和材料消耗最少,工期最短。

(3)结构上的要求。整个桥梁结构及其部件,在制造、运输、安装、使用和维护过程中应具有足够的强度、刚度、稳定性和耐久性。

(4)美观上的要求。桥梁应具有优美的外形,与周围环境和景色协调。

6.1.4　桥梁工程设计要点

(1)桥位选址。桥位在服从路线总方向的前提下,宜选河道顺直、河床稳定、水面较窄、水流平稳的河段。中小桥梁服从路线要求,而路线选择服从大桥的桥位要求。

(2)确定桥梁总跨径和分孔数。综合过水断面、河床地质条件、通航要求、施工技术水平和总造价考虑。

(3)桥梁纵横断面布置。根据桥梁连接的道路等级,按照有关规范确定。

(4)桥梁选型。从安全实用、经济合理和美观等方面综合考虑。

6.1.5　桥梁结构形式

按受力体系划分,桥梁有梁、拱、索三种基本体系,其中梁以受弯为主,拱以受压为主,索以受拉为主。这三种基本体系相互组合派生出六种基本桥型,即梁式桥、拱式桥、刚构桥、斜拉桥、悬索桥、组合体系桥。

1.梁式桥

梁式桥是一种在竖向荷载作用下无水平反力的结构体系(图6-6)。独立架设在两简支桥墩之间的梁式桥称为简支梁桥;对于多跨梁桥,在桥墩处连续而不中断的称连续梁桥;在桥墩处连续而在桥孔内中断、线路在桥孔内过渡到另一根梁上的称悬臂梁桥。由于梁式桥内产生的弯矩较大,通常需要采用抗弯、抗拉能力强的材料(钢、钢筋混凝土)来建造。目前在公路上应用最为广泛的是预制装配式钢筋混凝土和预应力混凝土简支梁桥。这种桥梁结构简单、施工方便,对地基承载力要求不高，常用跨径在 50 m 以内，对于中、小跨径的桥梁，标准跨径的钢筋混凝土简支梁桥应用最广。梁式桥构造如图 6-7 所示。

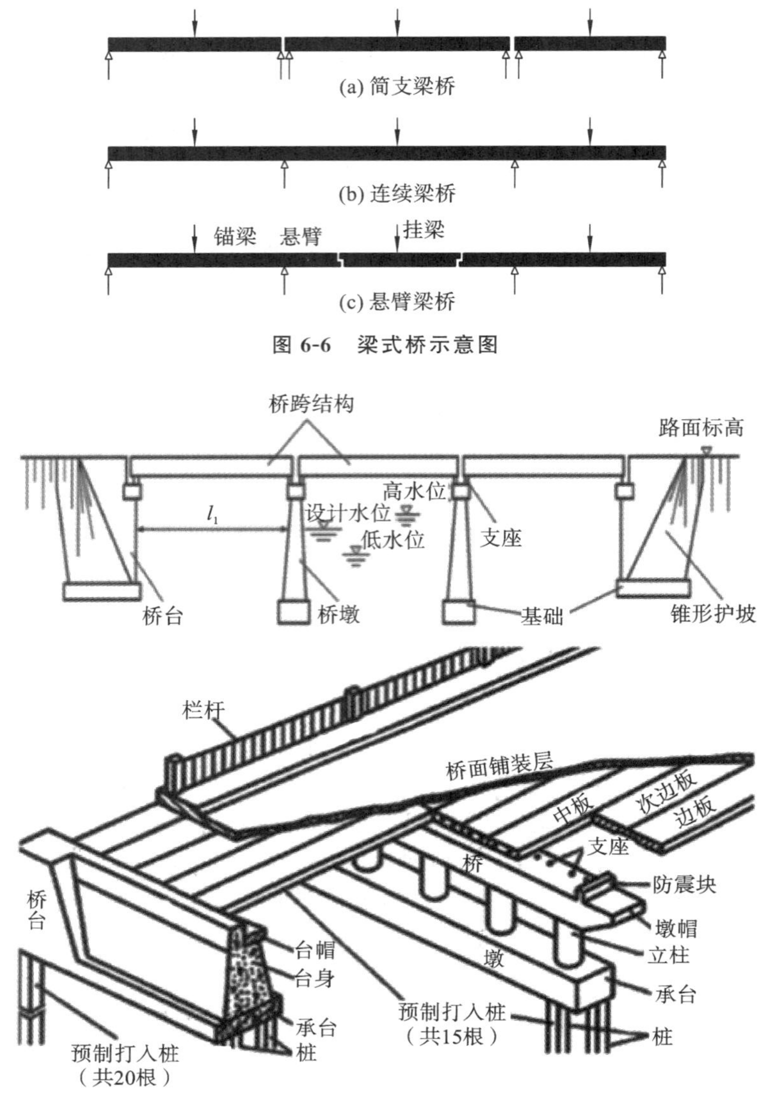

图 6-6　梁式桥示意图

图 6-7　梁式桥构造图

2. 拱式桥

拱式桥是世界桥梁史应用最早、最广泛的一种桥梁体系。拱式桥将拱圈或拱肋作为主要承载结构，在竖向荷载作用下，桥墩或桥台承受水平推力。主拱以受压为主，弯矩、剪力和变形较小，通常可采用抗压能力强的圬工材料（砖、石材、钢筋混凝土）来建造。拱式桥的受力特点要求地基（桥台）必须能够承受较大的水平推力，因此拱式桥特别适合修建在高山峡谷地带。拱式桥构造如图 6-8 所示。

拱式桥按桥面和拱肋的关系可以分成上承式拱式桥、中承式拱式桥和下承式拱式桥（图 6-9）。

3. 刚构桥

刚构桥，是主要承重结构采用刚构的桥梁，即梁和腿或墩台身构成刚性连接。刚构桥的主要承

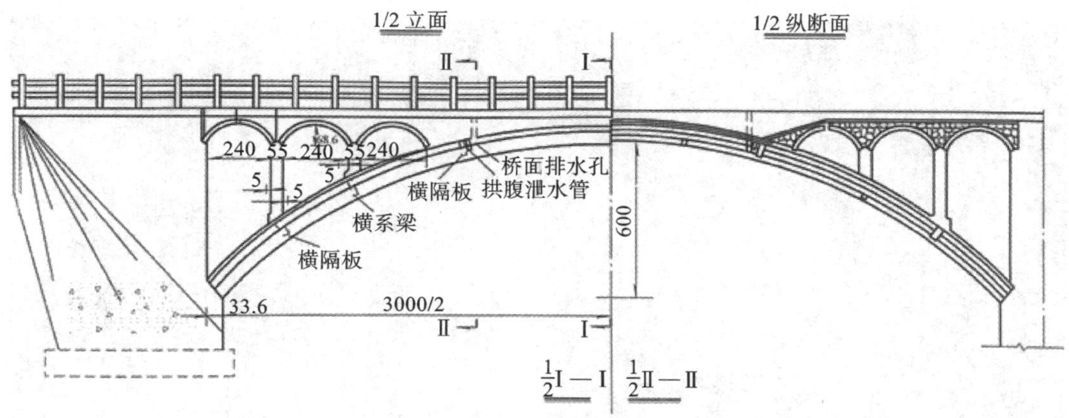

图 6-8　拱式桥构造图

图 6-9　上承式、中承式、下承式拱式桥

重结构是梁与桥墩固结的刚架结构，由于墩梁固结，梁和桥墩整体受力，桥墩不仅承受梁上荷载引起的竖向压力，还承担弯矩和水平推力。在竖向荷载作用下，刚构桥的弯矩通常比同等跨径连续梁桥或简支梁桥小，其跨越能力大于梁式桥；墩梁固结省去了大型支座，结构整体性强、抗震性能好。因此，预应力混凝土刚构桥是目前大跨径桥梁的主要桥型。根据外形不同，刚构桥可采用门式刚架、T 形刚构、斜腿刚构、V 形刚构等(图 6-10)。

4. 斜拉桥

斜拉桥是一种桥面体系受压、受弯，支承体系受拉的桥梁(图 6-11)。斜拉桥由主梁、索塔和斜拉索组成。用高强钢材制成的斜拉索将主梁多点吊起，将其承受的荷载传递到索塔，再由索塔传递给基础。斜拉索既可充分利用高强度钢材的抗拉性能，又可显著减少主梁的截面面积，使得结构自重大大减轻，故斜拉桥可建成大跨度桥梁。目前世界最大跨度斜拉桥为江苏常泰长江大桥(图 6-12)，其主跨度为 1208 m。

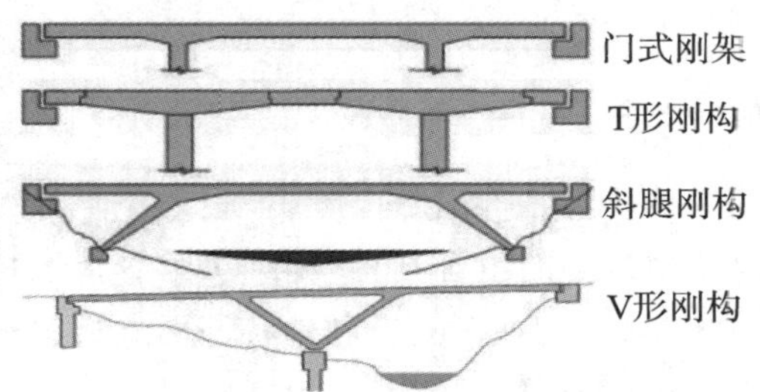

图 6-10　门式刚架、T 形刚构、斜腿刚构、V 形刚构

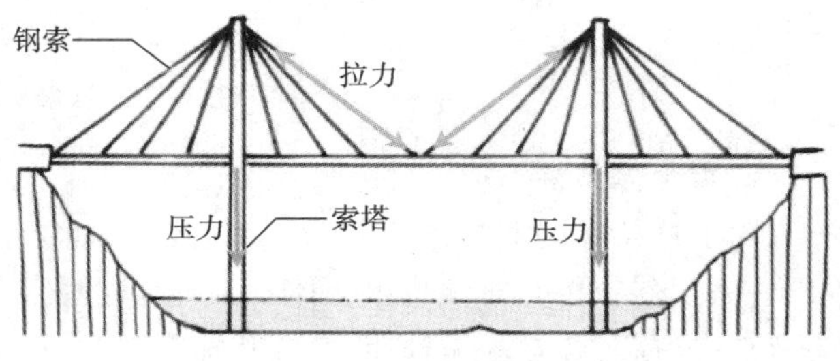

图 6-11　斜拉桥受力示意图

图 6-12　常泰长江大桥

5. 悬索桥

悬索桥又称吊桥，由主塔、主缆（缆索或大缆）、吊杆、主梁、锚碇组成（图 6-13）。典型悬索桥的传力途径是主缆将桥面荷载通过刚性梁和吊杆作用于主塔和锚碇。现代悬索桥广泛采用高强度钢缆，以充分发挥其优异的抗拉性能，因此结构自重轻，能以较小的建筑高度跨越其他任何桥型不能达到的特大跨度，目前世界已建成的最大跨度桥梁日本明石海峡大桥（图 6-14）就是悬索桥，主跨达到 1991 m。

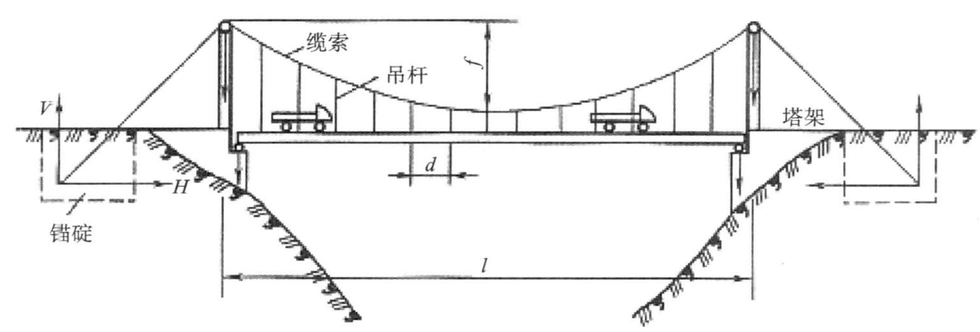

图 6-13　悬索桥结构示意图

6. 组合体系桥

除上述桥梁的基本形式外，在工程实践中，还采用几种桥型的组合结构，如梁拱组合体系桥梁（图 6-15）、斜拉桥与悬索桥组合体系。所有这些组合体系桥，目的在于充分利用各种形式桥梁的受力特点，发挥其各自的优越性，建造既符合要求，又经济美观的桥梁。

图 6-14　日本明石海峡大桥

图 6-15　梁拱组合体系桥梁

6.2　桥梁设计与施工

各种桥型所对应的设计理论、施工方法和它们在道路工程中的占比各不相同。目前国内外钢筋混凝土桥梁普遍采用连续梁桥的形式，跨越大江大河的特大桥则以斜拉桥为主。因此本章重点介绍这两种桥型的设计与施工技术。

6.2.1　连续梁桥的设计与施工

1. 连续梁桥设计要点

(1)体系特点。

连续梁桥属于超静定结构，对基础变形及温差荷载较敏感。连续梁桥支点负弯矩的卸载作用使跨中产生的正弯矩较小，桥梁的跨越能力强，行车条件好。

(2)构造特点。

①跨径布置。

连续梁桥跨径布置原则：减小弯矩、增加刚度、方便施工、经济美观。对于部分大、中跨度连续梁桥，一般采用不等跨布置，边跨跨径为中跨跨径的 50%～80%；对于中小跨度连续梁桥，一般采用等跨布置；对于有特殊使用要求的连续梁桥，一般采用短边跨布置。

②截面形式。

在设计连续梁桥的截面形式时，对于小跨径连续梁桥，一般采用板式截面；当连续梁桥采用吊装的方式进行施工时，一般采用肋梁式截面；而当桥梁采用节段施工时，一般采用箱形截面。对于其他形式的连续梁桥，还有一些较为特殊的截面，如局部多肋式箱形截面。

③梁高。

连续梁桥梁高见表 6-1。

表 6-1　连续梁桥梁高

桥梁类型		铁路桥	公路桥
变高度连续梁	支点梁高 $H_{支}$	$(\frac{1}{16}\sim\frac{1}{12})L$	$(\frac{1}{25}\sim\frac{1}{16})L$
	跨中梁高 $H_{中}$	$(\frac{1}{2.0}\sim\frac{1}{1.5})H_{支}$	$(\frac{1}{2.5}\sim\frac{1}{2.0})H_{支}$
等高度连续梁梁高 H		$(\frac{1}{18}\sim\frac{1}{16})L$	$(\frac{1}{20}\sim\frac{1}{18})L$

(3)结构形式。

连续梁桥结构形式见表 6-2。

表 6-2　连续梁桥结构形式

结构形式	特　　点
等高度连续梁桥	构造简单、施工方便，主要适用于小、中等跨度桥梁
变高度连续梁桥	符合梁内力分布规律；适合采用悬臂施工；线形美观，增大了桥下净空
连续刚构桥	利用主墩的柔性适应桥梁纵向变形，适用于高墩大跨
V 形墩连续梁桥	结构轻巧美观，工程量较小，但是斜撑结构设计及施工复杂
桁架连续梁桥	重量轻、节省材料、刚度大、跨越能力强，构造及施工工艺复杂

2. 连续梁桥挂篮施工要点

连续梁桥有多种施工方法，一般需要因地制宜选取一种或多种进行组合。其中挂篮施工法最为常见。挂篮施工的主要施工步骤为支架搭设、标准节段施工、合龙段施工。

(1)支架搭设(图 6-16)。

施工支架采用钢管作为支撑，钢管底面支撑在承台上，钢管上铺设型钢作为横梁，在横梁上布设钢支撑，然后铺设纵梁，进而形成施工平台。在施工平台上继续搭设底模、内外模架及模板系统。

(2)标准节段施工。

标准节段施工包含挂篮拼装(图 6-17)、挂篮预压(图 6-18)、标准节段施工(图 6-19)、挂篮拆除(图 6-20)四个阶段。

(3)合龙段施工。

合龙段施工为梁体施工最后一个阶段，是连续梁施工的关键。连续梁桥的合龙分中跨合龙(图 6-21)、边跨合龙(图 6-22)。合龙方式一般按先边跨、后中跨的方式进行。

其中边跨合龙施工完最后一个悬灌梁段后，边跨端挂篮前移到边跨合龙段，中跨端挂篮前移到下一梁段锁定，边跨现浇段是边跨合龙口靠过渡墩方向一段直线现浇梁段，节段长度通常比标准节段长。在中跨合龙中，合龙段挂篮及模板就位，按设计要求设置体外支撑与体内约束，并按设计要求进行预顶，灌注中跨合龙段混凝土的同时卸载同等重量的平衡重。

图 6-16　支架搭设

图 6-17　挂篮拼装

图 6-18　挂篮预压

图 6-19　标准节段施工

图 6-20　挂篮拆除

6.2.2　斜拉桥设计与施工

1. 斜拉桥设计要点

(1)体系特点。

斜拉桥是由承压的塔、受拉的索和承弯的梁体组合起来的一种结构体系,可看作拉索代替支墩的多跨弹性支承连续梁桥。

图 6-21 中跨合龙

图 6-22 边跨合龙

(2)构造特点。

①跨径布置。

斜拉桥的跨径布置与分孔,除了考虑桥位处的地形、地质、水文条件、通航要求以及技术条件,还要考虑桥跨变化的韵律感与连续性。一般而言,斜拉桥跨径在 300～1000 m 是较为合适的。常见的布置形式有独塔双跨式、双塔三跨式、多塔多跨式。

②索塔布置。

索塔设计必须适应拉索的布置,传力应简单明确,在恒载作用下,索塔应尽可能处于轴心受压状态。索塔的布置形式可从纵向和横向两方面考虑。在纵桥向,塔的截面形式主要有实心体截面、H 形截面和箱形截面形式等。在横桥向,索塔的布置方式主要有柱形(单或双)、门形或 H 形、A 形、倒 Y 形及菱形等。

③拉索布置。

索面布置主要有单索面、平行双索面、空间斜向双索面等类型。拉索的纵向布置有辐射形、竖琴形、扇形和星形。

④主梁布置。

主梁是斜拉桥直接承受荷载的重要构件,密索体系的发展使主梁变得更为轻薄纤细。主梁纵断面线形通常采用水平直线,对于桥跨较大或需要保证桥下净空时,也可采用纵向竖曲线,这样可以避免跨径较大造成拉索下垂,从而影响整个桥型的美观,并保持极强的跨越感。

⑤斜拉桥设计阶段。

斜拉桥设计阶段流程如下:概念设计阶段→技术设计阶段→施工阶段→恒载索力计算与调整→特殊分析。

2. 斜拉桥施工要点

(1)塔座施工。

①支架现浇。

该施工工艺成熟,不需要专用设备,能适应较复杂的断面形式,但是费工、费料、速度慢。对于跨径更大的桥梁,塔柱可分为几段施工(图 6-23),下部适合支架现浇,上部采用预制安装。

②预制吊装。

预制吊装需较强的起重能力和专用起重设备,但塔高不高时,可以加快施工速度,减少高空作业难度和劳动强度。国外多采用预制吊装施工，我国大多数采用支架现浇。

③滑模施工。

滑模施工适用于高塔，施工速度快。

(2)索塔施工。

索塔一般由塔座、塔柱、横梁、塔冠组成。索塔按建筑材料可分为钢筋混凝土索塔、钢索塔、预应力混凝土索塔。

图 6-23　上、中、下塔柱施工

(3)主梁施工。

主梁常用的施工方法有支架法、悬臂法、平转法、顶推法等，对大跨度斜拉桥，比较适用的是悬臂法，有时也辅以支架法。悬臂法分为悬臂浇筑(图 6-24)和悬臂拼装(图 6-25)。对于跨度较大的斜拉桥，有时在跨间设立临时支墩以减小悬臂施工长度。

图 6-24　悬臂浇筑施工

图 6-25　悬臂拼装施工

(4)缆索施工。

①索的制作与运输。

斜拉索由两端的锚具、中间的拉索传力件及防护材料三部分组成。锚具的作用是将拉索的张拉力传给主梁和索塔。

②挂索施工。

挂索是将索的两端分别穿入梁上和塔上预留的索孔内，并初步固定在索孔端面的锚板上。不同的拉索、锚具，采用不同的挂索方式。配装拉锚式锚具的拉索，可借助卷扬机，直接将锚具拉出索孔后用螺母固定。当索长较长(大于 100 m)、重力较大时，可将张拉用的连接杆先连接在拉索锚杯上，用卷扬机拉至连接杆露出索孔，即可完成挂索。

6.3 桥梁未来发展

1. 大跨度桥梁向更长、更大、更柔方向发展

例如，采用以斜缆为主的空间网状承重体系；采用悬索桥与斜拉桥的混合体系；采用轻型且刚度大的复合材料制作加劲梁；采用碳纤维制作主缆等。

2. 新材料的开发利用

研究高强度聚合物混凝土、高强度双相钢丝钢纤维混凝土，用纤维塑料取代目前桥梁用的钢和混凝土。

3. 采用计算机辅助设计

利用计算机进行快速有效优化和仿真分析，运用智能化制造系统在工厂生产部件，利用 GPS 和遥控技术监控桥梁施工。

4. 大型深水桥梁基础

目前世界桥梁基础尚未有超过 100 m 的深海基础工程，未来需要进行 100～300 m 深海桥梁基础试验和实践。

5. 桥梁的安全性

桥梁建成交付使用后，将通过自动监测和管理系统保证其运营安全，一旦发生事故或出现损伤，将自动报告损伤部位和采取措施。

6. 重视桥梁美学和环境保护

21 世纪的桥梁结构将更加注重艺术造型和环境保护，达到人文景观与环境景观的完美结合。

1. 简述混凝土梁桥的结构形式和受力特点。
2. 拱式桥的主要类型有哪些？分析它们的优缺点。
3. 分析斜拉桥的受力特点。
4. 简述连续梁桥的施工过程。
5. 简述斜拉桥的施工过程。
6. 分析悬索桥的结构形式和受力特点。

第7章 机场工程

7.1 概　　述

自古以来，人们就羡慕鸟类能在天空自由飞翔，也一直在努力探索飞上蓝天的奥秘。中外历史上记载了许多关于人与物飞行的幻想故事和真实事件。美国莱特兄弟制造出了双翼飞机，于1903年12月17日在北卡罗来纳州的基蒂霍克附近飞行了36.38 m，这是人类历史上首次驾驶飞机飞行。我国飞行家冯如在美国自制飞机，1909年9月21日试飞成功，这是中国人首次驾驶飞机上天。航空工业的发展是20世纪重要的科技进步之一。随着我国经济的迅速发展，航空运输量迅猛增长，需要修建更多的机场。与此同时，机场规划、跑道设计方案、航站区规划、机场道面与排水设计、机场维护以及机场的环境保护等问题已成为人们日益关注的话题。本章主要就以上问题进行简要阐述。

7.1.1 航空运输发展

航空运输是指使用航空器运送人员、行李、货物和邮件的一种运输方式。航空运输的历史可以追溯到19世纪70年代。1871年普法战争中，法国人用气球把法国政府官员、物资、邮件等运送出被普鲁士军队围困的巴黎。使用飞机的航空运输始于1918年5月5日在纽约—华盛顿—芝加哥间。

航空技术在第一次世界大战期间得到了比较大的发展。第一次世界大战结束后，欧洲列强极力扶持民用航空的发展。1919年2月5日，德国的德意志航空公司开辟柏林至魏玛的定期客运航班，这是欧洲第一条定期航线。1919年3月22日，法国的法尔基航空公司开辟每周一次的巴黎至布鲁塞尔定期航班，这是世界上第一条国际航线。同年8月，英国和法国相继开通了定期的客运航班，民用航空的历史由此揭开了。

第二次世界大战期间，民用航空发展被战争所打断，但因军需刺激，航空技术在军事领域得到迅猛的发展，各种军用飞机相继诞生，涡轮喷气机问世(图7-1)。第二次世界大战结束后，美、英等发达国家将军用运输机改装用于商业运输，战争中发展起来的航空技术，如雷达技术也转入民用，从而真正使航空运输迈向大众化。

目前，世界航空运输业已发展成一个规模庞大的行业。2011年，全球航空公司的定期航班共运送旅客28亿人次。在全球最繁忙的10条航线当中，亚洲的航线就占了7条。2012年全球最繁忙的航线是韩国济州岛至首尔航线，紧随其后的是日本札幌至东京的航线。中国的北京至上海航线，由2011年的第七位上升至2012年的第四位，年运送旅客724.6万人次。

大型机场日益膨胀。根据国际机场理事会2012年1月至6月的统计数据，按总旅客吞吐量衡量的世界十大最繁忙的机场为哈茨菲尔德-杰克逊亚特兰大国际机场、北京首都国际机场(图7-2)、伦敦希斯罗机场、奥黑尔国际机场、羽田国际机场、洛杉矶国际机场、巴黎夏尔·戴高乐机场、达拉斯-沃思堡国际机场、苏加诺-哈达国际机场、迪拜国际机场。

图 7-1　涡轮喷气机

北京大兴国际机场

图 7-2　北京首都国际机场

1987 年起，我国对航空运输管理体制进行重大调整。1987 年组建 6 个国家骨干航空公司，分别为中国国际航空公司、中国东方航空公司、中国南方航空公司、中国西南航空公司、中国西北航空公司、中国北方航空公司。1989 年成立中国通用航空公司，组建北京首都机场、上海虹桥机场、广州白云机场、成都双流机场(图 7-3)、西安西关机场(现西安威阳机场)和沈阳桃仙机场公司。1990 年，组建中国航空油料总公司、中国航空器材公司、计算机信息中心、航空结算中心以及飞机维修公司、航空食品公司等。

随着国民经济的持续高速增长以及机构和管理体制改革的深化，我国的航空运输进入迅猛发展期，民航运输总周转量、旅客运输量和货物运输量年均增长率均高出世界平均水平 2 倍多。中国目前是全球第二大民航市场，并预计将在 2030 年发展成为全球最大市场。

图 7-3　成都双流机场

7.1.2　我国机场发展现状与发展规划

机场是航空事业中的一个重要组成部分。机场是指在陆地上或水面上一块划定的区域(包括各种建筑物、装置和设备),其全部或部分可供飞机着陆、起飞和进行地面活动。世界上第一个机场位于美国北卡罗来纳州基蒂霍克附近的沙滩上,是莱特兄弟在 1903 年 12 月试飞世界第一架飞机的场地。我国第一个机场是北京市南郊的南苑机场,1910 年由航空家李宝竣建立。1913 年在该机场创立了我国第一所航空学校。

到 20 世纪 30 年代,有些机场铺筑了碎石、沥青混凝土或其他材料的跑道。例如上海龙华机场,在 1934 年就铺筑了一条长 1220 m 的水泥混凝土跑道,这是当时中国最好的跑道。后来,喷气式飞机投入使用,土质、草皮和一般的砂石道面已不适用,于是用沥青混凝土和水泥混凝土修建的高级道面迅速增加。在第二次世界大战期间,美国先后修建了 300 多个有水泥混凝土道面的机场。

早期的机场没有导航设施,在夜间及天气不好时要停飞。随着科技发展,机场现代化程度不断提高。机场在跑道上及两端设置了日益完善的助航灯(图 7-4)及无线电导航设施,可以保证飞机在夜间及各种气象条件下安全起飞、着陆。

中华人民共和国成立初期,我国仅有简陋的民用机场 36 个,规模小,设备简陋。经过几十年的建设和发展,我国机场总量初具规模,机场密度逐渐加大,机场服务能力逐步提高,现代化程度不断增强,初步形成了以北京、上海、广州等枢纽机场为中心,以成都、昆明(图 7-5)、重庆、西安、乌鲁木齐、深圳、杭州、武汉、沈阳、大连等省会或重点城市机场为骨干以及其他城市支线机场相配合的基本格局,我国民用运输机场体系初步建立。截至 2012 年底,我国共有颁证运输机场 183 个,比 2011 年增加 3 个。其中,东部地区 47 个、中部地区 25 个、西部地区 91 个、东北地区 20 个。

虽然我国的机场建设已取得巨大成就,但机场发展也面临以下挑战。

(1)机场数量较少、地域服务范围不广,难以满足未来经济社会发展的要求。

图 7-4　助航灯

图 7-5　昆明长水机场

(2)随着我国民用航空业务需求量的持续高速增长,大部分中型以上机场容量已饱和或接近饱和、综合功能不健全,与提高航空安全保障能力和运输服务质量水平的客观要求存在较大差距。

(3)建设资源节约型、环境友好型的机场已提到重要议事日程,同时,航空市场区域化、枢纽机场主导化、运营低成本化、运输模式智能化等趋势日益明显。

(4)我国航空公司国际航空运输市场份额偏低,三大机场的国际枢纽地位尚未形成,国际竞争力不强。

7.2 机场分类及规划

7.2.1 机场分类

机场是供飞机起降、停放、维护和组织飞行保障活动的场所。按照飞行场地的性质，机场可分为陆上机场、水上机场、冰上机场；按隶属，机场可分为军用机场、民用机场、军民合用机场。军用机场，按设施性质分为永备机场和野战机场。其中永备机场按适应机型分为一级机场、二级机场、三级机场、四级机场。民用机场，按规模、航程可分为国际机场、干线机场和支线机场。除此之外，还有一些专用机场，如航空公司、科研试飞、航校、航测、农业、森林、航空救援等机场。

1. 国际机场

国际机场是指在国家航空运输中占据核心地位的机场。这种机场无论是旅客的接送人数，还是货物吞吐量，在整个国家航空运输中都占有举足轻重的地位，其所在城市在国家经济社会中居于特别重要的地位，是国家的政治、经济中心或特大省会城市，如北京首都国际机场、深圳宝安国际机场、上海浦东国际机场、广州白云国际机场、香港国际机场、成都双流国际机场、哈尔滨太平国际机场、沈阳桃仙国际机场、重庆江北国际机场、武汉天河国际机场(图7-6)、杭州萧山国际机场、天津滨海国际机场等。

图7-6 武汉天河国际机场

2. 干线机场

干线机场所在城市是省会(自治区首府)、重要开放城市、旅游城市或其他经济较为发达、人口密集的城市。这种机场无论是旅客的接送人数，还是货物吞吐量都相对较大，如宜宾宗场区域国际机场、无锡硕放区域国际机场等。

3. 支线机场

支线机场又称地方机场，指各省、自治区内地面交通不便的地方所建设的机场，其规模通常较小。支线机场的运输量不大，但在沟通全国航路或对某个城市地区的经济发展方面起着重要作用，如泸州蓝田机场、泉州晋江机场等。

7.2.2 机场功能与组成

常见的民用机场由机场空域、飞行区、地面工作区、生活区、旅客航站区组成，具有的功能包括：保证飞机安全、及时起飞和降落；安排旅客准时、舒适地上下飞机和货物的及时到达；提供方便和迅捷的地面交通与市区连接。

1. 机场空域

机场空域是根据飞机起降及飞行训练的需要而在机场周围上空划定的一定范围空间，主要由若干个飞行空域组成。

2. 飞行区

飞行区是供飞机起降和停放用的场所，由机场净空区和飞行场地（飞行区的地面部分）组成。

机场净空区是指为保证飞机起飞、着陆和复飞的安全，在机场周围划定的限制物体高度的空间区域，由升降带、端净空区、侧净空区构成。其范围和规格根据机场等级确定，并定出各级机场净空障碍物限制面的尺寸和坡度。在选择跑道位置和方向时，应使机场周围的净空符合相应的规定，在机场净空区内修建建筑物的高度也应按净空规定加以严格限制。

飞行场地是机场的主体，军用机场飞行场地由跑道、土跑道（迫降道）、平地区、端保险道、滑行道、停机坪、加油坪、拖机道等组成。

民用机场飞行场地的组成如图 7-7 所示，由升降带（包括跑道及停止道）、跑道端安全地区、净空道、滑行道、等待坪及各类站坪等组成。

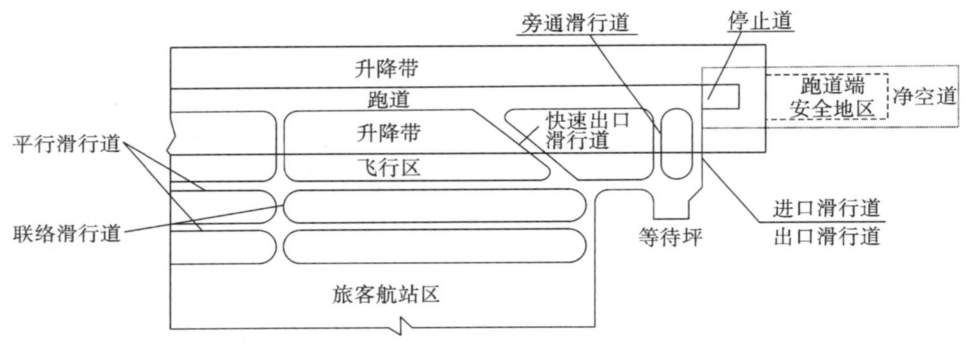

图 7-7　民用机场飞行场地的组成

跑道直接供飞机起飞滑跑和着陆滑跑用，是飞行场地最主要的组成部分，通常由水泥混凝土筑成，也有用沥青混凝土筑成的。

3. 地面工作区

地面工作区简称为工作区，是为保证作战或运输飞行活动能持续和安全进行而设置的各种地面设施区域。地面工作区通常有指挥、调度、气象、雷达、通信、导航等保障飞行活动安全顺利进行的设施；飞机维修、充电、油料、航材及弹药的储备和供应等保障飞行活动持续进行的设施；供机场各类人员用的办公用房。军用机场为了便于防护，工作区布置得比较分散，而且有的设施修建于地下。民用机场为了工作方便，工作区通常布置得比较紧凑。

4. 生活区

军用机场生活区供驻场部队官兵及其家属居住使用，主要有住宅楼、服务所、门诊所、招待所、幼儿园等。民用机场生活区供人员居住和各项生活活动用，主要有宿舍、食堂、澡堂、门诊所、俱乐部、商店、邮局、银行等。

5. 旅客航站区

旅客航站区主要由航站楼、站坪及停车场组成。

7.2.3 机场规划

1. 机场总平面规划

机场规划主要制定机场及其邻近地区内各种设施所使用土地的最终总体布置。机场规划依据主要包括以下几个方面。

(1)场地的工程地质和水文地质、气象(包括风、气温、湿度、雾、降雨量、雷暴、冰雹、雪、风沙、气压、能见度和天气变化统计)、地理地形等自然条件。

(2)航空业务量预测、飞机机种、特征和发展趋势。

(3)机场和城市的距离、相对位置、交通条件、城市发展规划、土地和附近居民点的分布。

(4)场地和邻近机场、空域及禁航区的关系、周围地区的障碍物情况。

(5)无线电收发讯区的划分、公用设施(如供水、供电、煤气和燃油)的获得。

(6)植被和鸟类栖身地等生态环境。

机场的规划一般应遵循以下原则。

(1)统一规划,分期建设,在满足最终发展设想的前提下,合理布置近期建设项目。

(2)主要设施的分区既要满足各自的功能要求,又要协调它们之间的相互联系;各设施的容量互相平衡,保证飞机安全运行。

(3)总体布局紧凑,使用灵活,有发展余地。

(4)用地经济合理,少占或不占良田和居民点。

(5)避免环境污染,维持生态平衡,使机场和它所服务的城市及周围地区协调发展。

随着民航运输的发展、飞机机型的更新、导航设施的改进,以及环境标准的日益严格等,机场总体规划必须是综合分析技术、经济、政治、社会、财政、环境等诸因素后得出的技术可行、经济合理的最佳方案。

机场规划的具体内容因机场性质、规模和地理位置的不同而异,主要包括如下各项。

(1)航空业务量的预测。

(2)确定机场近期、远期和最终的发展规模和标准。

(3)制定机场主要设施的平面布局。

(4)分析机场运行的环境影响和处置措施。

(5)拟定机场及其邻近地区的土地使用规划。

(6)确定近期建设项目,估算投资并提出建设分期。

(7)分析评价机场经营的社会、经济效益。

2. 机场空域规划

空域是指飞机飞行所占用的空间。空域一般可划分为情报区、控制区、咨询区和特殊用途区 4 大类。

(1)情报区。

ICAO(国际民用航空组织,International Civil Aviation Organization)在有关的文件、公约中承认每个主权国家对境内的空域拥有主权。因此,在绝大部分情况下,空中交通服务(ATS)的提供与其疆域是一致的。上述的空域就是一种飞行情报区(简称情报区),另外一种就是每个国家根据本国的实际情况(如无线电的覆盖范围、行政大区的确定、人员的配备、管理的方法),划分为若干个情报区，在本区的服务可由本区飞行情报中心提供，也可以由区域管制中心提供，我国更多选后者。

(2)控制区。

控制区是指为飞行提供空中交通管制服务的空域。根据不同的空域种类，服务有所不同。每个管制区的确定取决于无线电的覆盖范围，地理边界，配备的人员、设施及管理的手段等。根据飞行量、空域的结构、活动的构成等，在垂直方向可划分为高空、中低空管制区，在水平面方向可划分为多个管制区或多个扇区。

(3)咨询区。

咨询区是介于情报区和控制区之间的一种临时性的、过渡性区域。筹建咨询区便于未来在人员的选拔、培训，设备(设施)的添置等方面满足要求时，再平稳地过渡到能提供更多、更及时服务的控制区。我国目前未设立此类型区域。

(4)特殊用途区。

特殊用途区可分为危险区、限制区、禁飞区、放油区和预留区等。

3. 飞行区布局

飞行区(图 7-8)的布局主要指跑道、平行滑行道、快速出口滑行道、联络滑行道、升降带、停机坪及飞行区排水系统的布置。其中比较重要的部分是跑道和滑行道的布局。

图 7-8　飞行区

(1)跑道。

常见的跑道布置方案包括单条跑道、多条跑道、开口 V 形跑道和交叉跑道四种基本形式。

(2)滑行道。

滑行道应有足够宽度。由于滑行速度低于飞机在跑道上的速度，因此滑行道宽度比跑道宽度要小。滑行道的宽度由使用机场最大的飞机的轮距宽度决定，要保证飞机在滑行道中心线上滑行时，它的主起落轮的外侧距滑行道边线不少于 1.5 m。在滑行道转弯处，它的宽度要根据飞机的性能适当加大。滑行道的设计应避免同使用中的跑道交叉，交通通道间及其与邻近障碍物间必须有足够的距离。

7.3 航站区与航站楼的规划与设计

旅客航站区的规划与设计是机场工程的又一重要的方面。旅客航站区主要由站坪、停车场以及陆侧交通组成。

7.3.1 航站区规划

1. 站坪

站坪或称客机坪，是设在航站楼前的机坪，供客机停放、上下旅客、完成起飞前的准备和到达后各项作业使用。大型机场会规划专门的地段，设置货物航站及货运停机坪，用以处理大量的航空运输货物和邮件，如图 7-9 所示。

图 7-9 站坪

2. 停车场

机场停车场如图 7-10 所示，设在机场的航站楼附近，若停放车辆很多且土地紧张，宜采用多层车库。停车场建筑面积主要根据高峰小时车流量、停车比例及平均每辆车所需面积确定。高峰小车流量可以根据高峰小时旅客人数、迎送者、出入机场的职工与办事人员数以及平均每辆车载容量确定。

图 7-10 停车场

3. 机场陆侧交通

机场陆侧地面交通系统可以分为与旅客相关的主要交通系统、与航空公司或机场及在机场的各类经营者活动相关的次要交通系统。

陆侧地面交通包括出入机场交通和机场内交通两部分。前者主要运送出发和到达的旅客、机场工作人员、访问者、货物和邮件，以及供应各种服务等。机场内交通由以下三类道路承担：

(1)供旅客、接送者、访问者和工作人员使用的公用道路；

(2)设立安全控制点，只允许特准车辆(货邮递送膳食供应等)出入的公用服务道路；

(3)设立安全控制点，只允许特准车辆(维修、燃油防火、救护等)出入的非公用服务道路。

7.3.2 航站楼规划与设计

1. 航站楼规划

航站楼是乘机旅客和行李转换运输方式的场所(图 7-11)。它的一侧供旅客和行李离开或进入地面交通系统，另一侧供旅客和行李进入或离开飞机，而航站楼本身提供转换场所，以办理各种转换手续，汇集登机的旅客、行李，疏散下机的旅客和行李。航站楼的规划和设计，应能经济有效地使旅客和行李舒适、方便、快速地实现地面和航空运输方式的转换。通常航站楼由以下几项设施组成。

(1)连接地面交通的设施：上下汽车的车边道及公共汽车站等。

(2)办理各种手续的设施：旅客办票、安排座位、托运行李的柜台以及安全检查海关、边检(移民)柜台等。

(3)连接飞机的设施：候机室、登机设施等。

(4)航空公司营运和机场必要的管理办公室与设备等。

(5)服务设施：餐厅、商店等。

(a) 外景

(b) 内景

图 7-11 武汉天河机场 T2 航站楼外景与内景

2. 规划过程

旅客航站楼的主要功能是便利、迅速和舒适地实现陆上运输方式与空中运输方式之间的转换。航站楼规划要体现这一点，必须一方面处理好它与机坪和地面出入交通的布局关系，另一方面安排好楼内各项设施单元的布局。规划过程大体上可分为如下四个步骤：①确定设计旅客量；②设施需求分析；③制订总体布局方案；④提出设计方案。

3. 航站楼的设计

航站楼的设计，不仅要考虑其功能，还要考虑其位置、形式、建筑面积等要素。航站楼的位置通常设置在飞行区中部。为了减少飞机的滑行距离，航站楼应尽量靠近平行滑行道。航站楼的形式一般有一层式、一层半式、二层式三种。一层式航站楼的离港和到港活动都在同一层平面内，适用于客运量较小的机场。一层半式的航站楼是两层，楼前车道是一层。通常第一层供到港旅客用，第二层供离港旅客用，适用于客运量中等的机场。二层式的航站楼与楼前车道都是两层。通常第一层供到港旅客用，第二层供离港旅客用，适用于客运量大的机场。

7.4　机场排水与道面设计

7.4.1　机场排水设计

1. 飞行区排水系统布置

机场排水系统根据其所处位置的不同，可分为场内排水和场外排水两大部分。场内排水通常是指飞行区内的排水系统。它由道面排水系统和土质区排水系统组成。道面排水系统还可分为道表面排水和道基排水。冰冻地区道面排水系统一般包括：道面横坡、雨水井、连接管、检查井、暗导水线路、出水口、明导水线路、容泄区。非冰冻地区道面排水系统一般包括：道面横坡、盖板明沟、暗导水线路、出水口（图 7-12）、明导水线路、容泄区。道基排水是排除基础的水分，可由盲沟、检查井、暗导水线路、出水口、明导水线路和容泄区组成。飞行场土质区排水系统包括：土质区横坡、雨水井、连接管、检查井、暗导水线路（图 7-13）、出水口、明导水线路、容泄区。

图 7-12　机场出水口

2. 机场防洪与排洪工程布置

目前一般采取的防洪措施有以蓄为主和以排为主两种方式。

图 7-13　机场暗导水线路安装

(1)以蓄为主的防洪措施。

①水土保持。

水土保持包括修建谷坊、塘、埝,以及植树造林、改造坡地为梯田等,在流域面积上控制径流和泥沙,不使其流失和大量进入河道,这是一种在大面积上保持水土的有效措施,既有利防洪,又有利农业。图 7-14 所示为几种工程水土保持措施。

图 7-14　工程水土保持措施

②蓄洪调节洪峰流量。

在防洪区上游河道适当位置修建水库,拦蓄洪水或滞蓄洪水,以削减下游河道的洪峰流量,可以减轻或消除洪水灾害；在缺水地区修建水库，可以调节枯水径流，增加枯水流量，保证供水。这是我国目前广泛采用的防洪措施。

(2)以排为主的防洪措施。

①修筑堤坝。

修筑堤坝的目的在于增加河道两岸高度，提高河槽泄洪能力，有时也可以起到束水攻沙的作用。平原地区河流多采用这种防洪措施。

②整治河道。

整治河道主要是对河道(或沟道)裁弯取直或加深、加大河道过水断面，使水流通畅、水位降低，提高行洪能力。

一般处于河流上、中游的机场、城市，可采用以蓄为主的防洪措施；处于河流下游的机场、城市，可采用以排为主的防洪措施，或兼用其他措施。

7.4.2　机场道面设计

1. 机场道面构造与荷载(抗滑设计)

为了满足航空运输的需要，要求机场道面允许飞机在较恶劣的气象条件下进行起飞和着陆。这样，机轮与道面间必须具有足够的摩阻力，这是防止飞机制动时打滑和方向失控的重要保证。因此，机场道面的防滑问题就是飞机滑跑的安全问题。

表示机场道面抗滑性能的主要指标有道面摩擦系数和道面粗糙度。影响轮胎与道面之间摩擦系数大小的因素很多，诸如飞机滑行速度、道面粗糙度、道面状态(干燥、潮湿或被污染)、轮胎磨损状况、胎面的花纹、轮胎压力、滑溜比等。

道面的粗糙度也称为纹理深度(图 7-15)，系指道面的表面构造，包括宏观构造(粗纹理)和微观构造(细纹理)。粗纹理是指道面表面外露集料之间的平均深度，可用填砂法等方法测定；细纹理是指集料自身表面的粗糙度，用磨光值表示。道面表面的纹理构造使道面表面在雨天不会形成较厚的水膜，避免飞机滑跑时产生“水上漂滑”现象。在道面设计和施工时，应当有效地控制道面表面的纹理深度，以获得足够的道面摩阻力。

(a) 表面纹理

(b) 摩擦系数实验

图 7-15　道面表面纹理及摩擦系数的确定

2. 机场道面结构设计(水泥混凝土道面和沥青道面设计)

机轮和自然因素对道面结构的影响，随着深度的增加而逐渐减弱，因此，对道面材料的强度、刚度和稳定性的要求也随深度的增加而逐渐降低。为适应这个特点、降低工程造价，道面结构应是多层次的。上层用高级材料，中间层用次高级材料，最下层用低级材料。道面的结构层次如图7-16所示。按使用要求、承受的荷载大小、土基支承条件和自然因素影响程度的不同，可采用不同规格和要求的材料分别铺设于基层和面层等结构层次。

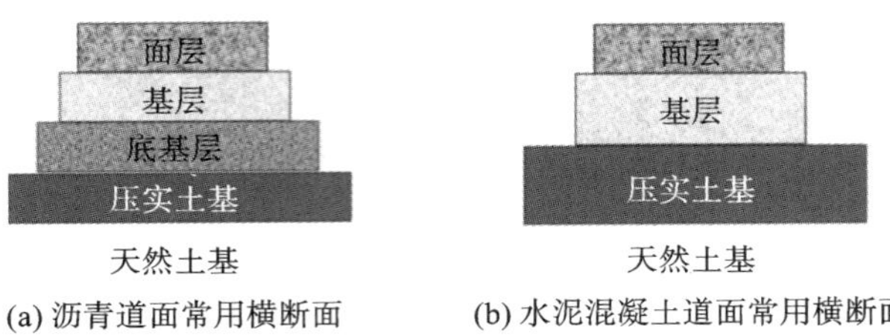

图7-16　道面结构层次

7.5　机场维护区及环境

7.5.1　机场维护区

机场维护区是设置飞机维修区、供油设施、空中交通管制设施、安全保卫设施、救援和消防设施、行政办公区等的地方。飞机维修区承担航线飞机的维修工作，即对飞机在过站、过夜或飞行前时进行例行检查、保养和排除简单故障等。机场一般设一些车间和车库，有些机场设停机坪以供停航时间较长的飞机停放，有时机场还设隔离坪，供专机或由于其他原因需要与正常活动场所隔离的飞机停放。

7.5.2　机场环境

机场是占地达数平方千米至数十平方千米的功能区。机场的安全和有效使用对机场的环境提出很高要求。因而，机场规划要尽量使机场与周围环境相协调，控制好各种环境污染源，协调机场周围土地的使用，尽可能为机场使用、周围居民生活和环境生态提供最佳条件。机场环境主要分为三个方面：机场噪声、机场空气与水环境、机场电磁环境及鸟击预防。

1. 机场噪声

机场噪声主要来自飞机起降和进场的汽车所产生的噪声。飞机起降噪声的防治办法有：用低噪声飞机取代高噪声飞机，例如B747飞机，1970年时噪声为105.4 dB，而到1989年为99.7 dB；夜间尽量不飞或少飞；提高飞机的上升率或减小油门，使飞机较高地飞越噪声敏感区等。汽车噪声的防治办法有：利用地形作屏障、设置声屏障、建筑隔声、植树造林、加强管理等。图7-17是机场噪声监测拍摄图。

2. 机场空气与水环境

飞机发动机需要消耗燃油，发动机排气势必对全球气候变化和当地大气污染产生潜在影响。近年来，大气质量与人体健康之间的联系渐渐被人们所认识，因此，机场大气污染越来越受到关注。都市的大型机场是空气污染源之一，飞机起降、滑行和汽车等地面交通工具的集散都会排放出大量的废气(图7-18)。

图 7-17　机场噪声监测

图 7-18　飞机尾气排放

各个国家和地方政府正在采用各种环境措施来保护或改善大气质量。与防治噪声类似,机场采取的大气污染控制措施也力度不一。常见的大气污染控制措施有:①密切监测空气质量;②减少飞机地面活动;③减少滑行等待飞机的数量;④对高污染飞机增收起降费。

与大型工业设施一样,机场也有大量的液体排放物。机场需要加强对运营活动产生的各种排放物的管理。机场液体排放物有雨水,生活污水,机务维修、飞机加油过程中产生的含油污的废水,以及冬季用于除冰雪和防冻的除冰液、防冻剂和除冰盐等污染水环境的物质。图 7-19 是正在对飞机机身喷洒除冰溶液。

3. 机场电磁环境及鸟击预防

(1)电磁环境保护。

机场附近的无线电设备、高压输电线、电气化铁路、通信设备等也会对机场的导航与通信造成有害影响。因此机场周边的电磁环境应该符合国家对机场周围环境的要求,严格控制各个无线电导航站周围的建设,使机场的电磁环境不受破坏。

(2)预防鸟击飞机。

机场占地面积很大,有可能成为鸟类和许多小动物的家园。在进行机场环境影响评价时,应弄

图 7-19　正在进行除冰的飞机

清该区域内野生动物种群数量的信息，以及与此对应的保护措施，尤其是当其中某物种处于濒临灭绝或类似状态时。在很多情况下，野生动物问题会延迟或改变机场建设方案。

一般来说，野生动物尤其是鸟类，会对飞机运行安全构成严重威胁（图 7-20）。若鸟在飞行中与飞机相撞并被吸入发动机内，会造成发动机严重毁坏，威胁乘客和机组人员的安全。据专家估计，飞机与野生动物撞击，已在全世界造成多起恶性事故，每年给美国民航业造成 3.9 亿美元的损失。绝大多数机场都设有专业驱鸟队，负责驱鸟任务。

图 7-20　飞机被鸟群环绕

课后习题

1. 我国的机场建设已取得巨大成就，但其发展仍然面临多重挑战，请简述这些挑战。
2. 简述机场系统构成、功能分区、机场类别和等级划分标准。
3. 什么是飞行区？飞行区包括哪些部分？其中，滑行道应该如何设置？
4. 简述航站楼的规划与设计原则。航站楼的设计形式主要有哪些？
5. 飞行区排水的作用和重要性分别是什么？简述机场排水设计的主要内容。
6. 机场道面设计包括哪些方面？机场道面结构包含哪些层次？
7. 机场环境主要分为哪几个方面？如何控制机场大气污染和机场鸟害？

第8章 地下工程

8.1 概　　述

地下工程是指深入地面以下为开发利用地下空间资源所建造的地下土木工程，还有为满足城市居民生产、生活和娱乐开发的地下工程，即其他地下工程，归纳起来有：水下隧道工程、地下综合管廊、城市地下通道、地下商业工程和地下储库工程。

地下建筑具有显著的不同于地上建筑的特征：

(1)有良好的热稳定性和密闭性；

(2)具有良好的抗灾和防护性能；

(3)具有很好的社会效益和环境效益；

(4)施工困难，工期一般较长，一次性投资较高；

(5)使用时须充分考虑人的心理状况，对通风干燥要求较高。

青岛胶州湾海底隧道，南接青岛市黄岛区的薛家岛街道办事处，北连青岛市主城区的团岛，下穿胶州湾湾口海域。隧道全长 7800 m，分为陆地和海底两部分，海底部分长 3950 m。该隧道位于胶州湾湾口，连接青岛和黄岛两地，双向 6 车道，于 2011 年 6 月 30 日正式开通运营。上海第 17 条穿越黄浦江的越江隧道，"十三五"期间上海的重大市政工程之一——江浦路越江隧道，于 2016 年正式开工。建成后的江浦路越江隧道，工程全长 2.28 km，北起杨浦区江浦路、龙江路，向南穿越黄浦江，至浦东新区的民生路、商城路，于 2021 年通车。日本全国最长的地下街——虹地下商业街，总面积近 40000 m^2，街顶距地面 8 m，长 1000 m，宽 50 m，高 6 m，内有 4 个广场、三四百家商店和许多餐馆、酒吧、咖啡店。可以预言，随着科技发展的步伐加快，以及地下工程技术本身的不断发展完善，今后会有更多的杰出地下工程出现。国内外其他地下工程案例见表 8-1 和表 8-2。

表 8-1　国内其他地下工程案例

序号	项目名称	地区	使用时间	类型
1	汕头海湾隧道	汕头	2022 年	水下隧道工程
2	大连湾海底隧道	大连	2023 年	水下隧道工程
3	冬奥会综合管廊	北京	2019 年	地下综合管廊
4	南京民国馆	南京	2015 年	地下商业工程
5	重庆铜锣峡地下储气库	重庆	2023 年	地下储库工程

表 8-2　国外其他地下工程案例

序号	项目名称	地区	使用时间	类型
1	日本青函海底隧道	日本	1987 年	水下隧道工程
2	日比谷地下管廊	日本	1926 年	地下综合管廊
3	芝加哥商业中心通道	美国	2016 年	城市地下通道

续表

序号	项目名称	地区	使用时间	类型
4	华盛顿艺术公园地下通道	美国	2006 年	城市地下通道
5	盐湖地下天然气储库	土耳其	2017 年	地下储库工程

8.2 主要地下工程

8.2.1 水下隧道工程

隧道是埋置于地层内的工程建筑物，是人类利用地下空间的一种形式。隧道可分为交通隧道、水工隧道、市政隧道、矿山隧道。而水下隧道从字面意思就可以看出是在海洋、湖泊中的隧道。

根据水道断面、水流状况、水文地质条件、两岸地形及建筑情况、水陆交通要求、城市总体规划、经济效益及社会效益等诸因素，对修建桥梁和隧道两种方案进行综合比较。通常在下述条件下宜考虑修建水下隧道：

①航运繁忙，通过巨型船只较多，而陆上车辆流量大，又不容间断；

②水道较宽，两岸地面高出水面不多；

③两岸建筑物密集，不宜建造高桥和长引桥；

④城市总体规划上在该处没有修建桥梁的特殊要求(如通过易燃易爆危险品车辆)，或要求铁路列车在地下运行以防止噪声；

⑤工程费用和运营管理费用较低。

修建水下隧道所采用的主要施工方法有围堤明挖法、气压沉箱法、盾构法及沉管法。

(1)围堤明挖法：排水，挖深坑，然后施工，最后填埋。这种方法最简单，但是施工场地大，受周边建筑物的制约大。苏州独墅湖隧道、武汉东湖隧道就采取了这种办法。围堤明挖法施工如图 8-1 所示。

(2)气压沉箱法：将特制箱子沉入河底，利用高气压排水以便在其内挖土构筑大型水下基础的方法。气压沉箱法施工如图 8-2 所示。

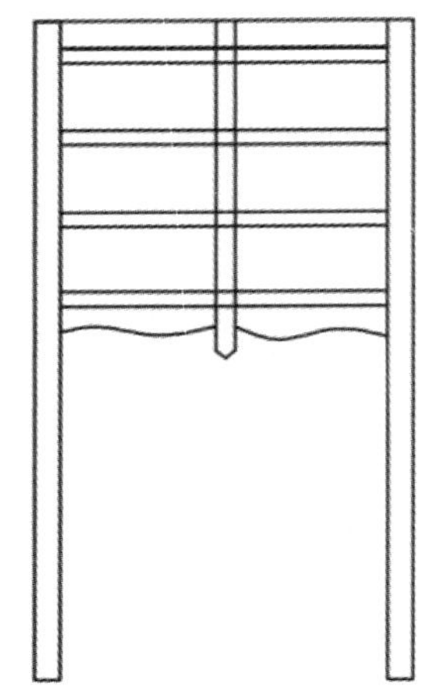

图 8-1　围堤明挖法施工

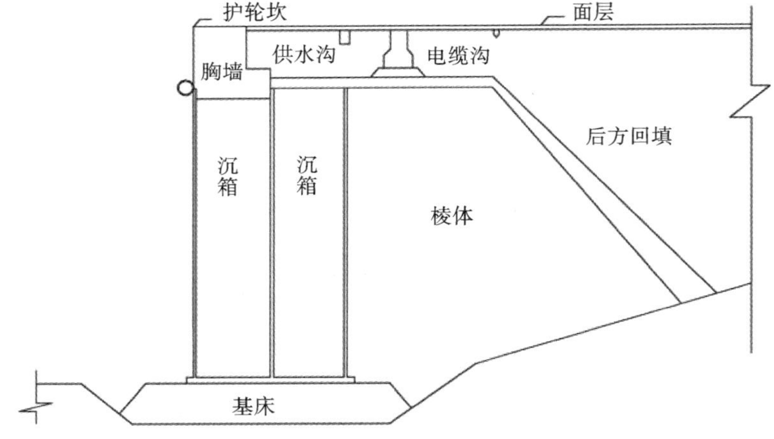

图 8-2　气压沉箱法施工

(3)盾构法:暗挖法施工中的一种全机械化施工方法,它是将盾构机械在地中推进,通过盾构外壳和管片支承四周围岩防止发生往隧道内的坍塌,同时在开挖面前方用切削装置进行土体开挖,通过出土机械运出洞外,靠千斤顶在后部加压顶进,并拼装预制混凝土管片,形成隧道结构的一种机械化施工方法。盾构法是隧道施工中最常用、最先进的方法。其始于英国,兴于日本,已有将近 200 年历史,最大的优点是适用于软土地质的隧道开挖。盾构法施工如图 8-3 所示。

(4)沉管法:在水底修建隧道的一种施工方法。沉管隧道就是将若干个预制段分别浮运到海面(河面)现场,并一个接一个地沉放安装在已疏浚好的基槽内,以此方法修建的水下隧道。沉管法施工,只要满足船舶的抛锚要求即可。沉管法施工如图 8-4 所示。

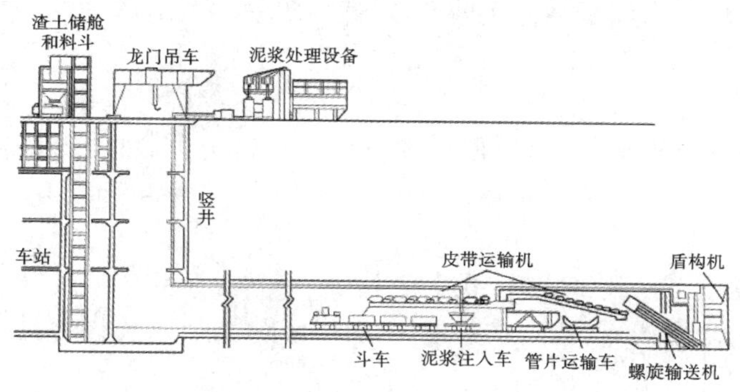

图 8-3　盾构法施工

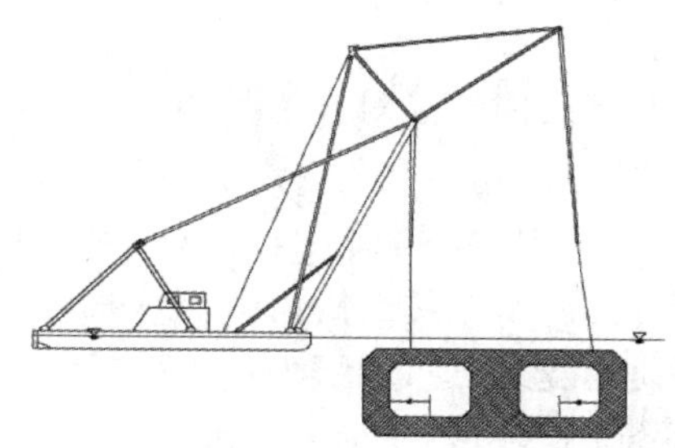

图 8-4　沉管法施工

围堤明挖法比较经济,有条件时一般应先考虑采用。气压沉箱法只适用于航运不多的较小河道。由于需要修建水下隧道处的航运通常比较频繁,采用围堤明挖法及气压沉箱法对水上交通干扰较大,所以在 150 多年来的水下隧道建设中大多采用盾构法及沉管法。20 世纪 50 年代后,沉管法的水下接头及基础处理等重大技术相继获得突破,使施工工艺大为简化,并使隧道防水性大为提高,且能采用容纳四车道以上的矩形断面。在一定条件下,沉管法隧道覆土浅,线路短,照明和通风代价较小,工程和运营费用低,使用效果好,故自 1965 年以来,世界各国建成的 20 多条水下隧道大多是采用沉管法。

水下隧道一般分水底段和河岸段,后者又有暗埋、敞开及出口部分。水下隧道的纵向坡度、纵向曲线和平面曲线半径、通道布置、车辆限界以及照明、通风、消防、交通监控等设备,按通过隧道的车辆类型和运量进行设计。

用盾构法建造的水下隧道,自两端至洞口,一般是槽形敞开式引道段。穿越水底的暗埋段,断面大多为圆形。修建的隧道除个别为单车道外,其余均为双车道。有些在车道一侧或两侧设高出路面的人行巡逻道。对交通繁忙的水下隧道,大多采用两条平行的隧道,每条隧道中有同向行驶的双车道;也有的在初期为一条双向行驶的双车道隧道,后期发展成两条同向行驶的双车道隧道。在圆形隧道中,一般在路面以下是送风道;在吊顶以上是排风道。送排风道与隧道两岸的通风机房连通,多采用横向通风。隧道的照明系统,应有适当亮度和均匀的照明装置,在进出口附近设光过渡设施,以便司机在通过隧道时能较好地适应亮度变化而使行车安全。为取得良好照明及防火效果,要合理选择隧道吊顶、侧墙饰面和道路路面的材料及颜色。在现代化的水下隧道中,设置自动或半自动控制的防火、灭火、排水、通风、照明、交通监控等运营设备,由中心控制室集中管理。

用沉管法建造的水下隧道,自两端至洞口大多是较长的槽形敞开式引道段。穿越水底的沉管大多是由几个通道组成的矩形管段,包括车行道、自行车道、人行或巡逻通道以及管线通道等,每个行车通道中有两个以上同向行驶的车道。由于沉管隧道的长度较短,且每个行车通道中的车辆为同向行驶，故大多采用纵向通风，无须设专用通风道及通风机房，其他设备和盾构法修建的道路隧道相同。

水底铁路隧道、地铁隧道及公用管线隧道，在构造及设备方面均较水下隧道简单，为较典型的横断面布置。

水下隧道的主要部分处于河、海床下的岩土层中，常年处于地下水位以下，承受着自水面开始至隧道埋深的全水头压力。因此水下隧道自施工到运营均存在防水问题。水下隧道防水的主要措施如下。

(1)采用防水混凝土。

防水混凝土的制作，主要靠调整级配、增加水泥量和提高砂率，以便在粗骨料周围形成一定厚度的包裹层、切断毛细渗水沿粗骨料表面的通道，达到防水、抗水的效果。

(2)壁后回填。

壁后回填是对隧道与围岩之间的空隙进行充填灌浆，以使衬砌与围岩紧密结合，减少围岩变形，使衬砌均匀受压，提高衬砌的防水能力。

(3)围岩注浆。

为使水底隧道围岩提高承载力、减少透水性，可以在围岩中进行预注浆。特别是采用钻眼爆破作业的隧道，通过注浆可以固结隧道周边的块状岩石，以形成一定厚度的止水带，填塞块状岩石的裂缝和裂隙，进而消除和减少水压力对衬砌的作用。

(4)双层衬砌。

水下隧道采用双层衬砌可以达到两个目的。其一是防护上的需要，在爆炸荷载作用下，围岩可能开裂破坏，只要衬砌防水层完好，隧道内就不致大量涌水、影响交通。其二是防范高水压，有时虽采用了防水混凝土回填注浆，在高水压下仍难免发生衬砌渗水。在此情况下，双层衬砌可作为水下隧道过河段的防水措施。

国内水下隧道案例如下。

苏州独墅湖隧道：工程全长为 7.37 km，其中隧道部分长 3.46 km，整个工程既要穿越湖底，又要翻越高架桥，是国内城市中最长的一条湖底隧道(图 8-5)。

图 8-5　苏州独墅湖隧道

杭州西湖隧道：全长约 1269 m，其中在西湖底下部分长约 800 m，总投资 2 亿多元。隧道内部还安装了无线网络设备，保证在隧道内仍能顺畅地使用手机。

玄武湖隧道：全长 2.66 km，其中陆地隧道长约 0.8 km，湖底隧道长约 1.66 km，隧道设计宽约 32 m，双向六车道，设计车速为 60 km/h，这是国内第一条城市湖底隧道(图 8-6)。

图 8-6　玄武湖隧道

东湖隧道：全长超过 7 km，于 2012 年 10 月 29 日正式开工建设，2015 年 12 月 28 日通车，工程施工采用“围堰明挖”的方法，是国内最长城中湖隧道。

无锡蠡湖隧道：国内最环保的隧道，隧道墙面采用环保材料，并可随时拆换，此举为国内首次。

8.2.2　地下综合管廊

地下综合管廊，就是地下城市管道综合走廊，即在城市地下建造一个隧道空间，将电力、通信、燃气、供热、给排水等各种工程管线集于一体，设有专门的检修口、吊装口和监测系统，实施统一规划、统一设计、统一建设和管理，是保障城市运行的重要基础设施和“生命线”，如图 8-7 和图 8-8 所示。

综合管廊宜分为干线综合管廊、支线综合管廊及缆线管廊。

(1)干线综合管廊：用于容纳城市主干工程管线，采用独立分舱方式建设的综合管廊，如图 8-9 所示。

(2)支线综合管廊：用于容纳城市配给工程管线，采用单舱或双舱方式建设的综合管廊，如图 8-10 所示。

(3)缆线管廊：采用浅埋沟道方式建设，设有可开启盖板，但其内部空间不能满足人员正常通行要求，用于容纳电力电缆和通信电缆的管廊，如图 8-11 所示。

地下综合管廊系统不仅解决了城市交通拥堵问题，还极大地方便了电力、通信、燃气、给排水等市政设施的维护和检修。此外，该系统还具有一定的防震减灾作用。如 1995 年日本阪神大地震期

图 8-7　综合管廊示意图

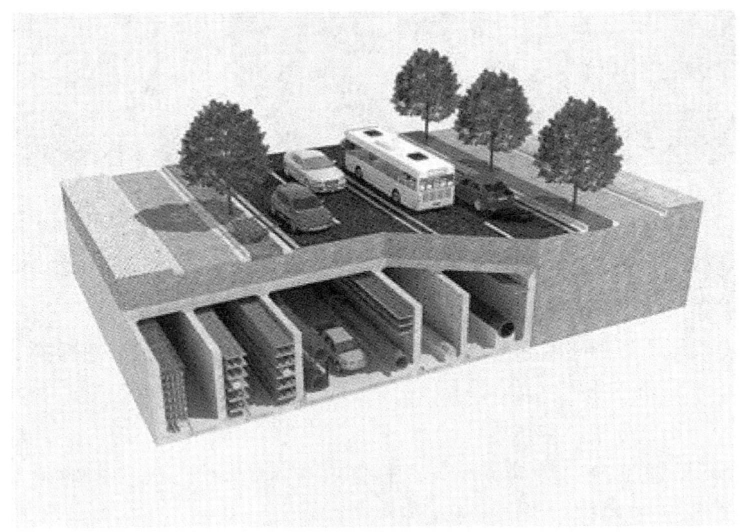

图 8-8　综合管廊结构图

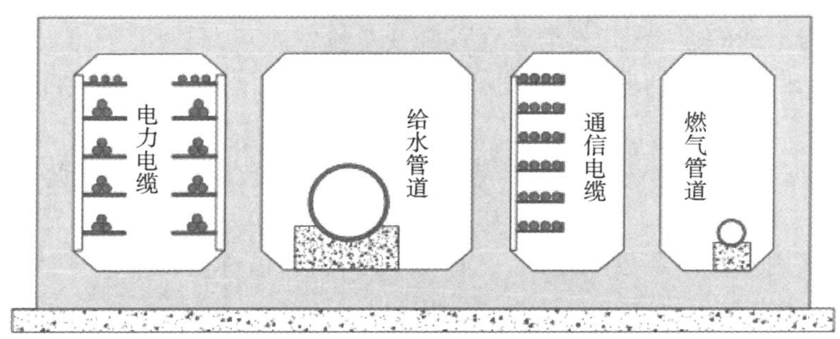

图 8-9　干线综合管廊剖面图

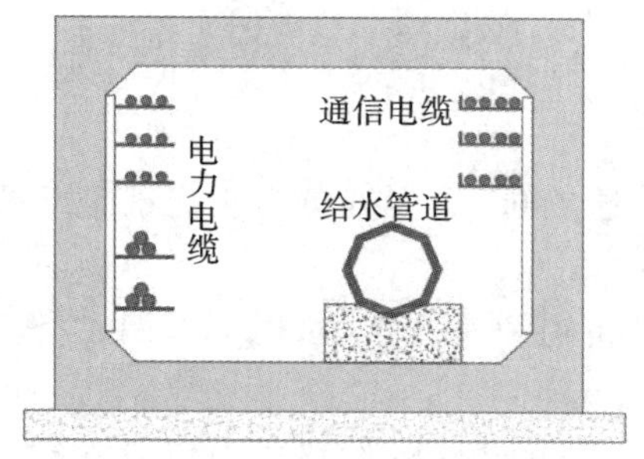

图 8-10　支线综合管廊剖面图

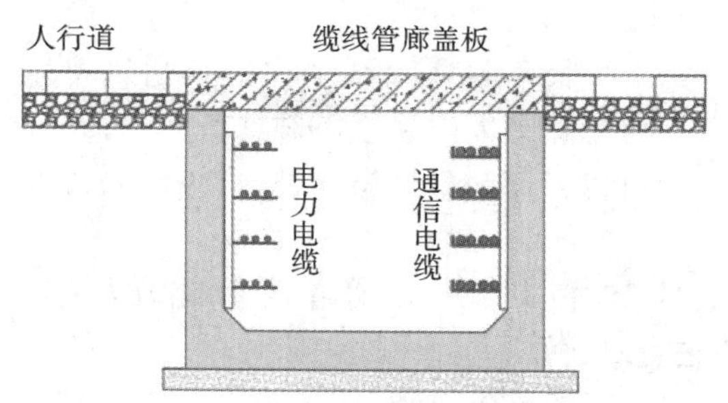

图 8-11　缆线管廊剖面图

间，神户市内大量房屋倒塌、道路被毁，但当地的地下综合管廊却大多完好无损，这大大减轻了震后救灾和重建工作的难度。地下综合管廊可有效杜绝“拉链马路”（“拉链马路”是指道路挖了填、填了挖的现象，道路建设缺乏统一的规划、管理，多家企业“各自为政”，导致马路不断“开膛破肚”，如图 8-12 所示），让技术人员无须反复开挖路面，在管廊中就可对各类管线进行抢修、维护、扩容改造等，同时大大缩短管线抢修时间。

图 8-12　“拉链马路”现象

地下综合管廊对满足民生基本需求和提高城市综合承载力发挥着重要作用，避免了由于敷设和维修地下管线频繁挖掘道路而对交通和居民出行造成影响和干扰，保持了路容完整和美观；降低了路面多次翻修的费用和工程管线的维修费用，保持了路面的完整性和各类管线的耐久性；便于各种管线的敷设、增减、维修和日常管理；由于共同沟内管线布置紧凑合理，有效利用了道路下的空间，节约了城市用地；由于减少了道路的杆柱及各种管线的检查井、室等，美化了城市的景观；由于架空管线一起入地，减少了架空线与绿化的矛盾。

8.2.3　城市地下通道

在交通比较拥堵复杂的交通体系中，会贯穿一些非面型的交通网道，即地下通道。地下通道能让行人大量、快速、安全地通过，解决了大城市内的行人交通拥挤和安全问题，同时起到了美化城市景观的作用。

城市地下通道的优点如下：

(1)地下通道通行安全、快速,大风天、雨天也能通行;

(2)对路面不限高,不破坏道路周边风貌;

(3)可以作为人防和紧急避难所;

(4)可以开商铺做灯箱广告,能容留乞讨者、行为艺术者、地摊贩,很多城市主干道的地下通道就是城市一景。

在城市中,用于疏通拥堵交通、疏散人流的设施主要有地下通道和高架桥,以下对两种类型的设施进行对比。

(1)从外观来看,地下通道建在地下,没有视觉障碍,不会影响城市整体景观。高架桥建于地上,显得突兀,会产生视觉障碍,影响城市美观。

(2)从管理来看,地下通道由于建在地下,地势低,最怕的是下暴雨。当下暴雨时,就是考验一个城市的排水系统能力的时候,尤其是地下通道的排水系统。地下通道本身位于低洼地区,加上排水不畅,容易被淹没。其内部可能出现人员随意活动,环境脏乱差的情况,导致行人不愿进入。而高架桥,就目前所看到的现象可知,上面小摊小贩遍地摆摊,严重影响市容,且杂乱的地摊也会引发行人反感。

(3)从环境影响来看,地下通道建于地下,形成封闭式结构,对环境影响不大。高架桥建于空中,四周没有屏蔽措施,噪声影响极大。

(4)从建设成本及时间来看,地下通道建设成本高,建设周期长,移动性差,需要长期规划。高架桥相比地下通道,成本较低,而且改建方便,建成到投入使用周期短。

8.2.4 地下商业工程

世界上第一条地下商业街是1957年建成的日本大阪"唯波地下街"。1963年大阪又建成"梅田地下街",接着又建成当时日本最长的地下街——"虹地下商业街"。"虹地下商业街"总面积近40000 m^2,街顶距地面8 m,长1000 m,宽50 m,高6 m,内有4个广场、三四百家商店和许多餐馆、酒吧、咖啡店等相关配套场所。商店出售各种商品,从日常生活用品到高级装饰品,从现代电器到名贵古董等,凡是地上商场有的地下商业街大体俱全。

随着科技的进步,我国商业得到迅速发展,但由于地面空间有限,成本高,越来越多的城市将商业逐步发展到地下,形成了现在的地下商业。

目前我国的地下商业种类大致分为人防工程商业、地下铁商业、过街通道商业三种。

地下商业街的定位应注意以下原则。

(1)区位性。在一个地方先抓市场空白,即这个城市或区域既没有地下商业街,又是市场需求的空白点。

(2)专业性。符合专业化发展的原则,以专而全,外延部门要考虑做一个项目的现代商业业态,应注重其扩展性。地下商业街面临着双重困难,其与地下各种公益性设施是紧密结合的。这需要政府在地下商业街开发中,将要做的公共设施项目做到位,企业要做好连接工作。地下商业街要将地下交通设施、地下停车场、商圈内成熟的大型商业设施有机结合,并注意与公益性的设施结合。

(3)综合性。地下商业街要注意综合性规划。一般地下商业街都要具备作为商业中心、交通枢纽和旅游景观的多种功能。

与地面商业相比,地下商业有如下优势。

(1)土地成本低。

随着城市的进化,核心商业街区的土地资源价格上涨,尤其是成熟商业用地的稀缺,带来高额的开发成本，而且由于新建成的商业大厦竞争环境的恶化，商业项目开发风险越来越大，因此政府及开发商将目光投向地下。

目前的地下商业街正从政府投资的人防工程兼作地下商业街，向开发商主动进行商业化开发、兼有人防功能的趋势转型。政府从被动利用地下人防工程进行商业化，转向主动开发城市核心地段的地下空间，有目的地发展特色地下商业。民间资本进入地下人防工程，因此相应的土地成本大幅降低，尤其是政府可以为此类项目办理产权，是一个可喜的转型。在科学的规划建设下，地下商业实现科学开发、有效利用，赢得了良好的经济效益、社会效益和环境效益。

(2)购物环境好。

地面购物环境的恶化促生了地下商业街。核心商业区地面交通车辆拥堵、噪声、粉尘、气候的变化都给消费者的出行购物带来不利的影响，而地下商业街在地下建成宽阔的街道，街道两旁商店林立，和地面上的街道完全一样。地下商业街有充足的光源，光线柔和，强制换风带来充足新鲜的空气，适宜的湿度和温度，冬暖夏凉的空调比地面上更舒适，也没有地面上的街道的车辆、噪声和灰尘。

尤其是具备"通路"条件的地下商业街给消费者带来极大的便捷。来往的客流中有百分之十的消费者顺便购物，地下商业街就可以维持良好的经营业绩，而且商品结构不断优化，吸引旅客自愿消费，能够把大批过客的消费潜力激活，激发游客的消费冲动，调动消费方面的流动偏好，给商家带来无限商机，此类地下商业街成为投资者认同的炙手可热的投资选择。

(3)缓解地面中心商业区交通环境的恶化。

因核心商业街交通、停车配套等一般都很紧张，大大限制了消费者的进出，因此在交通必经之地建设地下商业街，不仅可以便利消费者的购物，更可减轻地面交通的压力。地下商业街取消了原有的过街天桥、地下通道等，将人群引入地下，减少交通事故，成为市政、商家、消费者共同获益的纽带，具有巨大的社会价值，因此其发展必然得到政府的大力支持。

8.2.5　地下储库工程

储库按其储藏品的不同可分为多种类别。储库按照用途与专业可分为国家储备库、城市民用库、运输转运库等。这些储库有的相对集中地布置在居住区内，有的则布置在居住区以外专门的储库区中。按照民用储库储存物品的性质，储库分为一般性综合储库、食品储库、粮食和食油储库、危险品储库和其他类型的储库。储库大体上可概括为五大类：水库，包括饮用水库和工业水库；食物库，包括粮库、食油库、冷冻库和冷藏库等；能源库，包括化学能库、电能库、机械能库和热(冷)能库；物资库，用以存放车辆、武器、装备、军需品、商品等；废物库，包括核废料库、工业废料库和城市废料库等。地下储库工程分类如图 8-13 所示。

地下储库之所以得到迅速而广泛的发展，除了一些社会、经济因素，如军备竞赛、能源危机、环境污染、粮食短缺、水源不足、城市现代化等的刺激作用，地下环境比较容易满足所储物品要求的各种特殊条件，如恒温、恒湿、耐高温、耐高压、防火、防爆、防泄漏等，也是一个重要的原因。

与在地面上建造同类储库相比，只要具备一定的条件，地下储库往往表现出较高的综合效益，主要有以下几个方面：

(1)经济效益；

(2)节能效益；

(3)节地效益；

(4)减小库存损失；

(5)满足物资储存的特殊要求；

(6)环境和社会效益。

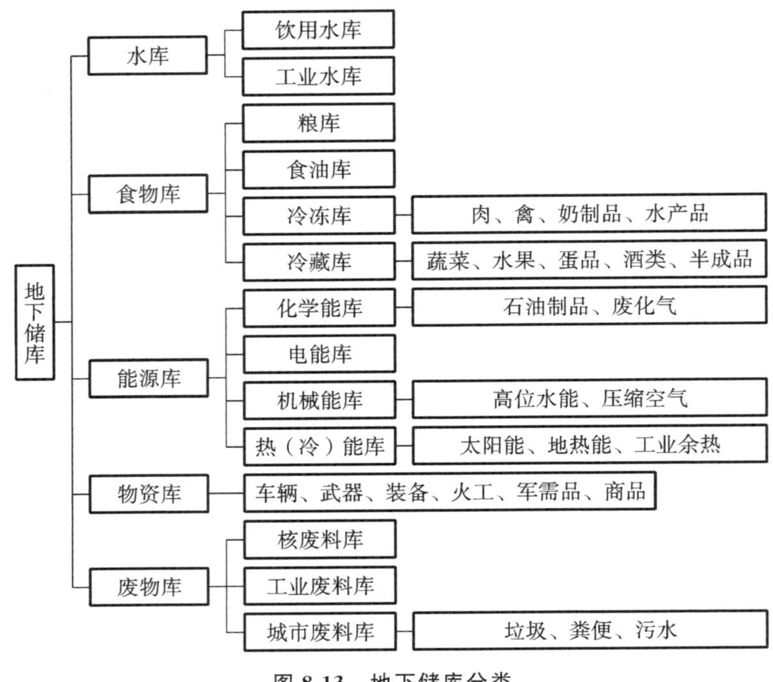

图 8-13　地下储库分类

8.3　地下工程规划

地下工程的规划，本质上与地面工程的规划没有什么差别。规划行为就是从技术、经济、社会角度进行研究，使设施在生活环境和社会环境中更加丰富，找出达到目的的手段。因此，规划不仅要以自然科学为基础，而且要以社会科学、人文科学为基础。具体地说，就是从现象上分析系统的功能、评价系统的作用，并以此为基础设计最优系统的一系列行为。

地下工程规划的特点如下。

(1)公共利用性。

相较于个人生活，地下工程更多地与集团生活的便利等相联系。如在规划地铁时，从使用者角度看，希望个人的通学、通勤时间短，故要求距离要短；但较偏地区的居民，就希望地铁线路即使迂回一些，也要通过该地区；而享受地铁好处少的地区的居民，则以施工噪声、城市过密、混杂等原因，反对修建。在这种情况下，规划人员就要从各自的立场加以综合考虑。

(2)空间固定性。

在地下不仅意味着巨额投资，还意味着使用寿命长。特别是地下工程建成后要加以改变、取代等是很困难的，因此，规划若不合适，其影响在时间上、空间上都是极大的。

(3)空间闭锁性。

空间闭锁性是地下工程独有的特征，若处理得不好，会导致重大事故的发生。所以，在规划地下工程时，从技术观点出发，充分地考虑其安全性是极为重要的。

不管地下利用的目的是个人利用，还是公共利用，最终都是为了提高人们的生活和工作环境质量。因此，地下工程规划必须与地上工程规划充分协调。同时，如何利用地下空间的隔离性、空间性、恒温性等特点也是很重要的。

规划的构成要素有“主体、对象、目的、手段”四个静态要素和“构成”一个动态要素。以土木设施的规划为例，规划的主体是人，对象则是收容人的环境，目的是公共福利，采用使其实现的各种手段，形成一种以土木设施为中心的系统过程（构成），这就是规划行为。因此，规划的概念有两层含义，一是形成一个怎样的规划，二是进行这个规划的思考过程及形成过程（即规划过程）。

从规划过程来看，大致有以下内容。

（1）规划的形成阶段，主要包括基本构思、基本规划（总体规划）、整体规划（例如五年计划）、实施规划（例如年度实施规划）、管理规划（例如变更计划、改正计划等）。

（2）规划的思考过程，主要包括动机、发现、规划目标的设定、现象分析、问题定式化、方案选择、评价、决定、实施、管理等。

一个规划都是形成另一个规划的一部分，从整体上看，规划具有层次结构（图 8-14）。

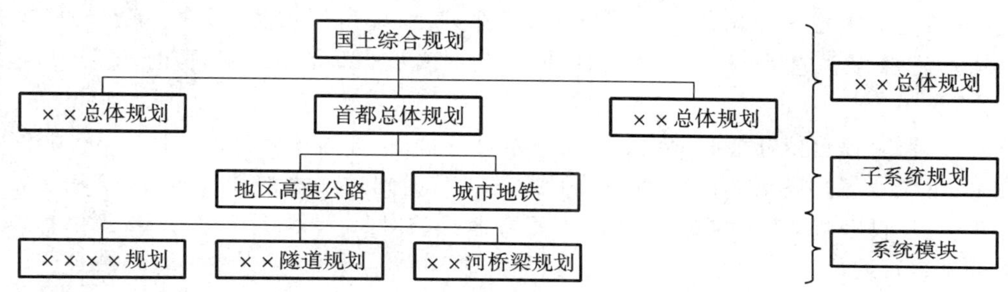

图 8-14　土木规划的层次结构

由图 8-14 可见，国土综合规划是最上位的规划，是一个总系统规划，下位规划分别是上位规划的子系统，系统最小单位是系统模块，隧道与地下工程的规划就相当于此。

规划阶段中的调查目的：一是编制规划的方针、决定方法、提供依据；二是为了获得对正确判断有用的情报资料；三是要正确地认识规划所涉及的环境（自然环境、经济环境、社会环境），并预测对规划的影响等。

自然环境的调查是为了使地下工程能更安全、经济地修建。它包括：环境影响调查、气象调查、地下水调查、地质调查等。调查规模视规划对象的规模和内容而定，一般调查的规模是相当大的。

经济条件调查包括预测 GDP 变动的调查、工程对该地区经济发展影响的调查、预测纯经济利润的调查、财源调查等，在决定基本规划之前，这是一项十分重要的调查。

社会条件的调查内容有人口动态、居民意识、土地利用状况、就业者动态、产业结构等，在公共工程中，这是极为重要的调查，因为公共工程涉及面广，涉及效果大，因此这是决定工程必要性、有效性的重要情报。

在规划的各个阶段，要经常进行评价。评价的目的是提供用于解释、判断规划方案优劣的数据，以便选择最优方案。因此，评价应客观，并尽量做到定量化，以便做出判断。

评价方法：一般应按每一评价项目如经济性、安全性、舒适性等决定其评价指标（如货币、应力等），而后设定这些指标评价基准（例如费用效益率、安全系数等）。作为价值基准，除了技术价值基准，还有经济价值基准和社会价值基准。

因此，评价应以上述三个基准综合考虑。目前如从数量化观点来看，按技术价值、经济价值、社会价值排序，一个比一个难。例如，把电线埋入地下（这也是一种地下利用），成本提高了，城市景观得到改善，对这种社会价值用经济价值的指标（如货币）做出定量评价，就是一个非常困难的问题。

另外，视规划水平的不同，主体的规划技术评价、经济评价、社会评价的优劣度也不一样，如何衡量它也是一个问题。尤其是公共的地下利用，只根据建设成本和管理成本这样狭义的经济价值进行评价是不合适的，还要有社会的、民族的评价基准。

（1）经济价值。

对经济价值的认识，视利用主体的不同而有很大不同。一般来说地下利用有两种：一种是以营利为目的、获得直接利润的私人利用；另一种是为国家和地区、社会创造种种便利的公共利用。

在私人利用中，因为期待获得与直接投资相适应的利润和效果，故都采用“狭义的原则”，以建设成本为中心进行经济性评价。在公共利用规划中，由于社会效果的扩大会促进国民经济或地区经济的发展，因此，如果社会效果符合民意，有时可以不考虑经济性。当然，由于财力的限制，完全不考虑经济性也是不合适的。因此，各国对如何评价地下空间利用的社会效益极为重视。

对此，学者曾力求把各种社会效益用货币价值来表示，即所谓的费用效益分析。但是，公共福利用货币表示是否合适，生命、生活心情怎样评价，其评价基准都是很模糊的，也只能近似地表达。

（2）社会价值。

离开货币价值，评价依社会要求而达到某一水准的价值，称为社会价值。例如，在城市中，保证居民有完善、健康、舒适、高效率的生活是最低条件。对达到这一水准的评价，就是社会价值的评价。社会价值具有随时间变化的性质，因此工程寿命长的对象，要配合社会、经济变动的预测以及带来的影响来进行评价。

对地下工程而言，这种评价是很重要的，因为地下设施的建设成本一般都比地上设施高。

（3）技术价值。

评价地下工程的另一基准是技术价值。设施的性能，除对外力的稳定性外，还包括有关维修、寿命等的质量，以及能力、容量等的要求。对这些能力的评价方式，主要依工程方面的多年经验来进行。一般来说，如果想要性能好，费用便会增加，因为不需要过度的性能，故最好以性能与费用之比的极值决定的水准为准。但是，技术价值也是随着技术的革新、社会的需要而变动的。因此，进行技术价值评价的同时还要进行经济变动的预测和社会变动的预测，这样做实际上也很困难。

上述的种种评价基准都不是各自独立，而是相互关联的。因此，进行综合评价，才能得到最优选择。

8.4　地下工程设计

8.4.1　地下工程荷载分类

地下工程荷载可分为永久荷载、可变荷载和偶然荷载。

（1）永久荷载：长期作用的恒载，如地层压力、结构自重、上方建筑物压力、水压力等。

（2）可变荷载：分为基本可变荷载和其他可变荷载。基本可变荷载即长期的、经常作用的变化荷载，如地面车辆荷载、堆积荷载等；其他可变荷载即非经常作用的变化荷载，如施工荷载等。

（3）偶然荷载：偶然的、非经常作用的荷载，如地震影响、爆炸力等。

以下为地下工程荷载的详细分类，见表 8-3。

表 8-3　地下工程荷载分类

荷载分类		荷载名称
永久荷载		结构自重
		地层压力
		隧道上部和破坏棱体范围的设施及建筑物压力
		静水压力及浮力
		混凝土收缩及徐变影响力
		预加应力
		设备重力
		地基下沉影响力
		侧向地层抗力及地基反力
可变荷载	基本可变荷载	地面车辆荷载及其冲击力
		地面车辆荷载引起的侧向土压力
		地下铁道车辆荷载及其冲击力
		地下铁道车辆荷载的离心力及摇摆力
		人群荷载
	其他可变荷载	温度影响力
		施工荷载
		风力
		车辆加速或减速产生的纵向力
偶然荷载		地震荷载
		人防荷载

其中，地层压力是地下结构承受的主要荷载。

使结构产生内力和变形的各种因素中，除以上主要荷载的作用外，通常还包括：混凝土材料收缩（包括早期混凝土的凝缩与日后的干缩）受到约束而产生的内力；温度变化使地下结构产生内力，例如浅埋结构土层温度梯度的影响、浇灌混凝土时的水化热温升和散热阶段的温降；软弱地基当结构刚度差异较大时，由于结构不均匀沉降而引起的内力。这些内力统称为其他荷载。

荷载组合指将可能同时出现在地下结构上的荷载进行编组，取其最不利组合作为设计荷载，以最危险截面中的最大内力值作为设计依据。工程中往往需要测量最不利荷载的位置。最不利的荷载组合一般有以下几种情况：

①静荷载；

②静荷载＋活荷载；

③静荷载＋动荷载（原子爆炸动荷载、炸弹动荷载）。

由于影响地层压力分布、大小和性质的因素很多，具体设计时应根据结构所处的环境，结合已有的试验、测试和研究资料来确定。

8.4.2　地下工程设计规范

目前，我国有关的各个行业部门几乎都颁布了与其相关的地下工程设计规程，设计人员所要做的工作似乎仅仅是根据地质勘探资料和业主提出的任务照本(规程)操作,其工作成果通常也仅体现设计者的专业技术水平和对规程的理解和掌握程度。地下工程的设计过程实际上是一个决策过程。在此过程中,设计者要进行目标确定、条件分析、背景资料检验和评价、工程项目的实施方案制订等工作。完成这些工作不仅要求设计者必须掌握相关的技术知识,而且还须考虑社会、经济、法律及美学等因素。因此,不应将地下工程设计视作单纯的技术工作。

地下工程设计的一般要求如下。

(1)地下结构设计应以地质勘察资料为依据。根据现行国家标准《城市轨道交通岩土工程勘察规范》(GB 50307—2012),按不同设计阶段的任务和目的确定工程勘察的内容和范围,考虑不同施工方法对地质勘探的特殊要求,通过施工中对地层的观察和监测反馈进行验证。其中,围岩主要工程地质条件及分类见表 8-4,公路隧道围岩分级见表 8-5。

(2)地下结构的设计,应减少施工中和建成后对环境造成的不利影响,考虑城市规划引起周围环境的改变对结构的作用。位于城市主干道下的车站顶板覆土不宜小于 3 m;位于城市次干道下的车站顶板覆土不宜小于 2 m。对于特殊地段,要根据规划部门的意见,对覆土厚度做相应的调整。对分期建设的地铁线路,应根据本市地铁线网规划,合理确定节点形式并预留远期实施条件。

(3)地下结构设计应以“结构为功能服务”为原则,满足城市规划、行车运营、环境保护、抗震、防护、防水、防火、防腐蚀及施工工艺等对结构的要求,同时做到结构安全、耐久、技术先进、经济合理。

(4)车站结构的净空尺寸除满足建筑限界要求外,尚应考虑施工误差、测量误差、结构变形、沉陷等因素,可根据地质条件、埋设深度、荷载、结构形式、施工工序等条件参照类似工程的实测值加以确定。

(5)地下结构设计,应根据沿线不同地段的工程地质和水文地质条件及城市总体规划要求,结合周围地面既有建筑物、管线及道路交通状况,通过对技术、经济、环境影响和使用效果等进行综合评价,合理选择施工方法和结构形式。在含水地层中,应采取可靠的地下水处理和防治措施。

地下工程设计是一项包含多种因素的工作。为了使所设计的地下工程结构在稳定性、安全性和经济效益 3 个方面均达到理想的效果,设计应按以下步骤进行。

(1)设计目标及问题的确定。在着手设计之前,设计人员应首先确定拟设计工程应达到的目标,或者说,设计人员应全面了解业主建此工程的目的和需求。此外,设计者还须了解拟建工程在建设和运营阶段可能会出现的困难。

(2)信息收集。这一阶段工作包括对有关信息的收集、处理和筛选,以找出待处理问题的典型特征。要收集的信息是多方面的,既包括矿产资源勘探成果信息和水文地质、工程地质勘察成果信息,也包括待建工程的环境现状、同类工程建筑经验等信息。

(3)方案设计。在此阶段,设计人员根据工程委托方的需求和已收集到的信息设计出数个初步方案。在设计初步方案时,设计者可以提出一定的假设,或尝试不同的模型(数学模型或物理模型)。

(4)方案比较和综合。本阶段也可理解为决策阶段。在本阶段,设计人员根据业主及其他专家对各初步方案的反馈意见,总结各初步方案的优缺点,提出 1 个可供实施的具体方案。该实施方案应包括设计思想、计算模型、计算依据、计算方法、成果预测、成本估计、工程进度安排、实验结果等项内容。

(5)方案评价和检验。设计方案提出后,设计人员必须会同业主和其他有关专家一起对方案进行评价,对即将提出的方案与原始假设、设计说明、现场实际情况、业主要求和限制条件等进行比较。设计方案评价应当运用工程学的观点。如果在评价中发现设计有缺陷或有更好的方案,设计人员则须返回到前面的某个阶段,重新开始设计。

表 8-4　围岩主要工程地质条件及分类

级别	围岩主要工程地质条件		围岩开挖后的稳定状态
	主要工程地质条件	结构特征和完整状态	
六	硬质岩石(饱和抗压极限强度 $R_b>60$ MPa),受地质构造影响轻微,节理不发育,无软弱面(或夹层);层状岩层为厚层,层间结合良好	呈巨块状整体结构	围岩稳定、无坍塌,可能产生岩爆
五	硬质岩石($R_b>30$ MPa),受地质构造影响较重,节理较发育,有少量软弱面(或夹层)和贯通微张节理,但其产状及组合关系不致产生滑动;层状岩层为中层或厚层,层间结合一般,很少有分离现象;或为硬质岩石偶夹软质岩石	呈大块状砌体结构	暴露时间长,可能出现局部小坍塌;侧壁稳定,层间结合差的平缓岩层;顶板易塌落
	软质岩石($R_b=30\sim60$ MPa),受地质构造影响轻微,节理不发育;层状岩层为厚层,层间结合良好	呈巨块状整体结构	
四	硬质岩石($R_b>30$ MPa),受地质构造影响较重,节理较发育,有层状软弱面(或夹层),但其产状及组合关系尚不致产生滑动;层状岩层为薄层或中层,层间结合差,多有分离现象;或为硬、软质岩石互层	呈块石状镶嵌结构	拱部无支护时可能产生中小坍塌,侧壁基本稳定,爆破振动过大易塌落
	软质岩石($R_b=5\sim30$ MPa),受地质构造影响严重,节理较发育;层状岩层为薄层、中厚层或厚层,层间结合一般	呈大块状砌体结构	
三	硬质岩石($R_b>30$ MPa),受地质构造影响较严重,节理较发育,层状软弱面(或夹层)已基本被破坏	呈碎石状压碎结构	拱部无支护时,可产生较大坍塌,侧壁有时失去稳定
	软质岩石($R_b=5\sim30$ MPa),受地质构造影响严重,节理较发育	呈块石、碎石状镶嵌结构	
	1. 具压密或成岩作用的黏性土及砂性土 2. 一般钙质、铁质胶结的碎石土、卵石土、大块石土 3. 黄土(Q_1、Q_2)	1. 呈大块状压密结构 2. 呈巨块状整体结构 3. 呈大块状压密结构	
二	石质围岩位于挤压强烈的断裂带内,裂隙杂乱,呈石夹土或土夹石状	呈角砾、碎石状松散结构	围岩易坍塌,处理不当会出现大坍塌;侧壁经常小坍塌;浅埋时易出现地表下沉(陷)或坍至地表
	一般第四系的半干硬-硬塑的黏性土及稍湿至潮湿的一般碎石土、卵石土、圆砾土、角砾土及黄土(Q_3、Q_4)	非黏性土呈松散结构,黏性土及黄土呈松软结构	
一	石质围岩位于挤压极强烈的断裂带内,呈角砾、砂、泥松软体	呈松软结构	围岩极易坍塌变形,有水时土砂常与水一起涌出;浅埋时易坍至地表
	软塑状黏性土及潮湿的粉细砂等	黏性土呈易蠕动的松软结构,砂性土呈潮湿松散结构	

表 8-5　公路隧道围岩分级

围岩级别	围岩或土体主要定性特征	围岩基本质量指标 BQ 或修正的围岩基本质量指标[BQ]
一	坚硬岩，岩体完整，整体状或巨厚层状结构	＞550
二	坚硬岩，岩体较完整，块状或厚层结构；较坚硬岩，岩体完整，块状整体结构	451～550
三	坚硬岩，岩体较破碎，巨块（石）碎（石）状镶嵌结构；较坚硬岩或较软硬岩层，岩体较完整，块状体或中厚层结构	351～450
四	坚硬岩，岩体破碎，破裂结构；较坚硬岩，岩体较破碎～破碎，镶嵌碎裂结构；较软岩或软硬岩互层，且以软岩为主，岩体较完整～较破碎，中薄层状结构	251～350
	土体：(1)压密或成岩作用的黏性土及砂性土； (2)黄土（Q_1、Q_2）； (3)一般钙质、铁质胶结的碎石土、卵石土、大块石土	—
五	较软岩，岩体破碎；软岩，岩体较破碎～破碎；极破碎各类岩体，碎裂状松散结构	≤250
	一般第四系的半干硬至硬塑的黏性土及稍湿至潮湿的碎石土，卵石土、网砾、角砾土及黄土（Q_3、Q_4）；非黏性土呈松散结构，黏性土及黄土呈松软结构	—
六	软塑状黏性土及潮湿、饱和粉细砂层、软土等	—

(6)提出建议。结论和建议是整个设计的精髓，其中对问题的解决方案要有明确的阐述，指出设计的局限性，并指出应如何实施所设计的方案。

地下工程的设计内容包括工程选址、工程规模的确定、工程建筑结构方位与排列布置方式的选择、掘进程序安排、掘进方式与支护结构的选择等。

与地面工程建筑结构设计所不同的是，地下工程结构设计不仅要考虑应力、应变等可量化的因素，而且还须考虑岩性、时效等多种难以量化的因素。因此，地下工程设计所使用的方法往往是多种方法的综合，常涉及 3 种方法：理论分析法、观测比拟法、经验类比法。

(1)理论分析法用于分析和确定硐室围岩及支护结构的应力和应变。该方法包括解析法、数值法（有限差分法、有限单元法、边界元法、离散元法等）和相似模拟法等。

(2)观测比拟法主要用于验证已执行设计的可靠性，为设计的调整或修改提供依据。

(3)经验类比法是通过对已建成的地下工程结构的观测结果和稳定性条件进行分析，归纳出对工程有利或不利的条件类型，然后根据待建工程的条件类属提出相应的结构措施。目前，经验类比法是地下工程设计最常用的方法。例如，根据工程岩体的结构类型确定掘进和支护方式就属于经验类比法。

应当指出的是，任何设计方法都是建立在工程地质信息基础之上的。工程地质信息包括岩体的岩性和结构特征、待建工程所处位置的原始应力场、地下水的赋存和分流条件等。

地下工程设计需要根据地下工程的特点，在安全的条件下有效和经济地进行。

(1)地下结构在受载状态下构筑，主要承受地层垂直压力和侧向压力。

(2)地下结构设计应充分考虑如何利用和改善地层的自稳范围与自稳时间。地层有一定的承载能力,地层种类和构造不同,自稳范围和自稳时间也会发生变化。

(3)地下工程设计应将地层变形控制在允许范围之内。

(4)充分考虑地下水变化带来的地层参数的变化和静、动水压力的变化。

(5)动态的设计过程:地下工程设计和施工有自己的模式,且随着施工过程的进行,设计变更特别多。

8.5　地下工程施工

8.5.1　施工影响因素

与一般地面工程结构施工相比,地下工程结构施工方法、过程有其自身特点,在施工阶段影响地下工程结构状态的因素有所不同。分析地下工程结构在施工期的缺陷时,将导致施工缺陷的主要因素归纳为两点,即抗力不足和超载。抗力不足主要决定因素包括:①混凝土的拌和料性质、捣实程度及养护条件;②钢筋配置错误、连接不当、支撑不足;③模板拆除早、尺寸偏离。超载主要因素包括:①施工荷载失控;②偶然荷载作用;③其他。

地下工程有多种施工方法,一般适用于岩石地下工程的施工方法主要有矿山法、新奥法等。早期修建的地下工程大多采用矿山法施工。

矿山法又称钻爆法,传统的矿山法是人们在长期的施工实践中发展起来的。它是以木或钢构件作为临时支撑,待硐室开挖成形后,逐步将临时支撑撤换下来,而代之以整体式厚衬砌作为永久性支护的施工方法。该方法适用于各类岩石地层的硐室施工,具体开挖方法分为全断面开挖法、台阶开挖法、导洞开挖法和分部开挖法四类。不论采用哪种开挖方法,都是严格按照"钻孔—装药—爆破—通风—出渣"的顺序进行施工的。

地下结构的形式多种多样,地下结构的施工技术也多种多样,但地下结构施工都有以下特点。

(1)隐蔽性大。地下结构竣工后,只能看到外观,而其内部及结构物背后是隐蔽的,从严格意义上讲,地下工程就是一个隐蔽工程。

(2)作业的循环性强。一般的地下结构物都是纵长的,地下工程是严格地按照一定顺序作业的。

(3)作业空间有限。地下结构物通常都是在地下一定深度修筑的,结构物的尺寸受到很大限制,这就决定了施工空间的尺寸和形状。

(4)作业具有综合性。地下工程结构施工是由多种作业构成的,开挖、支护、通风及除尘,防水及排水,供电及供水等作业缺一不可。每一项作业完成的好坏都会影响全局。

(5)施工是动态的,作业中的力学过程是变化的,围岩的物理力学性质也是变化的。地下结构的力学状态是极其复杂的,只能在修筑结构物的整个过程中了解它的力学状态变化,并通过各种手段尽力控制和调整。

(6)作业环境恶劣。地下结构施工时环境恶劣、潮湿、粉尘多,在不良地质条件下,还存在安全隐患。

(7)作业风险大。地下工程由于具有隐蔽性,施工必然存在风险,尤其是在不良地质条件下,风险性很大。

已建地下工程多数是采用矿山法施工的。采用矿山法施工的地下工程,爆破是非常关键的环节，如果爆破效果差，将对地下结构造成以下两种缺陷。

(1)易在开挖面周围产生明显的松动，尤其是未采用控制爆破技术进行开挖的工程，极易损伤周围岩体。

(2)影响支护结构。地下结构施工过程爆破是否成功的重要标志是是否出现超欠挖，如果超欠挖严重，初期喷锚支护时喷射混凝土的厚度不均匀，导致受力不均匀，极易在薄弱的部位发生开裂，从而影响喷锚支护作用的发挥。对于贴壁式衬砌结构，混凝土衬砌和围岩不能很好地贴合，且厚薄相差很大，致使混凝土衬砌受力不均匀。

喷锚支护结构是新奥法设计中的主要支护结构，如果施工不符合设计要求，如钢筋长度及直径、混凝土强度、喷射厚度不满足要求，就会使喷锚支护的支撑作用、卸载作用、止水作用、填平补强作用及阻止围岩松动和分配外力等作用无法发挥。

混凝土衬砌施工的影响包括以下几点。

(1)混凝土衬砌施作时间：对围岩进行量测，根据围岩变形收敛情况确定二次支护及混凝土衬砌支护的时间，这是新奥法设计施工的核心。早期建设的地下工程，由于受监测条件和手段的限制，围岩变形监测准确度不高或无法实施监测，在围岩收敛不明的情况下施作混凝土衬砌，必然使混凝土衬砌受力过大。

(2)模板强度：混凝土衬砌浇筑早期，模板要承担混凝土结构的压力，若模板强度不满足要求，则会造成混凝土结构较大变形，而变形将引起混凝土应力集中，混凝土结构可能在受力最大的部位首先开裂。

(3)钢筋：钢筋直径、绑扎、焊接等应满足设计要求，如不满足要求，可能导致结构承载力降低、钢筋保护层厚度不足等缺陷，最终结构出现变形过大、混凝土开裂、钢筋锈蚀等缺陷。

(4)混凝土衬砌施工：混凝土材料的选择、搅拌运送、浇筑、振捣、养护等是混凝土衬砌施工的重要环节。

①混凝土是由水泥、石子、砂子、水等组成的非均质体，其原材料的品质变化范围较大，极易造成混凝土的不均匀性，而不均匀性又是产生裂缝的内在因素，混凝土结构的开裂及破坏与其均匀性关系密切。混凝土的开裂及破坏不仅与其平均强度有关，而且与其最低强度有关，开裂往往就是从强度最低处开始的。

②在混凝土的施工过程中，由于混凝土浇筑有严格的时间限制，所以运输和浇筑是一项繁重的、关键性的工作，运输过程长将导致混凝土产生离析。

③混凝土在浇筑时容易因距离远、施工组织不善产生质量问题，振捣是保证混凝土工程质量、减少质量事故的关键性工序，振捣过度或不足以及漏振，都会导致混凝土的不均匀性，最终引起混凝土内部裂隙、空洞等缺陷。

④养护是混凝土施工的重要环节，如果未按要求养护，容易引起混凝土表面温度裂缝和干燥裂缝。随时间发展，裂缝将使衬砌有效厚度降低，严重时会造成混凝土剥落、钢筋锈蚀等缺陷。

以上对地下工程施工阶段结构的影响因素及其机理分析表明：

(1)地下工程施工时，爆破开挖、支护施工是关键的环节，任何一个环节没有按照设计和施工要求操作，都会影响结构在使用期的工作性能，影响的程度取决于施工时实际操作与规范要求之间的差距；

(2)爆破施工不符合要求时往往会引起围岩松动、喷射混凝土开裂、混凝土衬砌开裂等缺陷；

(3)混凝土衬砌施工不满足要求时，将引起混凝土衬砌内部裂隙、空洞，混凝土表面开裂、钢筋锈蚀，结构渗漏等缺陷。

由此可以得出如下结论：施工期间，影响地下工程结构的因素很多，但结构最终表现的是围岩松动(图 8-15)、混凝土内部或外部缺陷、钢筋锈蚀。

图 8-15　围岩松动

8.5.2　施工设计规范

地下工程施工设计有以下原则。

(1)地下工程施工(含方法、程序、设备选择、安全、进度、材料及劳力)设计时，应力求各项工作相互协调。重视围岩应力及变形监测，并应积极采用和推广新技术、新材料、新工艺、新设备，不断提高机械化施工技术水平和经济效果。

(2)根据施工总进度，确定各类洞(室)的长度(高度)、工程规模，应尽量利用地下工程永久附属洞(如排风洞、交通洞和引水及尾水隧洞)及勘探洞等兼作施工临时场地和附属通道。

(3)在满足工期要求和各工作面承担的施工任务基本平衡的前提下，选取支洞条数和开辟工作面个数，以及地下厂房上、中、下部施工通道。

(4)所选附属通道工程量较小，洞口岩体稳定，明挖量少，地质条件好。

(5)附属通道应保证有足够的施工弃渣场地，洞口距主要弃渣场地较近；洞内通风良好，洞口不受洪水威胁，有良好的交通道路；施工支洞与主洞交叉处岩石地质条件良好。

(6)隧洞进出口施工应“早进洞、晚出洞、加强支护，尽量减少人为高边坡的形成”。

设计工作内容及方法步骤如下。

(1)在分析研究基本资料和施工条件的基础上，选择施工程序和施工方案。

(2)根据上述施工程序和施工方案编制出施工组织和作业循环图表及施工进度计划。

(3)计算地下工程分层分部工程量及施工临建(附加)工程量。

(4)编制主要材料(炸药、木材、钢材、水泥、油料)需求量。提出本工程所需的分年、分月(季)设备及风、水、电和劳动力需求量。

(5)绘制施工图(包括总平面布置),包含材料和设备存放场,渣场,砂石料加工筛分系统,混凝土拌和系统,交通道路,风、水管线,照明、动力线,排水系统,以及各施工工区生产管理、生活区及辅助企业工区等,并编写出本阶段设计工作的最终报告。

(6)施工组织设计按图 8-16 的顺序进行。

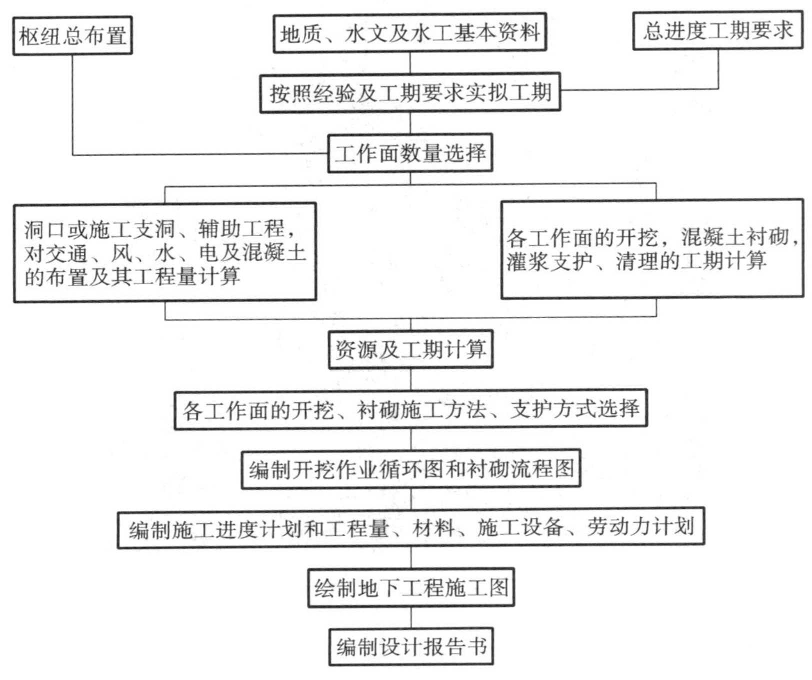

图 8-16　施工组织设计程序框图

在进行土方工程的开挖时,应注意以下安全措施与要求。

(1)在挖土机工作范围内,不允许进行其他作业。挖土应由上而下、逐层进行,严禁先挖坡脚或逆坡挖土。人工挖土时,两人操作间距应大于 2.5 m。

(2)基坑开挖应严格按要求放坡,操作时应随时注意土壁的变化情况,如发现有异常现象,应及时进行支撑或加固处理。

(3)挖土机离边坡应有一定的安全距离,以防塌方造成翻机事故。

(4)重物距坑口安全距离:汽车不小于 3 m,起重机不小于 4 m,土方堆放不小于 1 m,堆土高不超过 1.5 m,材料堆放应小于 1 m。

(5)在离基坑上口等于基坑深度的范围内,严禁生活用水、施工用水、雨水浸泡土体;同时严禁有上下水管渗漏或断裂造成对土体浸泡。

在进行回填土施工的过程中,往往有如下施工要求和注意事项。

(1)回填土各分层中不能夹杂黏土、植物及树根等杂质,其土质必须符合要求。

(2)必须分层填筑、分层压实。分层的最大松铺厚度为 300 mm。

(3)材料采用粉质黏土掺砂。

(4)材料中不得含有草根、垃圾等有机物。

(5)标高要严格控制,每层虚铺厚度不超过 300 mm,以保证压实度。

(6)基底要将浮土、杂物清理干净,先深后浅,局部加深要事先填平压实。

(7)控制好含水率,确定洒水或晾晒措施。

在地下工程施工过程中,一定要遵循国家地下工程施工设计规范,按照规范要求认真实行,切不可偷工减料,如盲目施工,易造成危险事故的发生。

课后习题

1. 简述地下工程的定义,以及其不同于地上建筑的特征。
2. 简述主要地下工程类别及其用途,列举几种常见的地下工程设施。
3. 修建越江隧道的常用施工方法有哪些?
4. 地下工程规划主要包括哪些内容?
5. 简述地下工程设计主要步骤。
6. 请列举一些现代地下工程技术的创新和发展趋势。

第9章 水利工程

9.1 水资源及其开发利用概述

我国大小河流总长度约为42万千米，流域面积在1000 km^2 以上的河流有1600多条，大小湖泊2000多个，年平均径流量2.78万亿立方米，位居世界第六。据2005年国家发展和改革委员会公布的全国水能资源复查数据，中国水能资源理论蕴藏量约为6.9亿千瓦，其中技术可开发的装机容量约为3.8亿千瓦，均占世界榜首。

水是人类生产、生活必不可少的宝贵资源，但其自然存在的状态并不完全符合人类的需要。修建水利工程可以有效控制水流，防止洪水泛滥和渍涝成灾，并可通过对水资源的调节和分配（图9-1），满足人们生活和生产需要。因此，水利工程应运而生。水利工程是用于控制和调配自然界的地表水和地下水，为防治水害和开发利用水资源，达到除害兴利目的而修建的工程。水利工程包含防洪、治涝、灌溉、供水、水力发电、航运、水资源保护、水土保持，以及水产、旅游和改善生态环境等项目中的涉水工程。

图9-1　国内最大水资源配置工程——南水北调工程

水利工程关乎国计民生，更关乎国家能源安全，属于国家命脉。水利工程可以通过水库对水进行调节，有效弥补风电、光伏发电的不确定性，可谓是“碳达峰、碳中和”的重要支柱。水利工程需要修建坝、堤、溢洪道、水闸、进水口、渠道、渡槽、筏道、鱼道等不同类型的水工建筑物，以实现其目标。本章主要通过对水资源及其开发利用，水利工程的建设成就，水利工程的分类、特点与建筑物等级划分，挡水、泄水及输水建筑物，水利工程施工要素与安全监测等的介绍，帮助大家系统掌握水利工程的特点、作用及应用。

9.2　水利工程的建设成就与分类、特点、等级

9.2.1　水利工程的建设成就

从古至今，我国都极为重视水资源的开发与利用。古人为治理水患、开发利用水资源，与江河湖海进行了艰苦卓绝的斗争，建设了许多成功的水利工程——灌溉工程与运河工程，其中著名的有都江堰与京杭大运河等（图 9-2）。都江堰最早用于灌溉，其主体工程规划科学、布局合理，发挥了分水、导水、壅水、引水与泄洪排沙等作用，基本实现了对水的“四六分”，外江泄走六成水，既保证了内江灌溉区用水，又有效防止了灾害的发生。而举世闻名的京杭大运河，全长 1794 km，是世界上开凿最早、里程最长的一条人工河，流经北京、河北、天津、山东、江苏、浙江六个省市，连通了海河、黄河、淮河、长江、钱塘江五大水系，开凿至全线贯通历时 1779 年。

(a) 全世界唯一留存、年代最久远的无坝引水灌溉工程——都江堰

(b) 全世界开凿最早、里程最长的人工河——京杭大运河

图 9-2　灌溉工程与运河工程

现代水利建设取得了颇多建树。新中国成立后，截至 2023 年底，我国兴建大、中、小水库 9.5 万座，水库总蓄水量近 1 万亿立方米，5 级以上大江大河堤防达 32.5 万千米。在水利建设中，江河干支流上加高加固与修建了大量大型水库，如官厅水库、佛子岭水库、观音阁水库、桃林口水库、江垭水库、人民胜利渠、内蒙古河套灌区灌溉工程、陕甘宁盐环定扬黄工程等，达到了防洪、蓄水功能。在水电建设中，修建了各种类型的大型水电站，如葛洲坝水电站、龙羊峡水电站、狮子滩水电站、三峡水利枢纽工程、黄河小浪底水利枢纽工程（具有减淤、防洪、灌溉、发电等综合功能的水利工程）、丹江口水库、白鹤滩水电站等。

白鹤滩水电站

9.2.2　水利工程的分类

水利工程可按承担的任务、对水的作用、使用期限、功能进行分类。

（1）按承担的任务可将水利工程划分为防洪工程、农田水利工程、水利发电工程、供水与排水工程、航运及港口工程、环境水利工程。

①防洪工程，主要是为控制、防御洪水以减免洪灾损失而修建的工程。如：新安江水库、龙羊峡水库、丹江口水库、石梁河水库等。

②农田水利工程，主要是调节农田分水状况，改变和调节地区水情。如：都江堰灌区（70.7万平方百米）、内蒙古河套灌区（57.43万平方百米）、安徽淠史杭灌区（68.43万平方百米）、宝鸡峡引渭灌区（19.54万平方百米）、新疆石河子玛纳斯河灌区（20.01万平方百米）、河南人民胜利渠灌区（3.67万平方百米）、湖南韶山灌区（6.67万平方百米）等。

③水利发电工程，主要是以水为能源，周而复始地循环供应水资源以转化为电能。如：湖北丹江口水电站、三门峡水利枢纽、新安江水电站、湖北长江葛洲坝水电站、青海黄河龙羊峡水电站、云南澜沧江漫湾水电站、三峡水电站、小浪底水电站等。

④供水与排水工程，是为生活和工业供水及废水收集和处理的工程。如：城市自来水厂、城市污水处理厂等。

⑤航运及港口工程，航运即水上运输，可分为内河航运、沿海航运和远洋航运，其中远洋运输是国际贸易中最主要的运输方式，占国际贸易总运量的三分之二以上。港口主要供船舶避风停泊，等候靠岸及离岸，进行水上由船转船的货物装卸，也分为海港和内河港两种。如：货物吞吐量排全球第4位的港口——深圳港，以及上海港、宁波舟山港等。

⑥环境水利工程，旨在通过水利工程建设和管理来保护和改善环境，同时减少对环境的不利影响。它不仅解决兴修水利对环境的影响和水害带来的环境问题，还研究环境变化对水资源、水域和水利工程的影响，提出相应的对策和措施，以实现水利与环境的协调发展。如：三峡工程，长江上游封山育林工程，洞庭湖、鄱阳湖的平垸行洪工程。

（2）按对水的作用可将水利工程划分为蓄水工程、排水工程、取水工程、输水工程、扬水工程、水质净化和污水处理工程。

（3）按使用期限可将水利工程划分为永久性水工建筑物和临时性水工建筑物。永久性水工建筑物根据其重要性又分为主要建筑物和次要建筑物；临时性水工建筑物是指工程施工期间使用的建筑物，如围堰、导流隧洞、导流明渠等。

（4）按功能可将水利工程划分为通用性水工建筑物和专门性水工建筑物两大类。通用性水工建筑物主要有：挡水建筑物，如各种坝、水闸、堤和海塘；泄水建筑物，如各种溢流坝、岸边溢洪道、泄水隧道、分洪闸；取水建筑物，如进水闸、深式进水口、泵站；输水建筑物，如引水隧道、渡槽、输水管道、渠道；河道整治建筑物，如丁坝、顺坝、潜坝、护岸、导流堤。专门性水工建筑物主要有：水电站建筑物，如前池、调压室、压力水管、水电站房；渠系建筑物，如节制闸、分水闸、渡槽、沉沙池、冲沙闸；港口水工建筑物，如防波堤、码头、船坞、船台、滑道；过坝设施，如船闸、升船机、放木道、筏道、鱼道。

9.2.3 水利工程的特点

水利工程具有以下特点。

（1）受自然条件制约多，地形、地质、水文、气象等对工程选址、建筑物选型、施工、枢纽布置与工程投资影响巨大。水利工程具有很强的系统性和综合性，规划设计水利工程必须从全局出发，系统地、综合地进行分析研究，才能得到最为经济合理的优化方案。

（2）环境影响的多面性。水利工程，尤其是大型水利工程的建设与运营对经济社会和环境生态产生显著作用与影响。其一方面除害兴利、促进经济社会的发展；另一方面又会不同程度地影响江河湖泊等地区的自然生态环境，甚至是气候，因此水利工程建设地的环评与可行性论证十分重要。

（3）工作条件复杂，施工难度大，服役条件复杂。如挡水建筑物要承受相当大的水压力，由渗流产生的渗透压力对建筑物的强度和稳定性产生不利影响；而泄水建筑物泄水时对河床和岸坡具有强烈的冲刷作用；此外，在江河中兴修水利工程，需要妥善解决施工导流、截流和施工汛期，而且处理过程及地下工程、水下工程等的施工技术都极其复杂。

(4)水利工程效益的不确定性高，其效益与水文、气象等自然条件的关联性大、灾害风险高，工程涉及的不可控因素也多，且其建设规模大、技术复杂、工期长、投入大等。

水利工程一旦失事，将会给下游人民的生命财产与工农业生产带来巨大的灾难与损失。因此，从事勘测、规划、设计、施工、管理等方面的工程技术人员，必须有高度负责的精神与责任感，既要解放思想、敢于创新，又要实事求是、按科学规律办事，确保工程安全与水利工程利益最大化。

9.2.4　水工建筑物的等级划分

水工建筑物的建设必须高度重视工程安全问题。然而，由于水工建筑物施工难度大、工期长、建设规模较大等，过分强调工程安全并不意味着要无休止地增加工程投资，造成不必要的经济损失。为了统一水工建筑物的安全可靠性与造价合理性，水工建筑物一般可以划分为不同的等级，以便工程技术人员根据不同的等级依次确定不同的设计、施工与运行标准。

我国水利部颁发的现行规范《水利水电工程等级划分及洪水标准》(SL 252—2017)，将水利水电工程按其工程规模、效益和在国民经济中的重要性划分为五等，如表 9-1 所示。

表 9-1　水利水电工程分级指标

工程级别	工程规模	水库总库容/亿立方米	防洪			治涝	灌溉	供水		发电
			保护城镇及工矿企业重要性	保护人口/万人	保护农田/万亩	治涝面积/万亩	灌溉面积/万亩	供水对象重要性	年引水量/亿 m^3	装机容量/万 kW
Ⅰ	大(1)型	≥10	特别重要	≥150	≥500	≥200	≥150	特别重要	≥10	≥1200
Ⅱ	大(2)型	1～10	重要	50～150	100～500	60～200	50～150	重要	3～10	300～1200
Ⅲ	中型	0.1～1.0	中等	20～50	30～100	15～60	5～50	中等	1～3	50～300
Ⅳ	小(1)型	0.01～0.1	一般	5～20	5～30	3～15	0.5～5	一般	0.3～1	10～50
Ⅴ	小(2)型	0.001～0.01		0～5	0～5	0～3	0～0.5		0～0.3	0～10

注：1. 水库总库容是指水库最高水位以下的静库容；
2. 治涝面积与灌溉面积均指设计面积；
3. 年引水量指供水工程渠首设计年均引水量；
4. 本表下限含此数，上限不含此数。

水利枢纽中的永久性水工建筑物按其所属枢纽工程的等级及其在工程中的作用和重要性可划分为五级，根据其重要性可划分为主要建筑物与次要建筑物。此外，水库工程永久性建筑物的洪水标准应按我国水利部颁发的现行规范《水利水电工程等级划分及洪水标准》(SL 252—2017)的相应规定执行。

9.3　水利枢纽

水利枢纽是为满足各项水利工程兴利除害的目标，在河流或渠道的适宜地段修建的不同类型水工建筑物的综合体。这些水工建筑物可以综合满足防洪要求和灌溉、发电、供水等需求，各综合体协同工作，控制与支配水资源。

水利枢纽工程通常是水利工程体系中最重要的组成部分，一般由挡水建筑物（壅水）、泄水建筑物、进水建筑物以及必要的水电站厂房、通航、过鱼、过木等专门性的水工建筑物组成。水利枢纽常以其形成的水库或主体工程——坝、水电站的名称来命名，如三峡大坝、密云水库、罗贡坝、新安江水电站等；也有直接称水利枢纽的，如葛洲坝水利枢纽。水力发电枢纽借助河流落差通过水轮发电机将水能转化为电能；水运枢纽则是通过抬高河流水位，增加航道水深，达到改善航运条件的目的；灌溉枢纽是存储水量和抬高水位，以灌溉更多的农田。单个水利枢纽的功能可以是单一的，如单纯满足防洪、灌溉、发电、引水等需求，但多数水利枢纽兼具综合体功能，如三峡水利枢纽以发电、防洪为主，兼具改善航运等功能；合川双龙湖水利枢纽则以灌溉为主，兼具发电、养鱼、旅游等功能。

水利枢纽的分类包括如下各项。①蓄水枢纽，又称为水库，由挡水建筑物、取水建筑物与泄水建筑物综合组成，如重庆合川双龙湖水库。②无坝引水枢纽（图 9-3），不设拦河闸或壅水坝，从天然河道中直接引水，工程简单，投资少，对天然河道的影响较小，一般适用于河流水量丰富、引水比（引水流量与河流流量之比）不大、水位及河势能满足或基本满足引水要求、河道开阔的平原河流。③有坝引水枢纽，是指当河流水位低于设计引水位时，设置壅水坝或拦河闸控制河道水流，抬高水位，保证引水的取水枢纽。有坝引水枢纽通常由壅水坝（或拦河坝）、进水闸、冲沙闸等组成。水利枢纽按功能又可以分为防洪枢纽、灌溉枢纽、发电枢纽、航运枢纽等，按照挡水坝类型又可分为重力坝枢纽、拱坝枢纽、土石坝枢纽等。

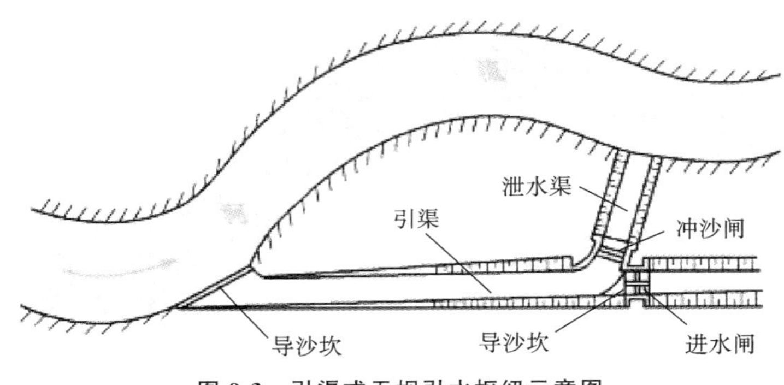

图 9-3 引渠式无坝引水枢纽示意图

9.4 常见的水工建筑物

9.4.1 水库

水库是常见的蓄水枢纽。水库建设起源于古埃及的美尼斯王朝时期（大约公元前 3000 年），古埃及人为了将麦姆费城地区的尼罗河引开，从而在该地区上游修建了拦河大坝，但该大坝未设溢洪道，此后不久即被冲毁。随后，越来越多地区为了灌溉，陆续修建了水库，但规模都不大。

国内水库的规模按库容可依次划分为 10 亿立方米以上的大（1）型、1 亿～10 亿立方米的大（2）型、1000 万～1 亿立方米的中型、100 万～1000 万立方米的小（1）型、10 万～100 万立方米的小（2）型。如龙羊峡水电站水库库容为 247 亿立方米，丹江口水利枢纽库容为 290 亿立方米，三峡水库库容高达 393 亿立方米。2011 年全国水利普查数据显示，中国已兴建各类水库 98002 座，总库容达 9323.12 亿立方米。水库特征水位如图 9-4 所示。

水库的作用有防洪、水力发电、灌溉、航运、城镇供水、养殖、旅游、改善环境等。水库一般用于

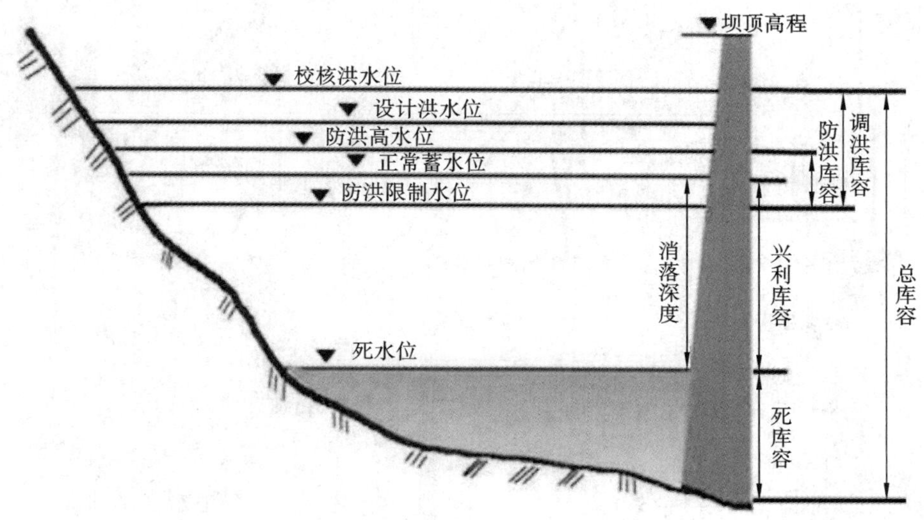

图 9-4　水库特征水位示意图

拦蓄洪峰或者错峰,常与堤防、分洪工程、非工程措施等配合组成防洪系统,利用其防洪库容调蓄洪水以减免下游的洪灾损失。

洪水给国民生命财产与经济带来无法估量的损失,除了造成大量人员死亡,毁坏各种国民经济设施,还使农作物减产、牲畜死亡、工业生产与运输停顿、建筑物使用期限缩短甚至毁损、通电与供电中断。1991—2020 年我国洪涝灾害造成的直接经济损失巨大,其中洪涝灾害直接经济损失最严重的是 1994 年,损失超过当年国内 GDP 的 4%。

在旱灾频发的时候,水库也可对农田起到直接的灌溉作用,挽回农作物经济损失,并且还能供水调水及发电。

9.4.2　挡水建筑物

挡水建筑物是指用于拦截水流而修建的坝、堤、堰、闸等,又称拦河坝,其按建筑材料可分为混凝土坝、土石坝与浆砌石坝,而混凝土坝又分为重力坝、拱坝与支墩坝等。

此处主要介绍混凝土重力坝的类型及进行相关荷载分析。混凝土重力坝主要是依靠坝体自身重力来抵抗水的推力,从而保证自身稳定的挡水建筑物。混凝土重力坝按其结构形式可分为实体重力坝、宽缝重力坝、空腹重力坝、预应力重力坝、装配式重力坝等,如图 9-5 所示。一般作用于混凝土重力坝上的荷载主要考虑自重(含永久设备自重)、静水压力、动水压力、扬压力、淤沙压力、浪压力等。

9.4.3　泄水建筑物

泄水建筑物主要用于宣泄库容超量的洪水或涝水。泄水建筑物可分为以溢流坝、坝身泄水孔、坝下涵管等形式为主的坝身泄水道,以及以河岸溢洪道、泄洪隧洞等形式为主的河岸泄水道。

坝身泄水道可设置在重力坝的溢流坝段或非溢流坝段,也可设置在拱坝坝体内,设计时需满足:①孔口尺寸与流量系数要满足泄洪需求,泄流不影响水利枢纽的正常运行;②水流应平顺过坝,避免产生不利的负压与振动,以及出现空蚀现象;③保证下游不产生危及坝体及其他水工建筑物的局部冲刷;④有能控制水流下泄的机械设备。

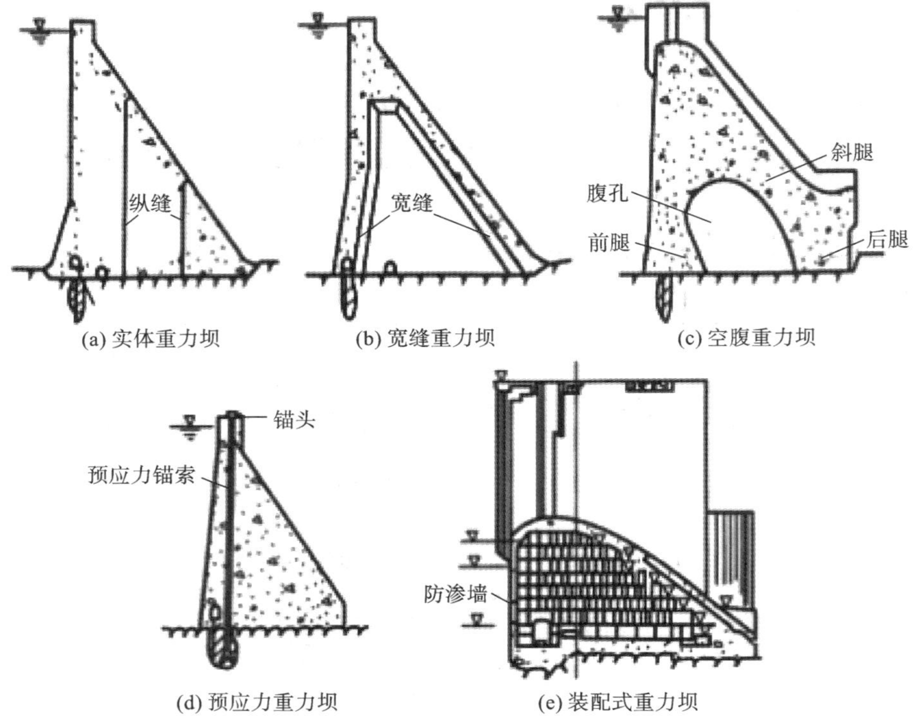

图 9-5　混凝土重力坝类型

河岸溢洪道通常位于坝体以外的岸边或垭口，有超大的泄洪能力，主要类型有岸边溢洪道、正槽溢洪道、侧槽溢洪道、井式溢洪道与虹吸溢洪道。如美国邦德里水电站就采用了岸边溢洪道的方式来宣泄洪水；美国阿罗罗克坝则采用了侧槽溢洪道的方式来宣泄洪水；塔吉克斯坦努列克坝高水头则采用了虹吸溢洪道泄洪。虹吸溢洪道是利用虹吸管原理，借助大气压力泄洪，当水位略超过堰顶高程时，水流过堰顶与空气混合，逐渐将水道内的空气带出，从而在其中形成真空，增大进入的水流，当水流充满整个水道时，即完成虹吸泄流。

泄水建筑物的泄水方式以堰流与孔流为主。堰流是指通过溢流坝、溢洪道、溢洪堤和全部开启的水闸进行泄水；孔流则是通过泄水隧洞、泄水涵管、泄水孔与局部开启的水闸进行泄水。堰流与孔流均属于高速水流，泄水建筑物出口应结合泄流方式，流量、流速大小，下游水位及地形地质条件来选择适当的防冲措施，使得泄水不至于影响坝身和岸坡的安全及其水利枢纽的正常运转。

9.4.4　取水、输水建筑物

取水、输水建筑物可以统称为引调水建筑物。取水建筑物是从水库或者河流引出水，将水调入输水建筑物，以满足灌溉、发电、供水等需求，常见的引(取)水建筑物有渠首、进水闸、抽水泵等。输水建筑物则是将引水建筑物引出的水流输送到用水地点，常见的输水建筑物有渠道、隧洞、管道、渡槽、倒虹吸管、涵洞、跌水及陡坡等。取水与输水建筑物有多种，本节主要对水工隧洞、渠首、渠系建筑物进行介绍。

1. 水工隧洞

水工隧洞是指在水利枢纽中为满足防洪、发电等任务而设置的隧洞，一般由进口段、洞身段与出口段三部分组成，如图 9-6 所示。进口段按其布置与结构形式可分为竖井式、塔式、岸塔式和斜塔式等。水工隧洞的洞身段是紧接进口段的输水管洞部分，一般可分为有压隧洞与无压隧洞两种。洞身段要重视衬砌质量，洞身的衬砌加固可以有效阻止岩体变形，保持围岩稳定性、防渗排水、承压等。出口段一般连接相应的消能措施。

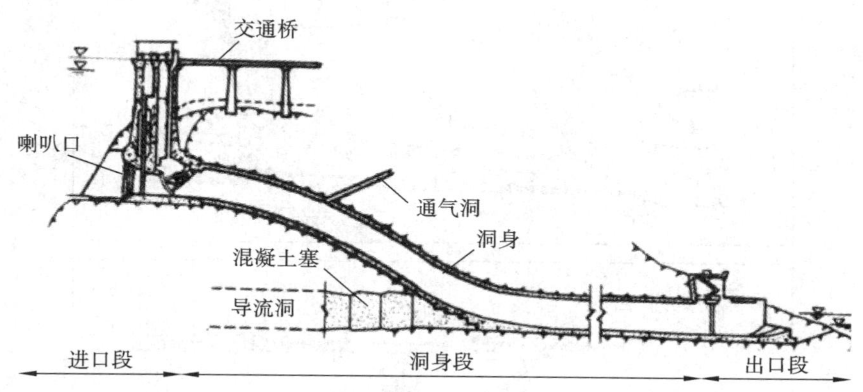

图 9-6　水工隧洞的组成

水工隧洞属于地下工程，与地下围岩紧密相关，由于隧洞洞壁要长久承受岩石压力或土压力，故而需要做永久衬砌，重视衬砌质量，并做好防渗与排水工作。水工隧洞的作用包括：向用水部门放水以完成引水发电、灌溉、供水或航运等任务；宣泄洪水，或放空水库便于检修等；水利枢纽施工期间进行施工导流，排放水库淤沙以延长水利枢纽的使用年限。水工隧洞按功能可分为泄洪隧洞、发电隧洞、灌溉隧洞、供水隧洞、排沙和施工导流隧洞；按隧洞内的水流状态可分为有压隧洞和无压隧洞。有压隧洞是指借助压力管道，使洞壁承受一定水压力，水压充满整个断面以完成输运水功能的隧洞，它最明显的特征是调压室与压力管道的使用。无压隧洞是指水流在洞内具有自由水面，无须经过外设备施压就能自主完成输运水功能的隧洞。有压隧洞需要承受较大的内水压力，所以要求隧洞有充足厚度的围岩和足够强度的衬砌加固。一般来说，发电引水功能的隧洞多为有压隧洞，而用于灌溉功能的输水隧洞通常是无压隧洞。

2. 渠首

位于水利枢纽引水渠之首的称为渠首或者渠首工程。引水枢纽工程的分等指标如表 9-2 所示。

表 9-2　引水枢纽工程分等指标

工程分级	一	二	三	四	五
规模	大(1)型	大(2)型	中型	小(1)型	小(2)型
引水流量/(m^3/s)	＞200	50～200	10～50	2～10	＜2

渠首按水利枢纽中有无拦河坝可分为无坝渠首和有坝渠首，如图 9-7 所示。无坝渠首是未设置拦河坝而自主引水的渠首，当河流的枯水位和流量都能满足日常灌溉等功能要求时，在河岸边选取适当位置依次设置导沙坎、引渠、进水闸、沉沙渠、泄水闸与导流渠等，以便从河道侧面完成无坝取水功能。无坝渠首具有投资少、工期短、成效快、工程简单的优点，但其不能控制河道水位与引水流量，导致枯水期的引水率难以保证。当河道水流量充足，但河道水位低于输水建筑物而不能自流进水或者需水量大时，需要修建拦河坝抬高水位，有时还需要借助抽水机等设备进行扬水，以保证引水需水量。有坝渠首一般由溢流坝、进水闸、冲沙闸、导水墙等组成。有坝渠首相较于无坝渠首增加了造价，但其离灌溉区近，可以缩短干渠长度，也能控制、调节引水流量，保证了引水率。

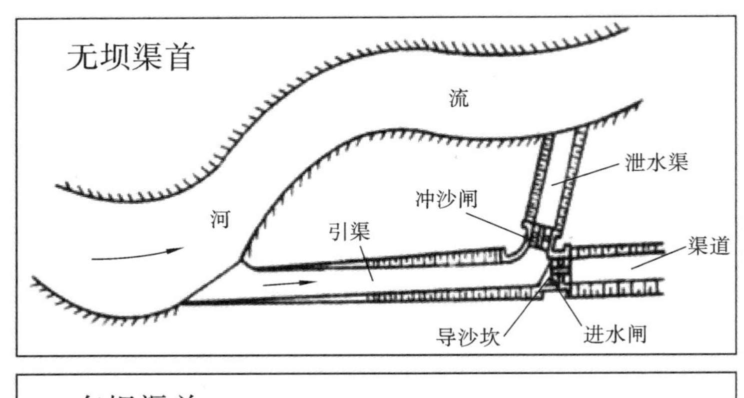

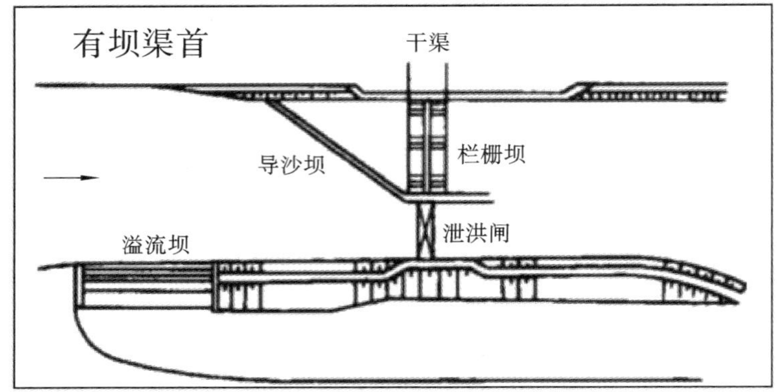

图 9-7　无坝渠首与有坝渠首示意图

3. 渠系建筑物

渠系建筑物主要包括渠道、渡槽、倒虹吸管、涵洞、跌水及陡坡、管道等。

(1)渠道。

渠道按用途可分为灌溉渠道、引水发电用的动力渠道、供水渠道、通航渠道和排水渠道等。灌溉渠道又可分为干渠、支渠、斗渠、农渠和毛渠。为了满足水利枢纽的各项功能需求,往往是一渠多用,如发电与通航、供水结合,灌溉与发电结合等。在渠道设计中主要涉及纵断面设计和横断面设计,在给定设计流量后,选择适合的渠道线路与确定断面形状、尺寸及拟定渠道的防渗排水设施等。

渠道设计的关键是渠道线路的选择。渠道线路一般结合地形、地质、施工条件、交通等条件综合考虑,择优选定。渠道线路的选择应尽量避开挖方或者填方过大的地段,最好能做到挖填基本持平;避免通过沉降量大或者山体易滑坡区及透水性强地段;当地形有显著变化时,遇到山谷可采取渡槽或倒虹吸管,通过山脊选用隧洞等方式;整个线路应力求短直,尽量减少渠系上的交叉建筑物,如受地形限制必须转弯设计,其转弯半径不宜小于渠道正常水面宽度的 5 倍。渠道的断面形状主要根据地质、地形综合选取,并应满足流量与流速要求。

(2)渡槽。

当渠道需要跨越山谷、河流、道路或其他渠道时,未连接渠道而设置的过水桥称为渡槽。渡槽主要由进口段、槽身、出口段及槽身支撑结构等部分组成。渡槽按支撑结构形式可分为梁式渡槽与拱式渡槽。

梁式渡槽既可以用作输水,又能承担纵梁作用,其槽身直接支设在槽墩或槽架上,一般可做简支梁渡槽或者双悬臂渠渡槽(图 9-8),简支梁渡槽的跨度应控制在 8～15 m,而双悬臂梁渡槽的跨度可达 30～40 m。

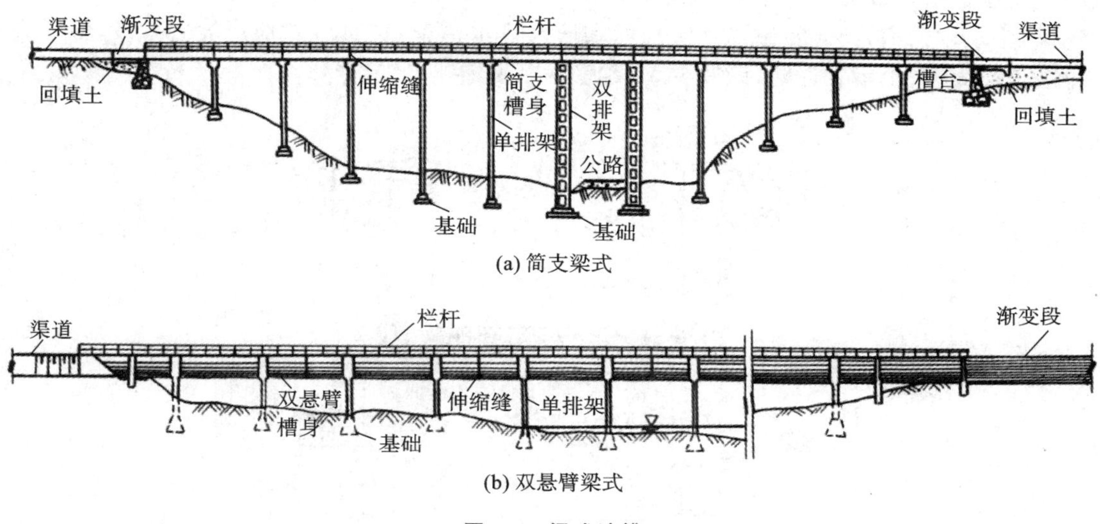

图 9-8　梁式渡槽

当渠道需要跨越地质条件较好的窄深山谷时，选用拱式渡槽(图 9-9)是最好的。拱式渡槽由槽墩、主拱圈、拱上结构与槽身等组成。主拱圈起承重作用，常用的有板拱和肋拱两种形式。板拱渡槽主拱圈的径向截面多为矩形，可使用浆砌石、钢筋混凝土或预制钢筋混凝土块砌筑。箱形板拱为钢筋混凝土结构，如我国湖南省郴州市乌石江渡槽的主拱圈采用的就是箱形板拱，设计流量为 5 m^3/s，净跨达 110 m。肋拱渡槽的主拱圈为肋拱框架结构，当槽宽不大时，多采用双肋，拱肋之间每隔一段距离设置刚度较大的横梁系，以加强拱圈的整体性。拱圈一般为钢筋混凝土结构，拱上结构为空腹式，槽身一般为预制的钢筋混凝土 U 形槽或矩形槽。

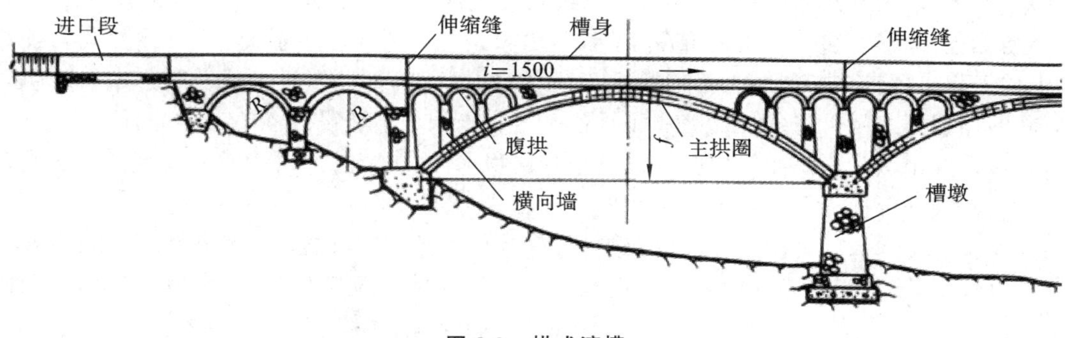

图 9-9　拱式渡槽

为了使槽内水流与渠道平顺衔接，在渡槽的进出口设置渐变段，渐变段长度分别设置为进、出口渠道水深的 4 倍与 6 倍。而对于抗冲能力较弱的土渠，还需在靠近渐变段的一段渠道上加做砌石护面，设置长度约为渐变段的长度，以减缓水流冲力，防止渠道受冲致损。

(3)倒虹吸管。

倒虹吸管是当渠道跨越山谷、河流、道路或其他渠道时沿地面直接敷设的压力管道(图 9-10)。渠道与山谷、河流等相交时，既可采用渡槽，也可使用倒虹吸管。当所跨越的河谷深而宽，采用渡槽不经济，或渠道与道路、河流交叉而高差相差不大，或高差虽大但允许有较大的水头损失时，采用倒虹吸管比渡槽的工程量小、造价低、施工方便，故而倒虹吸管在小型工程中应用较多。倒虹吸管位置选择应遵循渡槽设置的基本原则:管路与所穿过的河流、道路保持正交;进、出口应力求与挖方渠道相连,若为填方渠道,则需要做好夯实加固和防渗排水措施;管身应随地形坡度敷设,减少开挖,但弯道既不能太多,也不宜过陡,以减少水头损失,以便施工。

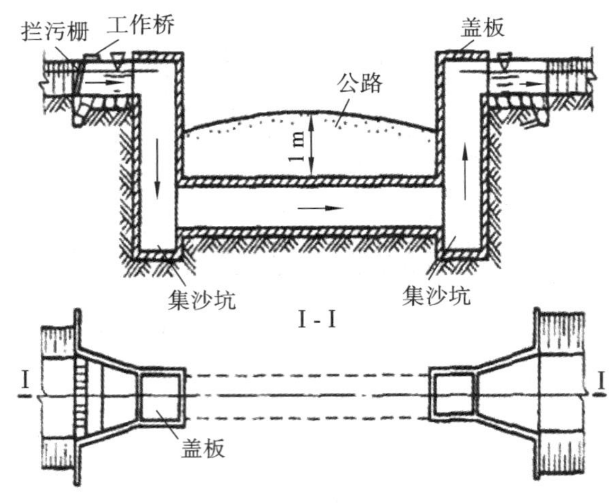

图 9-10 倒虹吸管

倒虹吸管由进口段、管身及出口段组成。

进口段要与渠道平顺相接,设置渐变段,以减少水头损失,还应设置闸门、沉沙池、铺盖、护底等防渗、防冲设施。为防止人畜或漂浮物落入渠内被吸进倒虹吸管,进口段设置有拦污栅及检修闸,以便维修检查。对含沙量较小的渠道,可在停水期间进行人工清淤;对含沙量大的渠道,可在沉沙池末端的侧面设置冲沙闸,利用水力进行冲淤。

管身断面一般为圆形或矩形,矩形管可用浆砌石或钢筋混凝土制作,仅用于低水头或地基较差的中、小型工程;圆形管多采用钢筋混凝土管,其水力条件与受力条件较好,高低水头均可使用,一般大、中型工程采用较多。根据流量大小和工程要求,倒虹吸管可以设计成单管、双管或多管。管身与地基的连接形式及管身的伸缩缝和止水构造等与土坝坝下埋设的涵管基础相同。在管路变坡或转弯处应设置镇墩。为防止管内淤沙和放空管内积水,应在管段上或镇墩内设冲沙放水孔(也可兼作进人孔),其底部高程一般与河道枯水位齐平。

出口段应注意水流与下游渠道的水流平顺连接,其布置形式与进口段基本相同,出口渐变段比进口渐变段长。单管无须设置闸门,多管则可在出口段侧墙上预留检修门槽。由于倒虹吸管的作用水头一般较小,管内流速一般采用 1.5～2.0 m/s。渐变段的主要作用是调整出口水流的流速分布,使水流均匀平顺地进入下游渠道。

(4)涵洞。

当渠道与道路相交而又低于路面时,可采用涵洞(图 9-11)来完成输水功能;当渠道穿过山沟或小溪,而沟溪流量又不大时,可采用一段填方渠道,下面埋设用于排泄沟、溪水流的涵洞。前者为输水涵洞,后者为排水涵洞。涵洞由进口段、洞身和出口段三部分组成,进、出口段是洞身与渠道或溪沟相连的部分,有引导水流的作用。涵洞应设置于地基承载力较大的地段,避免过大的不均匀沉降;在松软地基上设置涵洞时,需设置刚性支座或桩基础,以加强涵洞的纵向刚度。涵洞按埋设方式可分为沟埋式和上埋式。沟埋式是将涵洞埋设于较深的沟槽中,槽壁由天然土壤夯实,管道上部及两侧用土回填;上埋式是将涵管直接埋设在地面上,多用于横穿公路、铁路或河渠堤岸等。

涵洞按洞身断面形状可分为盖板涵、拱涵、管涵与箱涵，如图 9-11 所示。管涵最常使用，其水力条件和受力条件较好，有压、无压均可使用，多采用混凝土或者钢筋混凝土制作。盖板涵则多为钢筋混凝土结构，其断面呈矩形，其底板、侧墙可采用浆砌石或混凝土；跨度较小时也可采用条石，适用于洞顶铅直荷载较小、跨度较小的无压涵洞。箱涵是四周封闭的钢筋混凝土结构，适用于填土高度较大、跨度大和地基较差的无压、低压涵洞。当洞身较长时，为适应地基不均匀沉降，应设沉降缝，设缝间距不大于 10 m，也不小于 2～3 倍洞高，缝间设止水装置。

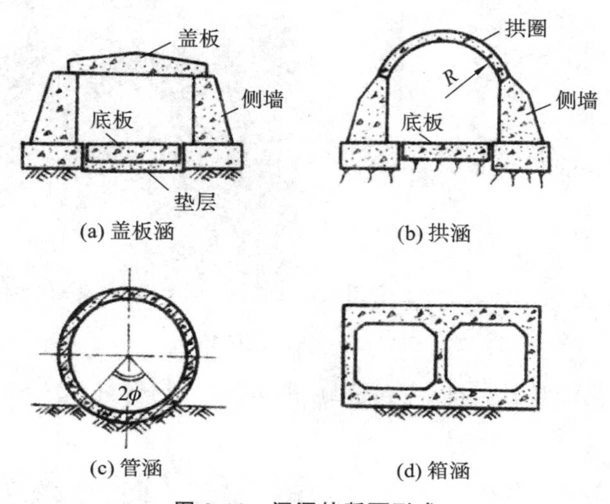

图 9-11　涵洞的断面形式

涵洞走向一般应与堤渠或道路正交，以缩短洞身长度，并尽量与来水流向一致，以保证水流畅通。为防止涵洞上、下游遭受冲刷或淤沙，洞底高程应等于或接近于原水道底部高程，坡度应等于或大于原水道坡度，一般为 1%～3%。当涵洞穿过土渠时，其顶部高程至少应低于渠顶 0.6 m，否则会导致渠水下渗，沿管周围产生集中渗流，引起周边建筑物的损伤。

(5)跌水及陡坡。

当渠道通过地面过陡的地段时，为了保持渠道的设计比降，避免过大的填方或者挖方，需要修建一些落差建筑物以连接上下游渠道，使得上游渠道的水自由跌落至下游渠道。落差建筑物有跌水、陡坡、斜管式跌水和跌井式跌水四种，其中跌水和陡坡应用最为广泛(图 9-12)。跌水是指水流以自由状态直接跌入下游段，陡坡则是水流沿着斜坡面流动并连接下游。落差较大时，陡坡比跌水更经济。跌水多用于落差集中处，常与水闸、溢流堰连接作为渠道上的泄水建筑物。根据落差大小，跌水可做成单级或多级。单级跌水由进口连接段、跌水口、跌水墙、侧墙、消力墙和出口段组成。当跌差较大时，可采用多级跌水。跌水主要采用砖、石或者混凝土材料，必要时，某些部位的混凝土还可配置少量钢筋。

(6)管道。

取水、输水建筑物中的管道按材质主要分为钢管、铸铁管、承插式预应力钢筒混凝土管(PCCP 和 JPCCP)、GPR 聚酯树脂管、HOBAS 离心浇铸玻璃纤维增强聚酯树脂管、聚乙烯管、PVC 塑料管等。PCCP 是由预应力钢丝、钢筒、混凝土构成的复合管材，是预应力钢筒混凝土管(prestressed concrete cylinder pipe)的缩写。PCCP 是在带钢筒的混凝土芯上环向缠绕高强预应力钢丝，最后在外部喷射水泥砂浆保护层而制成的(图 9-13)。我国南水北调中线配套工程中多数输水工程采用了承插式预应力钢筒混凝土管(PCCP 和 JPCCP)，发挥了钢管和预应力混凝土输水管的双重优点，

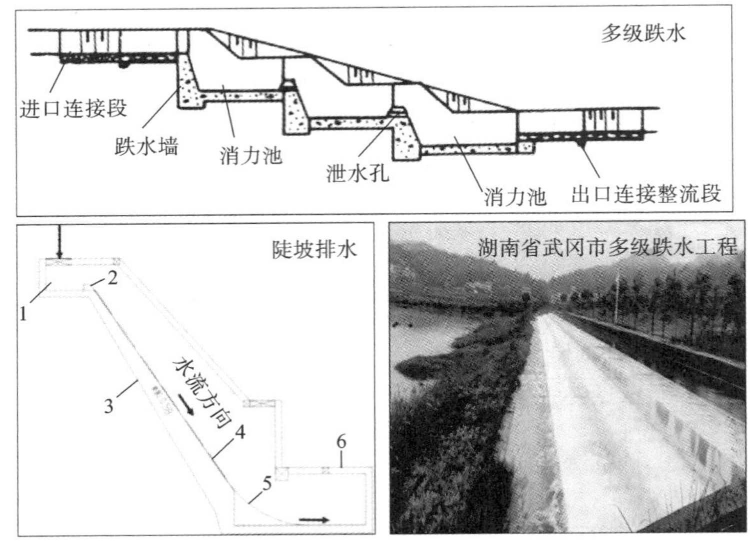

图 9-12 跌水或陡坡

PCCP 和 JPCCP 相较其他管具有高抗渗、高密封、高承压、节约钢材、造价低、使用年限长、不污染水质等优点。

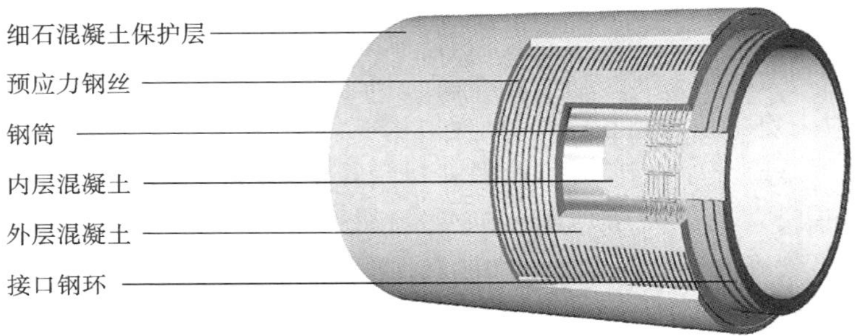

图 9-13 预应力钢筒混凝土管

9.5 水利工程施工要素与安全监测

9.5.1 水利工程的建设程序

水利工程投资大、工程量大、建设周期长、受季节性影响大、影响范围广、影响因素多，与国民生命财产和社会经济密切相关，因此，其建设必须按照国家或地方颁布的有关规定执行，达到既安全适用，又经济合理的目的，同时充分发挥经济效益，取得最大的投资效果。水利工程基本建设程序框架如图 9-14 所示。

水利工程基本建设分为四个阶段（规划—设计—施工—验收投产）和 11 个环节。首先应根据国民经济长远规划、流域规划、区域规划的要求，在充分调研与规划的前提下，编制项目建议书，进行可行性研究。在可行性研究的基础上进行工程决策，随后编制项目的设计任务书，选定建设施工地点。设计任务书经批准后，进行地形、地质、水文、气象等勘测，随后进行工程设计。经设计批准

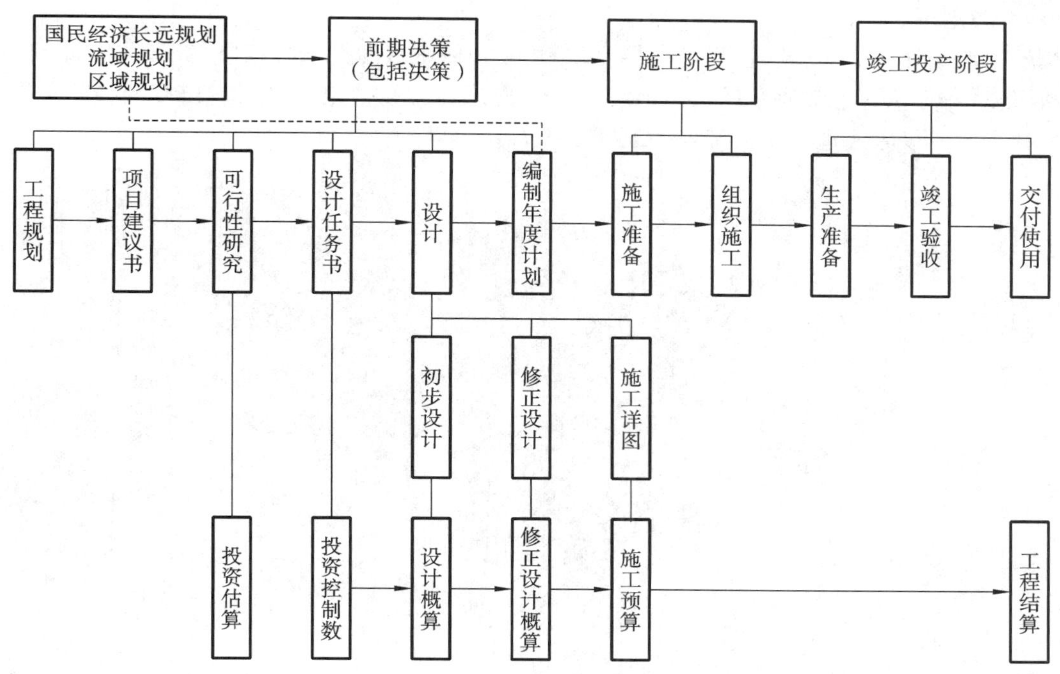

图 9-14　水利工程基本建设程序框架图

后，项目列入年度计划，组织工程施工。工程建成后，进行竣工验收，交付使用。

水利工程的建成使用离不开前期的水利工程勘测、设计。水利工程勘测是为规划设计所进行的前期工作，主要涵盖：社会经济调查、当地工农业生产的现状及远景规划、当地水旱灾害情况、灌区分布、用水需求、航运等部门综合利用水资源要求、水库淹没范围内的村庄人口耕地等、现有交通路线与建筑材料来源与供应能力、地形测量、水文调查、地质勘测等。水利工程的设计包括坝址、坝型、电站形式、电站站址、水利枢纽的布置与各类水工建筑物的设计等。

9.5.2　水利工程施工导流、基坑与混凝土坝施工

1. 施工导流

在河流上修建水利枢纽，就必须解决水工建筑物施工与水流宣泄之间的矛盾。施工导流是使用临时挡水建筑物围堰把基础围护起来，后将河水从施工地点引出，并将河水引向预先确定的泄水建筑物，通过泄水建筑物泄向下游，保证工程施工在不受河水干扰的情况下顺利进行。施工导流的任务主要包括：①确定各个施工阶段宣泄河水的方式与流量；②确定并做好各个施工阶段基坑围护的措施；③设计并修建临时挡水建筑物和泄水建筑物；④选择截流时段，制定截流措施方案。

1）导流方式

受水文、气象、地形、地质、材料供应、交通运输及水工结构本身的特性影响，施工导流方式也会不同。导流方式的选择需要考虑：河流流量大小、过程线特征、洪水和枯水情况、水位变幅、流冰等水文条件均直接影响方案选择，如水位变幅大的河流有时宜采用过水围堰，围堰挡水高度及导泄水建筑物只需考虑枯水期流量；地形条件，例如河床宽阔、施工期有通航需求时采用分期导流，若河道较窄，宜根据地形地质条件采用明渠或隧道导流；有条件时，尽量与永久性泄水建筑物结合进行施工导流，如导流洞可与泄洪洞结合，围堰可与土石坝坝体结合；满足施工期间的通航、过水、供水、灌溉等综合利用要求。常见的施工导流方式有全段围堰法导流和分段围堰法导流。

(1)全段围堰法导流。

全段围堰法导流又叫一次性拦断法导流，是指在主体工程的上下游各修建一道拦河围堰，一次性截断河流，河水从其他临时性或永久性泄水建筑物(如隧洞、明渠、涵管或渡槽等)通过(图 9-15)并宣泄到下游。该方法适用于狭窄河谷地区或土石坝工程。

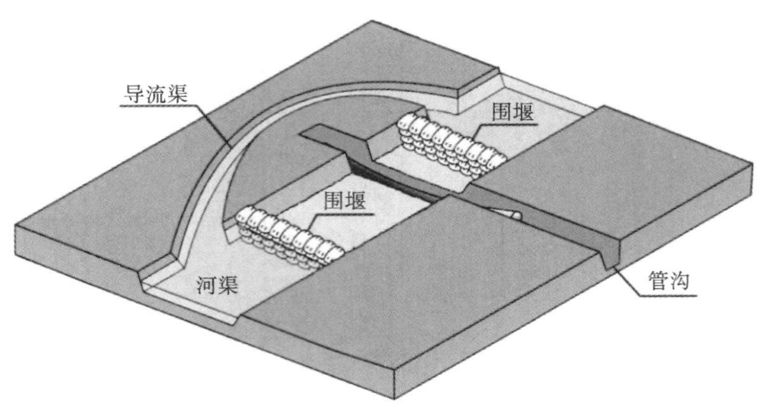

图 9-15　全段围堰法导流

用明渠宣泄施工流量时应利用地形将引渠布置在河道凸岸，并尽可能利用河滩上的洼地或河槽，这样可以缩短引渠的长度或减少开挖深度，从而减少引渠工程量。布置引渠时应避免大量挖方，引渠的进、出口应离上、下游围堰一定距离，以避免水流冲坏围堰，引渠的渠岸应离开基坑一定距离以避免渠水渗入基坑，另外引渠的布置还需考虑水流是否平顺。当永久性渠道能全部或部分在施工期间用以宣泄施工流量时，则可进一步降低施工费用。明渠导流的最大优点是明渠施工简单，一般只需要进行一定数量的土方作业。若建筑物修建在山区河流上，坝区两岸陡峻，河谷狭窄，地质、地形利于隧洞布置时，则通过隧洞宣泄施工流量。此外，在一些小型工程中也可采用涵管导流、渡槽导流。

(2)分段围堰法导流。

分段围堰法导流又称分期围堰法导流，指用围堰将河床的水工建筑物分为若干段，分期分段完成整个工程施工(图 9-16)。该方法适用于河床较宽、流量大、施工期较长的工程，如我国的新安江、丹江口、葛洲坝等水电站均采用了该方法进行施工导流。

当建筑物所在的河段河床较宽、水流变化幅度大时，宜在河床范围内将建筑物分成若干段，用围堰先围住一部分，水流流量由另一部分未拦断处宣泄，等第一部分修到相当高度或修好时将围堰拆除，再将另一部分围起来，此时施工水流流量的宣泄有三种方式：在已修好的建筑物上预留底孔、利用梳齿或预留缺口。河水由底孔或梳齿宣泄，即可进行第二部分工程的建造，最后将底孔堵塞或梳齿封闭。分段围堰法可将工程分为二段式或多段式，在分段围堰导流布置中，垂直于水流方向的围堰称为横向围堰，平行于水流方向的围堰称为纵向围堰。纵向围堰的位置选定要满足河床束窄后的水流流速对施工通航、河床冲刷的要求，不得超过允许流速。一般束窄后河床宽度是原河床宽度的 40%～70%。实际工程中，一个工程的导流通常是结合几种方式完成的。

2)导流方法

导流方法是指导流过程中泄水道的类型或途径，一般分为底孔导流、坝体缺口导流、隧洞导流、明渠导流、涵管导流等，如图 9-17 所示。

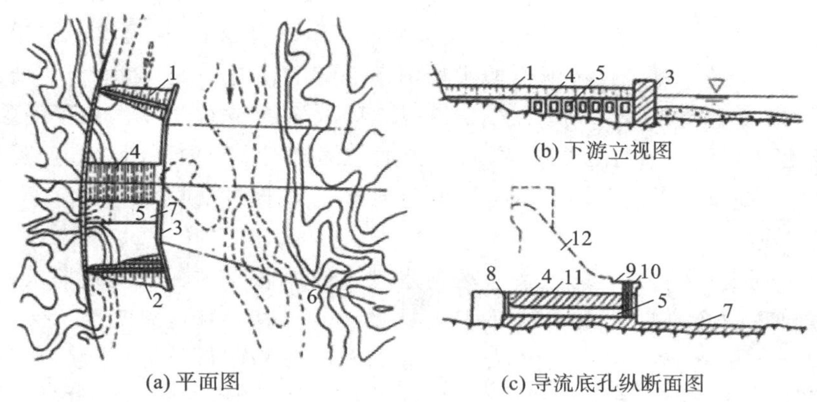

图 9-16　分段围堰法导流

1——一期上游横向围堰；2——一期下游横向围堰；3——一、二期纵向围堰；4—预留缺口；5—导流底孔；6—二期上下游围堰轴线；7—护坦；8—封堵闸门槽；9—工作闸门槽；10—事故闸门槽；11—已浇筑的混凝土坝体；12—未浇筑的混凝土坝体

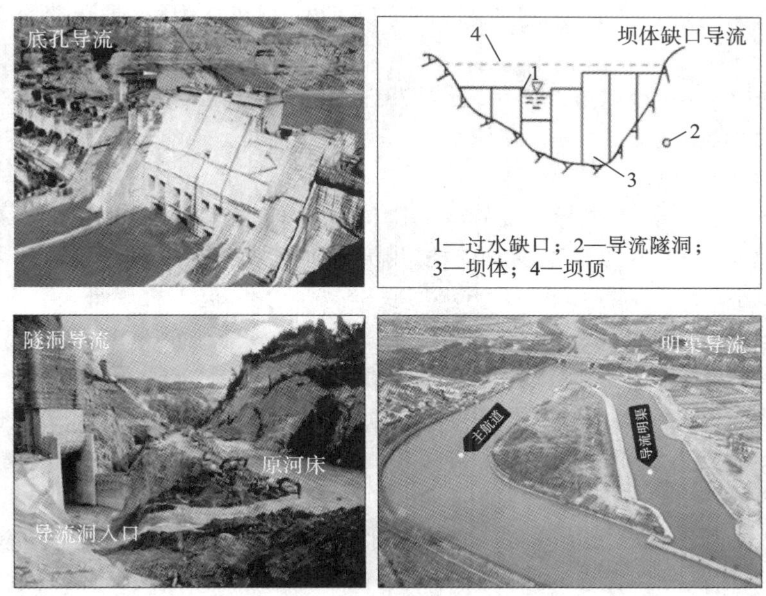

图 9-17　常用的导流方法

底孔导流是在前期施工时，在混凝土坝体的底部预留下临时底孔或修好永久孔，后期导流时，让全部或部分流量通过底孔宣泄到下游，保证工程施工。底孔导流多用于分期导流法的后期导流通道。采用临时底孔时，底孔的尺寸、数量和布置应根据相应水力学的计算确定，同时要考虑后期的封堵，往往在底孔上游面设置闸门门槽，下闸封堵。底孔导流的优点是永久性建筑物的上部施工可以不受水流干扰，有利于均衡连续施工，适用于修建高坝，在坝体内设有永久性底孔较为理想，不足之处是钢材用量大、底孔有被漂浮物堵塞的危险、水头高时封堵困难。在洪水期，将部分坝体停止施工，预留出缺口，使其配合其他导流建筑物宣泄洪峰流量，以降低造价。坝体缺口导流可以大幅降低导流隧洞或导流底孔等建筑物的尺寸，降低造价，且方法简单，有高低缺口时其高差不宜超过 6 m。该方法适用于重力坝等大体积混凝土坝。隧洞导流多用于河谷狭窄、山体坚实的山区性

河流，并且多用于全段围堰法，山区水利枢纽工程应用较多，如龙羊峡水电站隧洞就采用了隧洞导流方法。明渠导流是在河岸、河滩开挖渠道，在基坑上下游修筑围堰，让河水经渠道下泄，一般适用于岸坡平缓或有宽广滩地、垭口或古河道的平原河道。该方法施工简单，适合大型机械施工，有利于加快施工进度、缩短工期，如天生桥二级水电站及四川省龚嘴水电站就采用了明渠导流方法进行导流。涵管导流是在闸坝上下游修筑围堰，将水流通过涵管安全导向下游的导流方式，一般用于导流量较小的河流、土石坝枢纽或只用于承担枯水期导流。

3)围堰

围堰是指在水利工程建设中，为建造永久性水利设施而修建的临时性围护结构。其作用是防止土和水进入建筑物的修建位置，以便在围堰内排水，开挖基坑，修筑建筑物。围堰要求具有足够的稳定性、防渗性、抗虫性和一定的强度，结构简单，修建、维护与拆除方便，水流平顺，与其他建筑物可靠连接。围堰按其与水流方向的相对位置可分为纵向围堰和横向围堰，按使用材料可分为草土围堰、土石围堰、钢板桩围堰和混凝土围堰。

草土围堰是一种草土混合物，多用捆草法修建，逐层沿河宽放置 1.2～1.8 m 长的草捆，随后铺土层压实。草土围堰适用于软弱地基，施工期在 2 年以内且水深小、流速较小的小型水电站。该方法施工简单、速度快、防渗性好、可就地取材、造价低、防冲抗渗能力佳、堰体容量小、能适应一定的沉陷变形。

土石围堰是充分利用当地材料或废弃土石方进行围护的围堰，是采用较为广泛的一种围堰方式。该方法较为简单、施工方便，可以在流水中、深水中、岩基上或有覆盖层的河床上修建，但其工程量大，堰身的沉陷变形也大。

钢板桩围堰是指使用钢板进行打桩修建的围护结构，其工序主要经历定位、打设模架、模架就位、打设钢板桩、填充料渣、取出模架及其支柱、填充料渣到设计高度等过程。该方法具有坚固、抗渗、抗冲、围堰断面小、易于机械化施工且材料回收率高等优点，但钢材用量大。钢板桩围堰的平面形式有圆筒形格体、扇形格体和花瓣形格体，其中圆筒形格体应用最为广泛，如葛洲坝水利枢纽工程曾采用了圆筒形格体钢板桩围堰作为纵向围堰的一部分。

混凝土围堰的形式主要有拱形混凝土围堰与重力式混凝土围堰。混凝土围堰的抗冲、抗渗能力大，挡水水头高，底宽小，断面尺寸小，易与永久性混凝土相连接或作为永久性建筑物的一部分。

4)导流方案的选择

导流方案是指水利工程施工从开工到竣工所采用的一种导流方法或几种导流方法的组合，好的导流方案是技术可行、经济合理的。导流方案的选择应着重考虑：河流的水文条件，包括河流的流量、水位变化幅度、全年的流量变化情况、枯水期的长短、冬季的流冰和冰冻情况；地形条件，如河床宽度、有无沙洲可供利用、河道弯曲强度和形状、河岸是否有宽阔的施工场地等；河流两岸及河床的地质条件及水文地质条件，如河岸岩石是否坚硬、是否开凿隧洞、河床抗冲刷能力、基础覆盖层厚度等；水工建筑物的形式及其布置，如土石坝不能采用汛期基坑淹没、坝体过水的方案，有布置在较低高程的永久性泄水底孔时，可以兼作后期的导流建筑物；施工期间河流的综合利用和运行要求，如三峡工程要求在施工期间不断航；施工进度、施工方法及施工场地布置，如施工截流时间、第一台机组投入运行的时间、施工队伍的施工能力等。例如三峡工程采用的是二段三期施工导流方案。

5)截流

截流是一项难度较大且复杂的工作，即在施工导流中截断原河床水流，从而把河水引向导流泄水建筑物，通过泄水建筑物宣泄至下游，以便在河床中全面开展主体建筑物的施工。施工截流的成败往往直接影响整个工程的进展。

截流方式一般分为戗堤法截流和无戗堤法截流，前者是指采用进占方式向流水中抛投混凝土预制块、就地取材的填筑材料来形成的横跨江河的透水堰体；后者是指不采用戗堤的方法将河道水流截断，常见的有钢板桩格仓（如肯塔基、阿武隈川工程）、木笼围堰（如新安江工程）和水力充填（如兰德尔堡、苏博萨雷工程）等方法。由于合龙单口流量大、流速高、场地狭窄，戗堤端部在合龙时易被冲刷毁坏，所以合龙前需要对戗堤端部进行防冲加固处理。

截流的基本方法有立堵法和平堵法。

立堵法是将截流材料从龙口两端向中间或从龙口一端向另一端抛投进占截流，逐渐束窄龙口，直至全部拦断河床水流。立堵法的截流程序为：戗堤进占，从河床一侧或两侧向河床抛石截流，束窄河床，形成龙口；对龙口进行加固，防止龙口戗堤端部被水流冲毁；克服水流流速合龙；抛石合龙后在龙口部位的戗堤迎水面设置防渗堵漏体系。立堵法的不足是截流时龙口单宽流量较大，水流流速过大且流速分布不均，需要用单个重量较大的截流材料。立堵法的优点是：无须在龙口架设浮桥或栈桥，准备工作简单，费用低，适用于流量大、基岩或覆盖层较薄的基岩河床。葛洲坝水利枢纽工程采用的是立堵法，用时 35.6 h 使龙口全部合龙，单个块体 25 t，最大水流流速 7.5 m/s，截流流量达 4400～4800 m^3/s。

平堵法是截流前在龙口上架设浮桥或栈桥，用自卸汽车在沿龙口的浮桥或栈桥上全线均匀地逐层抛填截流材料，使戗堤均匀上升，直至戗堤堤顶高出水面。由于需要架设栈桥或浮桥，架桥困难，且平堵法会阻碍通航，技术复杂，费用较高。平堵法的优点是：龙口的单宽流量较小，出现的最大流速较低且流速分布均匀，截流材料单个重量较小，抛投强度大，施工进度快，适用于软基河床。

2. 基坑施工

基坑是在基础设计位置按基底标高和基础平面尺寸所开挖的土坑。开挖方案应根据地质水文资料，结合现场附近水工建筑物情况来确定，并做好防水排水工作。开挖方法有放边坡法，该方法开挖深度不大且土坡较为稳定，其坡度大小按有关施工规范进行确定。当开挖较深及有邻近建筑物时，可使用基坑壁支护方法、喷射混凝土护壁方法、地下连续墙及钻孔式灌注桩连锁方法等，防护外侧土层坍入；不影响邻近建筑物时，可用井点法降低地下水位，采用放坡明挖的开挖方法；在寒冷地区可采用天然冷气冻结法开挖等。

虽然利用围堰进行施工导流，对基坑进行了围护，但围堰合龙闭气后基坑内的积水应立即排除。由于基坑位置较低，基坑水位不宜下降过快，避免基坑边坡坍塌，一般基坑积水的下降速度宜控制在 0.5～1.5 m/d，基坑需要采用相关设备进行排水防渗措施。围堰工程完毕及基坑开挖达到设计高程后，不能忽视地基处理，处理后的地基应满足承载力、抗滑、抗渗、抗冲等要求。地基处理方法因地基不同而不同，常采用的是灌浆措施和打桩措施。前者是将在压力作用下的水泥浆通过灌浆孔压入岩石缝隙中，使水泥浆充满岩层的孔洞、裂缝和孔隙，硬化后凝结成坚固的不透水水泥结石。后者常针对非岩石地基，打基桩以增加地基的承载力，桩的类型一般有木材、钢板、混凝土和钢筋混凝土。

3. 混凝土坝施工

混凝土坝是用混凝土浇筑（或碾压）或用预制混凝土块装配而成的坝。混凝土坝在高坝中占的比例较大，其中以重力坝和拱坝的应用最为普遍。混凝土坝施工主要涉及基础作业、主体作业与辅助作业。基础作业主要是大量砂石骨料的采集、加工，水泥和各种掺合料、外加剂的供应；主体作业主要是混凝土的制备、运输和浇筑；辅助作业是模板、钢筋等作业。混凝土坝施工的工艺流程如图 9-18 所示。

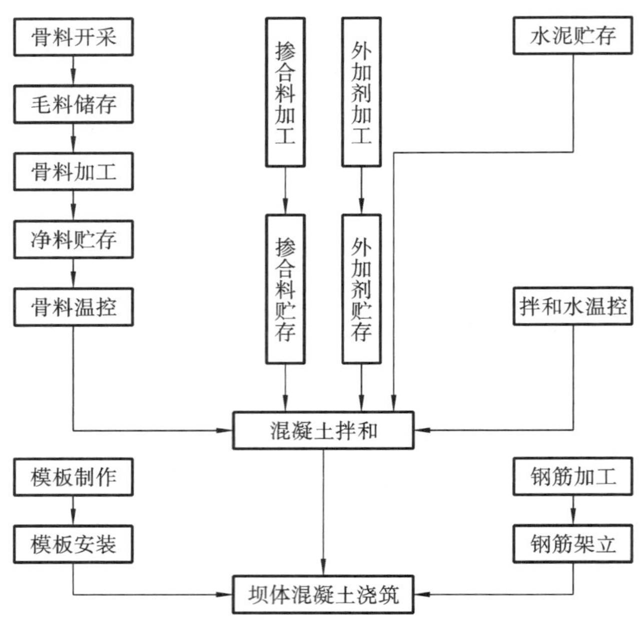

图 9-18 混凝土坝施工工艺流程图

9.5.3 安全监测的内容及要求

水利工程安全监测是指对水利工程、水资源、水环境等方面进行定期监测和评估，以保障水利工程安全稳定运行和水资源利用的合理性。监测涉及环节众多，从观测方法的研究和仪器设备研制，到观测设计、仪器埋设安装，直至现场施测与资料整理分析等，贯穿水利工程的整个生命周期。水利工程安全监测的内容主要包括变形监测、渗流监测、应力与温度监测。

(1)结构安全监测涵盖环境因素及荷载情况等：主要针对各类水利设施(如水库、堤坝、渠道、水闸等)的结构安全进行监测，包括工程结构的位移、变形、裂缝情况等，以及相关设备的运行状态等。

(2)渗流监测：包括对坝基扬压力、坝体浸润线或渗压力、坝体及坝基渗漏量，以及对水文要素(如水位、流量、降雨等)和水质参数(如 pH 值、溶解氧、氨氮等)进行监测，以了解水资源的变化情况和水质状况；针对水利工程周边的地质、土壤、植被等情况进行监测，以评估水土保持效果，预防水土流失等问题。

(3)变形监测：包括水平位移、垂直位移、挠曲、倾斜、伸缩缝和裂缝变化，土坝固结等，可通过传感器、遥感等技术手段对水利工程进行实时监测和数据采集，实现远程监控和及时预警，提高水利工程管理的效率和水平。

(4)结构内部应力监测：包括混凝土应变、应力，钢筋应力，填土压力，混凝土温度、体积变化，伸缩缝及裂缝深处变化，土体内应力、应变、孔隙压力等。在自然灾害、突发事件等情况下，需要进行应急监测，及时评估灾害影响和采取相应措施，保障水利工程的安全和稳定。

(5)外观监测：包括结构外表裂缝、漏水、塌坑、冲刷、空蚀、风化、坝的止水、电力设备状况等。为加强水利工程安全监测，可以采用先进的监测技术和设备，建立健全的监测网络和体系，加强数据分析和预警能力，制订科学合理的监测方案和应急预案，提高监测数据的质量和可靠性。同时，加强人员培训和技术支持，提高监测人员的专业水平和应急处置能力，确保水利工程安全稳定运行。

9.5.4　安全监测的观测技术

水利工程安全监测的观测技术主要包括：渗透监测技术、变形监测技术、温度应力监测技术、监测资料综合分析等。各监测技术的方法汇总于图 9-19。

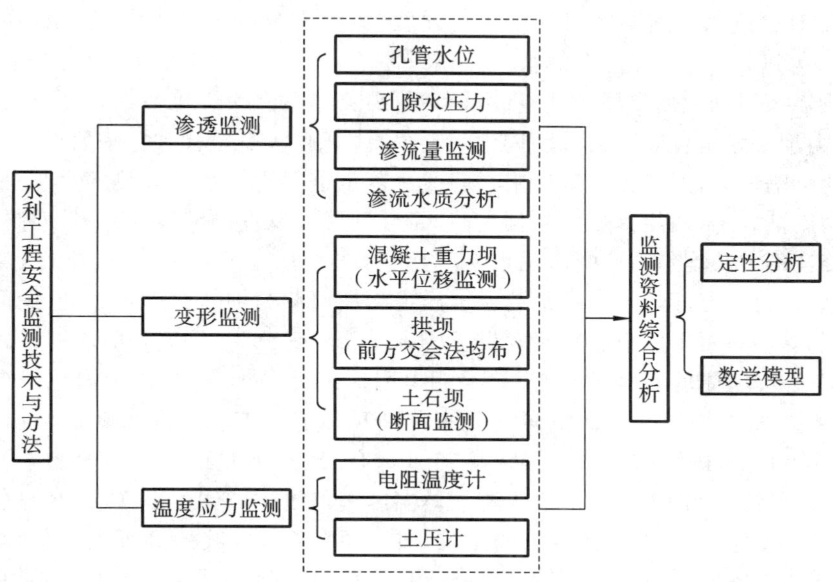

图 9-19　水利工程安全监测技术与方法

渗透监测可以确定监测断面上渗流压力的分布及浸润线的分布，对了解大坝在上下游位置水位、降雨、温度等环境作用下的渗流规律以及验证大坝防渗设计具有重要意义，主要包括渗压监测(孔管水位、孔隙水压力)、渗流量监测及渗流水质分析。监测断面上的测点位置，根据坝型结构、断面大小及渗流场特征设 3～4 条铅直监测线，如图 9-20 所示。常埋设孔隙水压力计来了解坝体内或坝底与基础接触处某一点处的渗透压力情况，常用的孔隙水压力计是差动电阻式仪器，此外还有钢弦式、电阻应变片式仪器等。

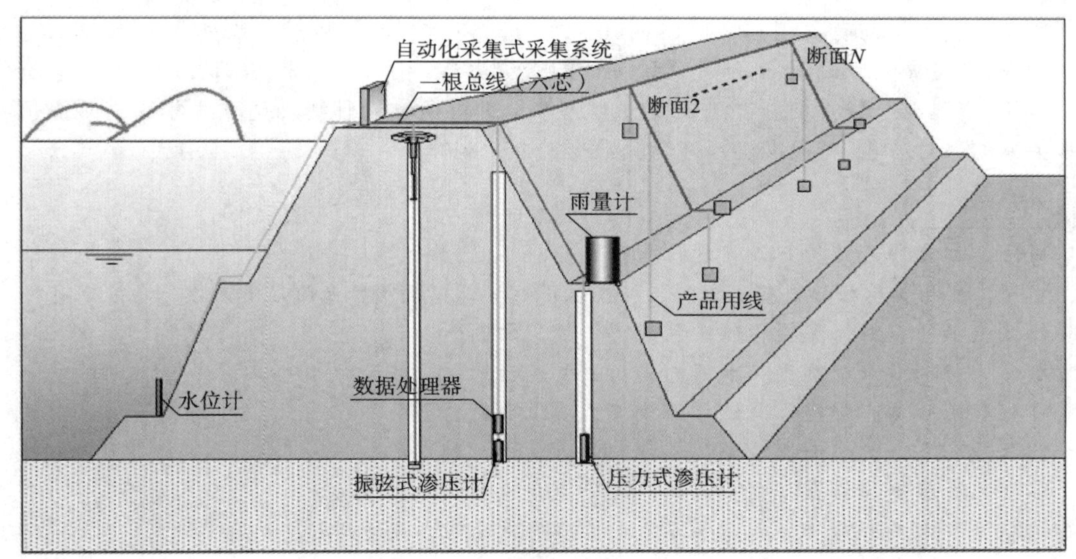

图 9-20　均质土坝浸润线测压管布置

当渗流量处于稳定时，渗流量大小与水头差之间保持稳定的关系。当水头差不变但渗流量剧增或骤降，则表明渗流异常或者防渗排水失败。因此，渗流量监测对于判断渗流和防渗排水设施是否正常有重要的意义，是渗透监测的重要举措。不定期从坝体不同位置处取水样进行水质分析，可以充分了解渗流水源、渗流发展情况等对坝体、地基及帷幕等的溶蚀情况，检查有无机械管涌发生。水质分析主要针对渗流水的透明度、浑浊度、暂硬度、氧化度与各种离子含量（如钙离子、碳酸根离子、硫酸根离子）等进行。

变形监测则需要根据坝体类型的特点进行布置分析。如：混凝土重力坝各坝段之间由伸缩缝相隔，且混凝土重力坝一般是直线型的，沿河流方向（垂直坝轴）水平位移大。一般而言，混凝土重力坝的水平位移要比沉陷量大，因而在测量时用方向线法着重进行水平位移观测。拱坝是通过拱的作用将外力传递到两岸基岩上，致使其受力大且集中，而且拱坝未设置伸缩缝，所以针对拱坝坝顶及坝身均需采用前方交会的方法均匀布置变形观测点。土石坝的变形主要是沉陷，其变形是难以避免的，只能采取干预措施尽量减少沉陷量，一般是结合土压力断面监测与坝体孔隙水压力断面监测及变形监测断面进行布置，除了布置土压力监测的横断面，还应布置 2～3 个不同高程的水平监测断面。

温度应力监测对坝体的安全举足轻重，采用电阻温度计预埋测温处，引出电缆到集线箱，通过电阻线圈进行测温，根据金属导线的电阻变化来判断坝体温度变化。在需要监测温度的混凝土重力坝坝段的中心断面上，以网格方式对温度测点进行布置，网格间距大小一般为 8～15 m（当坝高于 150 m 时，间距可设置为 20 m），以便绘制坝体温度等值线。监测混凝土应力的仪器类型主要有差动电阻式、钢弦式、电感式、电容式及应变片式，而差动电阻式在我国混凝土坝工程中应用最为广泛。混凝土坝应力监测布置时，一般应先选定监测坝段，在监测坝段内选定垂直于坝轴线的横断面作为观测断面，选定不同高程的水平截面作为观测截面，然后在监测断面和监测截面上布置测点，通常每个截面至少布置 5 个测点，测点距坝面不得小于 3 m。土压力计常用于观测土与混凝土结构界面处的填土侧压力，也用于观测土工结构内部的土压力。土压计类型有钢弦式、差动电阻式、电阻应变片式、气压式、水压式等，均包含承压、传感和测量仪表三部分。

基于上述监测资料了解各种因素对坝体工作性能的实际影响情况，从而准确评估坝体的安全状况，找出存在的问题，对症下药指导运行监控工作。监测资料综合分析应从定性到定量逐步深入，主要运用到定性分析方法与数学模型方法。以监测成果数据及实测值过程线、分布图为依据，了解坝体各种物理量与有关因素之间的内在关系，进行定性分析，以便掌握水工建筑物的运行状态，并对其安全性做出准确评估，从而保证坝体的安全运行。在定性分析基础上进行监测数据的综合量化分析，提出相关数学模型方法。通过实测数据进行数学处理继而建立大坝某点观测值与有关因素关系的数学方程，用以准确描述监测数据的变化规律。

课后习题

1. 兴修水利工程的目的与任务是什么？
2. 水利工程按其承担的任务可分为几类？通用性水工建筑物和专门性水工建筑物分别有哪些？
3. 什么是水利枢纽？水利枢纽又包含哪些建筑物？
4. 水库的特征水位有哪些？水库的作用主要是什么？
5. 重力坝的分类有哪些？简述作用于重力坝上的荷载。
6. 什么情况下会使用倒虹吸管？
7. 常见的输水建筑物有哪些？何种情况下适合设置跌水与陡坡？
8. 施工导流方式有哪些分类？导流方式的确定需要考虑哪些要素？
9. 简述水利工程安全监测的内容与要求。

第 10 章　土木工程防灾减灾

10.1　灾害的概念与常见的土木工程灾害

灾害(disaster)是指能够对人类和人类赖以生存的环境造成破坏性影响的事物总称,灾害威胁着人类的生存和发展,同时也给人类对自然界与人类自身带来了深刻的认识与警醒。世界卫生组织对灾害的定义为:"任何能引起设施破坏、经济严重受损、人员伤亡、健康状况恶化的事件,如其规模已超出事件发生社区的承受能力而不得不向社区外部寻求专门援助时,应可称其为灾害。"

灾害按其发生的原因可以分为自然灾害与人为灾害。自然灾害(natural disasters)主要是指给人类生存带来危害或损害人类生活环境的自然现象,包括地质灾害(如地震、火山爆发、地下毒气、海啸等)、地貌灾害(如山崩、滑坡、泥石流、沙漠化、水土流失等)、气象灾害(如高温、低温、寒潮、洪涝、山洪、台风、龙卷风、火焰龙卷风、冰雹、风雹、霜冻、暴雨、暴雪、冻雨、酸雨、大雾、大风、结冰等)、生物灾害(如流行病、病虫害、有害动物等)、天文灾害(如天体撞击、太阳活动与宇宙射线异常、陨石等)。人为灾害(man-made disasters)指主要由人为因素引发的灾害,包括社会生活灾害(如火灾、恐怖袭击、战争、瘟疫、交通事故等)、生态灾害(如自然资源衰竭灾害、环境污染、核灾害、人口过剩、非科学发展、认识滞后等)、工程灾害(如爆炸、有害物质流失、违背科学规律矿业生产或土木工程施工等)。

灾害的类型众多,目前没有统一的度量方法,对灾害危害程度大小的量化仍不能统一。灾害的分级依据灾害的类型不同而定义,如地震和台风以释放的能量来进行分级。如图 10-1 所示,地震震级 M 是无量纲数值,用来在一定范围内表示各个地震的相对大小(强度),其依据地震仪在距震中 100 km 记录到的最大地震动位移 A 的对数值($M=\lg A$)可分为 10 级。地震愈大,震级数字 M 也愈大,目前世界上最大的震级为 9.5 级。而震级与地震烈度的概念根本不同。震级代表地震本身的强弱,只与震源发出的地震波能量有关;烈度则表示同一次地震在地震波及的各个地点所造成的影响的程度,与震源深度、震中距、方位角、地质构造以及土壤性质等许多因素有关。震级大的地震,释放的能量多;震级小的地震,释放的能量少。中国一般采用里氏震级。通常小于 2.5 级的地震称为小地震,2.5～4.7 级之间的地震称为有感地震。震级每相差 1.0 级,能量相差大约 30 倍。表 10-1 列出的是不同里氏震级(ML)的年均发生次数和震中地区的影响。

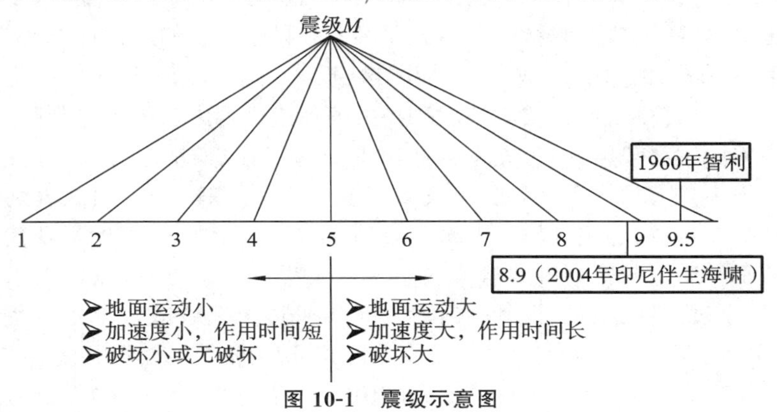

图 10-1　震级示意图

表 10-1　不同里氏震级(ML)的年均发生次数和震中地区的影响

程度	里氏规模	地震影响	发生频率(全球)
极微	2.0 以下	很小,没感觉	约每天 8000 次
甚微	2.0～2.9	人一般没感觉,设备可记录	约每天 1000 次
微小	3.0～3.9	经常有感觉,但是很少会造成损失	估计每年 49000 次
弱	4.0～4.9	室内东西摇晃出声,不太可能有大量损失。当地震强度超过 4.5 级时,已足够让全球的地震仪监测得到	估计每年 6200 次
中	5.0～5.9	可在小区域内对设计/建造不佳或偷工减料的建筑物造成大量破坏,但对设计/建造优良的建筑物则只会有少量的损害	每年 800 次
强	6.0～6.9	可摧毁方圆 100 英里(1 英里≈1609.34 m)以内的居住区	每年 120 次
甚强	7.0～7.9	可对更大的区域造成严重破坏	每年 18 次
极强	8.0～8.9	可摧毁方圆数百英里的区域	每年 1 次
超强	9.0 及其以上	摧毁方圆数千英里的区域	每 20 年 1 次

对于其他的灾害如塌方、泥石流则可以以移动的土石方量来衡量,台风及热带风暴等则以速度表示灾害的程度。但无论何种灾害,均可能会造成人员伤亡或者经济损失,因此灾害分级又可以按照造成的人员伤亡或经济损失来量化。如我国一般将灾害按经济损失与人员伤亡来划分为巨灾、大灾、中灾、小灾和微灾五个等级。死亡 10000 人以上,或经济损失超过 1 亿元人民币则为巨灾(A级);死亡 1000～10000 人,或经济损失 1000 万～1 亿元人民币则为大灾(B 级);死亡 100～1000 人,或经济损失 100 万～1000 万元人民币则为中灾(C 级);死亡 10～100 人,或经济损失 10 万～100 万元人民币则为小灾(D 级);死亡小于 10 人,或经济损失小于 10 万元人民币则为微灾(E 级)。

只要有物质的运动和运动的物质就会产生灾害,灾害具有如下 7 个属性。①灾害的突发性与迟缓性。大部分灾害都是在短时间内发生并有可能造成巨大损失(如地震、滑坡、泥石流等),但也有些自然灾害后果较为迟缓(如沙漠化、水土流失等)。②灾害的普遍性、恒久性与后果双重性。灾害遍及宇宙且与宇宙同在,而灾害的后果又有双重性(如火山灰经风化后可成沃土,台风给东南各省带来降雨和降温,地震使矿床上移,CO_2 产生温室效应但有利于光合作用等)。③灾害的多样性和差异性。例如,地震不会按周期准确、重复地发生。④灾害的全球性和区域性。灾害不分地域、不分国家发生,而不同区域的灾种和程度具有差异性。⑤灾害的随机性和预测的困难性。表现为时间、地点、强度、范围都是随机的,所有随机现象预测都是极为困难的。⑥灾害的迁移性与滞后性。例如,空气的流动导致了灾害在全球范围内蔓延,某些国家的温室气体排放量过大造成的环境影响而非来自该国家本身,人口膨胀给人类的负面影响和科学发明的负面影响都有明显的滞后性。⑦灾害的人为性和可预防性。例如,战争、恐怖袭击、核泄漏、人口膨胀、生态破坏等均是人类自身引起的,而这些人为的灾害可以通过政治、政策、科技等手段进行人为干预与预防。

土木工程是灾害的主要载体,因为灾害必然使得土木工程(如房屋、道路等)破坏或者失效,进而造成巨大的经济损失或人员伤亡,因此,旱灾就不属于土木工程灾害,而地震则是典型的土木工程灾害,其他如风灾、泥石流、滑坡、爆炸、塌陷、隧道崩溃、桥梁毁损、大坝溃堤及建筑业中违背科学规律生产而引发的工程质量或安全事故等均属于土木工程灾害。可见,减轻土木工程灾害必须依靠土木工程方法,如通过选址、施工、设计、加固、围护等来避免或者减轻土木工程的灾害。常见的土木工程灾害有地震、海啸、风灾、火灾、战争、恐怖袭击、洪涝灾害、雪灾、泥石流、雹灾等,这些灾害都直接或间接地对土木工程结构造成了不良的影响,产生了一系列的经济损失或人员伤亡。

10.2　土木工程的防灾减灾

防灾减灾工程学科是土木工程学科的二级学科，其核心内容为结构抗震工程、结构抗风工程、结构抗火工程和抗爆工程等，其主要任务是：建立和发展用以提高工程结构和工程系统抵御自然灾害和人为灾害的科学理论、设计方法和工程措施，最大限度地减轻未来灾害可能造成的破坏，保证人民生命和财产的安全，保障灾后经济恢复和发展的能力，提高国家重大工程的防灾能力。防灾减灾是一项复杂的工作，主要涉及：①灾害的监测，通过监测可以取得与灾害有关的各种自然因素变化数据，从而认识灾害的发生规律与进行灾害预报，如监测地下岩石的运动变化可以预测地震；②灾害预报，根据灾害的周期性、重复性、灾害间的相关性、致灾因素的演变和作用及灾害前兆信息和经验类比等，对灾害发生的可能性做出判断；③防灾，在灾害发生前采取避让措施；④抗灾，当灾害发生时人们对自然灾害所做出的反应，如抗洪、抗震、抗风、抗滑坡等；⑤救灾，在灾害发生后采取的一系列最紧迫的减灾措施；⑥灾后重建与恢复生产，如 2008 年汶川大地震的灾后重建。

灾害造成的人员伤亡和财产损失与土木工程密切相关，全世界每年都会发生很多自然灾害和人为灾害，严重的灾害会导致土木工程结构倒塌与破坏，使得交通、通信、供水、供电等生命线工程中断，继而引发许多次生灾害，造成大量人员伤亡、严重的经济损失、城市瘫痪、社会动荡等，甚至使得一个村庄、一个城市在顷刻之间消失，对人类的生存与发展造成了严重的威胁。如 2008 年汶川大地震(图 10-2)所造成的惨重人员伤亡大多是由于房屋倒塌引发的，而财产损失也大多集中于损毁的建筑中。在 2008 年 5 月 12 日发生的汶川大地震中，造成近 69227 人死亡、17923 人失踪、374643 人受伤，造成直接经济损失 8451 亿元。汶川 8.0 级地震是我国历年来遭受的最为严重的地震灾害，全国各地、南亚、东南亚等地均有震感，四川省、甘肃省、陕西省、重庆市、云南省、宁夏回族自治区等地不同程度受灾。地震不仅给灾区人民带来极大的伤痛和苦难，同时也给全体中华儿女和世界各国人民带来悲伤。故而，土木工程对防灾减灾有重大的意义与职责。有效的土木工程防灾减灾措施可以综合应对灾害，减少灾害引发的不良后果。

图 10-2　房屋倒塌(汶川大地震)

随着社会文明与时代的发展，土木工程的防灾减灾不再是单一、被动、简单的在灾害发生后采取抢险救灾措施。土木工程防灾减灾是综合防灾减灾的重要内容和最有效的对策和措施，其主要内容包括：①土木工程规划性防灾；②工程性防灾；③工程性抗灾；④工程性减灾；⑤工程结构在灾后的检测与加固。防灾减灾的内涵包括灾前的防灾、灾发时抗灾及灾后的救灾，即防、抗、救，具体的土木工程防灾减灾对策如图 10-3 所示。防灾减灾有主动与被动之分，主动减灾是指在灾前制订预防性方案或采取预防性措施，而被动救灾是指灾害一旦发生尽量采取减少损失的行为。

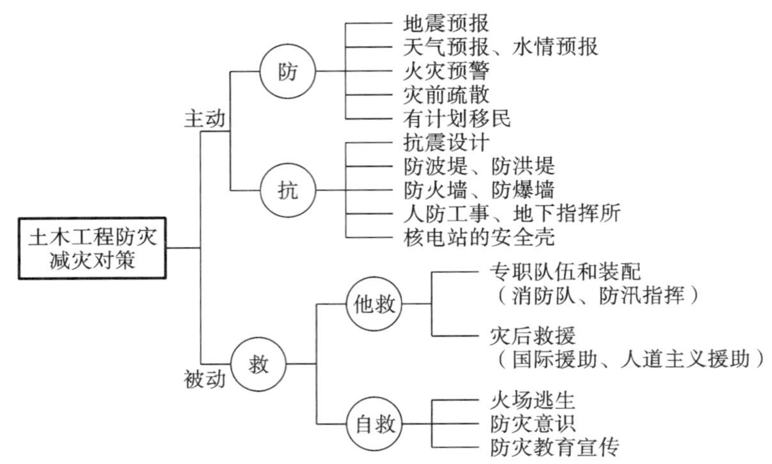

图 10-3　土木工程防灾减灾对策

在主动对抗灾害和被动救助中，土木工程显示了巨大的作用。土木工程在应对多种灾害时采取的有效措施如图 10-4 所示，这些有效措施显示了土木工程在应对灾害时的主动性与不可替代性。

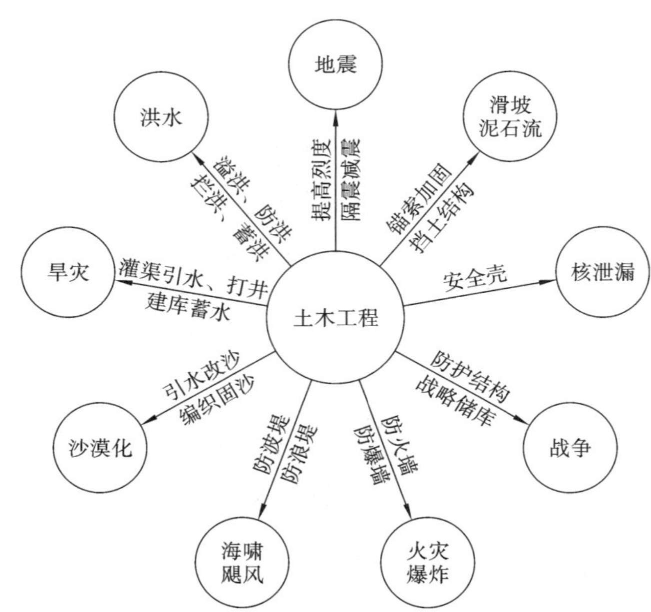

图 10-4　土木工程在防灾减灾中的重大作用

对地震，可以通过采取提高设防烈度、设置剪力墙，甚至采取隔震减震措施来进行抗震设计，而抗震救助则可以通过架设临时桥梁、临时码头、抛石填坑进行。在对抗滑坡泥石流中，除了修筑坡顶导水沟渠，还可采取锚索、锚杆加固，建设挡土结构来降低灾害的影响。对于核泄漏问题，可以在事先就设计好反应堆，考虑足以防辐射的重力混凝土，并在反应堆外部再加设一个足够强度的安全壳等，即使是人为灾害中最残酷的战争，也可以事先构筑人防坑道、地下掩蔽所和地下指挥所等。对火灾爆炸问题，可以设置防火墙、防爆墙和防火防爆帷幕，规定防火防爆距离。可以通过筑堤、修筑溢洪、泄洪建筑物等方式应对水灾灾害；旱灾则可以通过修筑水渠引水、蓄水等应对。

10.3　中国地质灾害概况与土木工程结构灾后检测鉴定及加固

我国灾害的总体特点是：灾害发生的频率大、种类多、危害大。中国地质灾害是指中国在自然或者人为因素的作用下形成的，对人类生命财产造成损失、对环境造成破坏的地质作用或地质现象。我国地质灾害种类繁多，除了地震，还有崩塌、滑坡、泥石流、地面塌陷、地面沉降、地裂缝、海水侵入等，这些灾害分布广泛、活动频繁、危害严重。按致灾地质作用的性质和发生场所进行划分，常见地质灾害共有 12 类、48 种，如表 10-2 所示。地质灾害的发育分布及其危害程度与地质环境背景条件（包括地形地貌、地质构造格局和新构造运动的强度与方式，岩土体工程地质类型、水文地质条件等）、气象水文及植被条件、人类经济工程活动及其强度等有着极为密切的关系。

表 10-2　我国地质灾害类型分类概况

常见地质灾害种类	地质灾害典型代表
地壳活动灾害	地震、火山喷发、断层错动
斜坡岩土体运动灾害	崩塌、滑坡、泥石流
地面变形灾害	地面塌陷、地面沉降、地面开裂、地裂缝
矿山与地下工程灾害	煤层自燃、洞井塌方、冒顶、偏帮、鼓底、岩爆、高温、突水、瓦斯爆炸
城市地质灾害	建筑地基与基坑变形、垃圾堆积
河、湖、水库灾害	塌岸、淤积、渗漏、浸没、溃堤
海岸带灾害	海平面升降、海水入侵、海岸侵蚀、海港淤积、风暴潮
海洋地质灾害	水下滑坡、潮流沙坝、浅层气害
特殊岩土灾害	黄土湿陷、膨胀土胀缩、冻土冻融、砂土液化、淤泥触变
土地退化灾害	水土流失、土地沙漠化、盐碱化、潜育化、沼泽化
水土污染与地球化学异常灾害	地下水质污染、农田土地污染、地方病
水源枯竭灾害	河水漏失、泉水干涸、地下含水层疏干（地下水位超常下降）

中国地处环太平洋构造带和喜马拉雅构造带交汇部位，太平洋板块的俯冲和印度板块向北对亚洲板块的碰撞使中国大陆承受着最主要的地球动力作用。在印度板块与亚洲板块的碰撞边界上产生了世界上最高的喜马拉雅山脉，并使青藏高原受压隆起，东部因太平洋板块俯冲造成了华北、东北地壳向东拉张，形成华北和松辽沉降大平原。这两种活动构造带汇聚和西升东降的地势反差，不仅形成了中国大地构造和地形的基本轮廓，同时也是形成我国地质灾害种类繁多的根本原因。从“成灾”的角度看，中国地质灾害的区域变化具有比较明显的方向性，即从西向东、从北向南、从内陆到沿海地质灾害趋于严重。这是因为虽然不同类型、不同规模的地质灾害几乎覆盖了中国大陆

的所有区域,但由于人类活动和社会经济条件的差异,不同地区地质灾害的发育程度和破坏程度显著不同。

我国的经济建设活动正在由东向西、由南向北、由沿海向内地深入展开,西部大开发战略已经起步。一旦进行大规模经济开发,必然会出现严重的地质灾害威胁,必须引起高度重视,也就是要处理好“发展经济与保护地质环境”的关系。

总而言之,由于自然地理、地质环境和人类活动的差异,不同地区地质灾害的类型、组合特征和发育、危害程度各不相同,具有较明显的地域特征和区域变化规律。今后随着全球环境的变化和我国经济建设的大规模发展,我国大部分地区地质灾害的发育程度和破坏程度可能将不断增强。因此,地质灾害的勘察、研究以及防治工作对于我国有着特别重大的意义。

土木工程灾害发生后需要快速制订有效的事故处理方案,方案制订的重要依据则是根据对灾后结构或构件进行检测与鉴定,这主要涉及灾害材料学、灾害检测鉴定学、灾害修复和加固等领域。在土木工程结构的灾后检测加固研究中,首先要关注的是结构使用材料的灾后受力性能,评估其材料在受灾后的强度、刚度等力学性能指标,并同时使用各种方法对工程结构进行检测鉴定。在进行加固时必须对原有结构的受力性能进行评估,加固所使用的新材料、新工艺、新方法必须经过多方论证与试验。未来土木工程防灾减灾将结合计算机辅助设计(CAD)、土木工程结构的力学分析与计算(如目前在土木工程结构的力学分析与计算中应用较广泛的商业软件有北京大学研制的 SAP 软件,大连理工大学研制的 JIFEX 软件,美国的 ABAQUS、ANSYS、NASTRAN 软件等)、计算机辅助设计与专家系统、结构试验模拟、计算机仿真等领域进行。在土木工程防灾减灾中,通过计算机仿真可以对工程事故进行反演分析,以便查寻事故原因,如核电站、海洋平台等大型构件,一旦发生事故,其后果不堪设想,但又不能做原型试验来重演事故,此时利用计算机可以进行反演,从而确切地分析事故原因;此外,通过计算机还可对施工过程进行模拟仿真,从而在屏幕上将超高层建筑、大坝、桥梁施工的全过程预演出来,同时施工中可能发生的风险、技术难点及许多未考虑到的问题都可以形象且逼真地暴露出来,以便制订相应的应对措施,严格把控施工质量、进度与投资。

课后习题

1. 什么是灾害?常见的土木工程灾害有哪些?
2. 土木工程防灾减灾的意义是什么?都有哪些防灾减灾措施?
3. 我国地质灾害的类型与特点是什么?
4. 未来土木工程防灾减灾主要侧重于结合哪些领域?

第 11 章　土木工程新技术及节能减排

11.1　数智赋能新技术

随着当今科技的飞速发展，以云计算、大数据、人工智能等为代表的新兴技术正以前所未有的速度在各个领域渗透和应用，土木工程行业也不例外，正经历着一场深刻的数字化与智能化变革。在过去，传统的土木工程方法往往依赖于人工经验和相对简单的工具，在项目管理、设计精度、施工效率以及运维质量等方面都存在一定的局限性。而如今，建筑信息模型(BIM)、物联网(IoT)、人工智能(AI)、大数据分析、虚拟现实(VR)、增强现实(AR)以及数字孪生技术等一系列新兴技术的广泛应用，正在逐渐替代传统的土木工程方法，为行业带来了全新的发展机遇和变革动力。通过这些数智化技术的赋能，土木工程的项目管理、设计、施工、运维等各个环节都得到了全方位、多层次的显著提升，不仅使得建筑项目的效率和质量得到了质的飞跃，还为整个行业的可持续发展奠定了坚实的基础，开启了土木工程行业智能化、高效化、绿色化的新时代。

11.1.1　建筑信息模型技术

1. 技术简介

建筑信息模型(BIM)技术是一种基于数字化工具的先进技术，它通过利用专业的软件和算法，创建出建筑物的三维虚拟模型，该模型涵盖了建筑的各个方面，包括建筑的外观造型、内部空间布局、结构体系、机电设备安装等详细信息，是一个高度集成化和可视化的数字模型。BIM 不仅仅是一个简单的三维模型展示工具，更重要的是，它是一个集成了各类丰富信息的数据库，这些信息贯穿建筑项目的全生命周期，从项目的最初规划设计到施工建设，再到后期的运维管理，都能为各个参与方提供全面、准确的数据支持。BIM 技术的核心优势在于其强大的共享和协同工作能力，通过搭建一个统一的平台，设计团队、施工团队以及运营团队等各个相关方可以在同一个模型上进行实时的沟通、协作和信息共享，从而有效地避免了信息在传递过程中的丢失、误解或不一致等问题，实现了项目全过程的高效协同管理。与传统的二维图纸相比，BIM 技术所提供的三维虚拟模型具有更加精确的信息和更直观的可视化效果，能够让项目参与者更加清晰地理解建筑的设计意图和空间关系，为项目的顺利推进提供了有力保障。

BIM 的优势主要体现在以下几个方面。

(1)数据集成与共享。在传统的土木工程项目中，不同专业的设计团队和施工团队往往各自为政，使用不同的软件和工具，导致信息难以共享和协同。而 BIM 技术为项目团队提供了一个统一的共享平台，所有参与方都可以在这个平台上获取和更新项目的相关信息。例如，建筑设计师可以在模型中详细标注建筑的尺寸、材料等信息，结构工程师可以在此基础上进行结构设计，并将结构信息反馈到模型中，机电工程师也可以根据模型进行设备的选型和布置。通过这种方式，各个专业之间的信息能够实时共享和交互，避免了因信息不畅通而导致的误解和错误，提高了项目的协同效率。

(2)减少冲突与错误。在建筑设计和施工过程中，不同专业之间的冲突是一个常见的问题，如结构与建筑的空间冲突、机电设备与结构的碰撞等。BIM技术能够在施工前通过其强大的碰撞检测功能，对设计模型进行全面的检查，提前发现设计和工程中的冲突，并及时进行调整和优化。例如，在一个大型商业建筑项目中，通过BIM的碰撞检测，发现了空调风管与消防管道在空间上存在交叉冲突，如果在施工过程中才发现这个问题，将会导致大量的返工和延误。而BIM技术提前解决了这个问题，避免了不必要的损失，确保了施工的顺利进行。

(3)高效的资源管理。BIM技术可以对项目的资源进行精确的计算和管理，包括材料的用量、设备的需求以及人力资源的配置等。通过对项目的详细建模和分析，BIM可以准确地计算出每个施工阶段所需的材料数量和种类，帮助项目团队合理采购和调配材料，避免材料的浪费和积压。同时，BIM还可以根据施工进度和资源需求，合理安排施工设备和人员，提高设备的利用率和人员的工作效率，实现资源的优化配置。

2.技术应用

(1)设计阶段的应用。BIM技术在设计阶段发挥着至关重要的作用，它能够在项目的初期阶段就为设计团队提供一个协同工作的平台，促进各个专业之间的沟通和协作，从而优化设计方案。通过BIM软件，设计师可以轻松创建出建筑的3D模型，在这个虚拟的三维空间中，设计师能够更加直观地了解建筑的空间结构、设备布局及其相互关系，发现设计中存在的问题并及时进行调整。例如，在设计一个医院建筑时，通过BIM模型可以清晰地看到各个科室之间的空间布局是否合理，医疗设备的放置位置是否便于使用和维护等。在这个过程中，BIM技术可以大幅减少设计错误和重新设计的需要，节省了大量的时间和成本，提高了设计质量和效率。

(2)施工阶段的应用。BIM技术在施工过程中的应用主要体现在协调各方和进行精确的施工模拟方面。在施工前，项目团队可以利用BIM技术对施工全过程进行模拟，包括材料的运输和堆放、施工顺序的安排、施工设备的调配等。通过施工模拟，可以预测施工中可能出现的潜在问题，如施工空间不足、施工顺序冲突等，并提前制定相应的解决方案。例如，在一个高层建筑的施工中，通过BIM模拟发现，按照原计划进行混凝土浇筑时，塔吊的吊运半径无法覆盖到所有的浇筑点，需要对塔吊的位置和施工顺序进行调整。项目经理根据模拟结果及时调整了计划，确保了工程按时完成，避免了因设计和资源问题造成的施工延误。

(3)运维阶段的应用。BIM技术不仅在施工过程中发挥着重要作用，在建筑物竣工后的运维阶段也具有不可替代的意义。建筑物的设施管理者可以利用BIM技术进行设备维护、能源管理、空间管理等多项任务。例如，通过BIM系统与建筑设备的连接，可以实时获取建筑的中央空调、照明系统等设备的运行数据，如设备的运行状态、能耗情况等。当设备出现故障或能耗异常时，BIM系统可以提前预警，提醒管理人员及时进行维护和处理，从而延长设备的使用寿命，降低运维成本。同时，BIM技术还可以帮助管理人员对建筑空间进行合理的规划和管理，提高空间的利用率。

11.1.2 物联网与传感技术

1.技术简介

物联网(IoT)技术是一种将各类传感器、智能设备和建筑物的控制系统通过互联网进行连接的技术，它实现了设备与设备之间、设备与网络之间的互联互通，使得这些设备能够实时监测和传输建筑物、设备、环境等方面的信息。在土木工程领域，物联网技术的应用主要体现在通过各种传感器对施工现场及建筑物内部的物理量进行实时采集和监测，如温度、湿度、压力、位移、加速度等，并将这些数据通过网络传输到远程的监控中心或云平台。工程管理者可以通过这些实时反馈的数据，及时了解施工现场和建筑物的状态，为决策和问题预警提供可靠的数据支持。传感技术作为物联网的核心组成部分，其种类繁多，包括温度传感器、湿度传感器、压力传感器、位移传感器、加速度传感器等，这些传感器能够将物理世界中的各种非电量信号转换为电信号，以便于进行数据采集和传输。通过物联网与传感技术的结合，土木工程实现了从传统的人工监测和管理向智能化、自动化监测和管理的转变，大大提高了工程的安全性、质量和效率。

2. 技术应用

（1）工程施工运维。

①设备实时监控与管理。在建筑施工过程中，施工现场通常会配备大量的机械设备和运输工具，如塔吊、升降机、混凝土搅拌机等，这些设备的正常运行对于工程的进度和质量至关重要。通过在这些设备上安装传感器，如振动传感器、温度传感器、电流传感器等，可以实时监测设备的运行状态，包括设备的转速、温度、电流、电压等参数，并将这些数据实时传输到监控中心。管理人员可以通过监控中心的软件平台，实时查看设备的运行数据，及时发现设备是否存在故障、是否需要维护等问题，并及时采取相应的措施，确保设备的正常运行，避免因设备故障而导致的施工延误和安全事故。

②现场资源管理。物联网技术还可以在施工现场的资源管理方面发挥重要作用。例如，通过在建筑材料上安装射频识别（RFID）标签或传感器，可以实时监测建筑材料的存放位置、数量和使用情况。当材料的库存不足时，系统会自动发出预警，提醒管理人员及时采购补充；当材料的使用出现异常时，如某一种材料的消耗量过大，系统也会及时发现并提示管理人员进行检查，避免材料的浪费和缺失，确保施工材料的及时供应和合理使用，从而降低工程成本。

（2）工程环境监测与风险控制。

①环境参数监测。在土木工程的施工过程中，环境因素对工程的质量和安全有着重要的影响。通过在施工现场安装各种环境传感器，如空气质量传感器、噪声传感器、土壤湿度传感器等，可以实时监测施工现场的空气质量、噪声水平、土壤变化等环境参数。例如，在城市中心的建筑施工中，通过噪声传感器实时监测施工噪声，当噪声超过规定的限值时，系统会自动发出警报，提醒施工人员采取降噪措施，避免对周围居民的生活造成影响；在土方工程施工中，土壤湿度传感器可以实时监测土壤的湿度变化，当土壤湿度过高可能导致滑坡等安全事故时，系统能够及时发出警报，提醒管理人员采取必要的预防措施，如停止土方开挖、加强边坡支护等。

②地理环境安全风险监测。对于一些处于特殊地理环境中的土木工程，如地震高风险区域、山体滑坡易发区域等，物联网技术可以发挥重要的安全风险监测作用。例如，在地震高风险区域建设时，可以在建筑物的关键部位布设震动传感器，实时监测建筑结构在地震作用下的安全性，当监测到的震动超过一定阈值时，系统会提前发出警报，并自动启动应急处理程序，如切断电源、打开消防通道等，为人员疏散和救援争取时间，减少地震灾害对建筑物和人员的危害。

③工程健康监测。在建筑物竣工后，尤其是对于桥梁、隧道、大坝等重要的基础设施，其结构的健康状况直接关系到人民群众的生命、财产安全。通过在建筑结构中埋设有线或无线传感器，如应变片、光纤传感器、压电传感器等，可以实时获取建筑物的温湿度、应力、变形等数据。这些数据可以通过网络传输到远程的监测中心，设施管理人员可以通过专业的软件对这些数据进行分析和处理，及时发现潜在的安全隐患，如结构的裂缝、变形过大等问题，并及时进行修复和加固，防止更严重的损坏发生，延长建筑物的使用寿命，保障其安全运行。

11.1.3　人工智能与大数据分析技术

1. 技术简介

人工智能（AI）和大数据分析技术是当今信息技术领域的两大核心技术，它们在土木工程领域的应用正逐渐改变着行业的发展模式和管理方式。人工智能主要通过深度学习、自然语言处理、计算机视觉等技术，模拟人类的认知能力和思维方式，自动完成某些复杂的任务，如图像识别、语音识别、智能决策等。大数据分析则是通过对海量数据的采集、存储、管理和分析，揭示数据中潜在的趋势和规律，为决策提供科学依据。在土木工程中，AI与大数据分析技术的结合，能够对建筑项目从设计到运维的各个环节产生的大量数据进行深度挖掘和分析，提取出有价值的信息，从而提升设计、施工、质量控制等各个环节的效率和准确性，实现土木工程的智能化管理和决策。

2. 技术应用

（1）设计与规划。

①优化设计方案。AI和大数据分析可以帮助工程师在设计阶段做出更优的决策。通过对大量历史项目的数据进行分析和学习，AI可以自动提取出不同设计方案的优缺点，并根据当前项目的需求和约束条件，自动优化设计方案。例如，在设计一座桥梁时，AI可以根据以往类似桥梁的设计和施工数据，分析不同结构形式、材料选型、跨度布置等因素对桥梁性能和成本的影响，从而为当前桥梁设计提供最佳的设计方案，提高结构的安全性和经济性。

②环境适应性模拟。AI技术还可以结合环境数据、地质数据、气候条件等多源数据进行模拟，预测建筑物在不同条件下的表现，从而优化规划设计。例如，在设计一个沿海地区的高层建筑时，AI可以根据该地区的气象数据、海洋环境数据等，模拟台风、海浪等极端气候条件下建筑物的受力情况和稳定性，从而对建筑的结构设计和外形设计进行优化，提高建筑物的抗风、抗震和抗腐蚀能力。

（2）施工管理。

①自动化项目调度与资源配置。在施工管理过程中，AI技术可以利用其强大的计算能力和优化算法，自动化地进行项目调度、资源配置、进度监控等任务。通过对施工进度计划、资源需求计划和实际施工进度的实时监测和分析，AI可以自动调整施工计划和资源分配方案，确保施工进度的顺利进行。例如，在一个大型建筑工程项目中，AI可以根据不同施工阶段的任务量和资源需求，自动调配施工人员、机械设备和建筑材料，提高资源的利用率和施工效率，避免资源的闲置和浪费。

②问题预测与应对。大数据分析则可以帮助项目经理评估工程进展，实时调整施工计划，避免工期延误。通过对历史施工数据的分析，AI还能够预测施工过程中可能出现的问题，如天气变化对施工进度的影响、施工安全事故的发生概率等，并提出相应的应对方案。例如，根据历史气象数据和施工进度数据，AI可以预测出未来一段时间内可能出现的降雨天气，并提前调整施工计划，安排室内作业或采取防雨措施，减少天气因素对施工进度的影响。

（3）维护与监测。

设施管理与健康监测：AI和大数据在建筑运维中的应用主要体现在设施管理与健康监测方面。通过持续分析建筑物的传感器数据，AI能够判断出哪些设备需要维护、哪些设施存在潜在问题，并提出预防性维护建议。例如，通过对建筑设备的运行数据进行分析，AI可以建立设备故障预测模型，根据设备的当前运行状态和历史运行数据，预测设备故障的发生时间和概率，从而提前安排维护，减少停工时间和维修成本。同时，AI还可以对建筑物的结构健康状况进行监测和评估，及时发现结构的安全隐患，如裂缝、变形等问题，并及时通知管理人员进行修复。

（4）质量控制。

施工偏差检测：在施工质量控制中，AI和大数据分析能够通过计算机视觉和图像处理技术自动识别施工中的问题。比如，通过在施工现场安装摄像头，利用AI技术对施工图像进行分析，自动检测出施工过程中的偏差，如钢筋绑扎不符合标准、墙体尺寸偏差、混凝土浇筑质量缺陷等问题，并及时发出警报，提醒施工人员进行纠正，从而在施工过程中及时解决质量问题，避免质量问题的积累和恶化，提高施工质量的稳定性和可靠性。

11.1.4　虚拟现实与增强现实技术

1. 技术简介

虚拟现实（VR）和增强现实（AR）技术是两种具有沉浸式体验的先进技术，它们通过计算机生成虚拟环境和增强现实场景，为用户提供了一种全新的交互方式和视觉体验。虚拟现实（VR）技术利用计算机图形学、传感器技术和人机交互技术等，创建出一个完全虚拟的三维环境，用户可以通过佩戴 VR 头盔或其他设备，完全沉浸在这个虚拟环境中，与虚拟场景进行互动。增强现实（AR）技术则是将虚拟图像或信息叠加在真实世界中，通过手机、平板电脑、智能眼镜等设备，为用户提供交互式的实时信息。在土木工程领域，VR 和 AR 技术的应用为工程团队和客户提供了更加直观、便捷的沟通和协作方式，帮助他们更好地理解设计方案、施工过程及其复杂性，从而提高工作效率和决策质量。

2. 技术应用

（1）设计可视化。通过虚拟现实技术，设计团队可以创建出一个高度逼真的虚拟建筑模型，设计师和客户可以通过佩戴 VR 头盔进入这个虚拟模型中，仿佛身临其境般地查看设计效果。在这个虚拟环境中，用户可以自由地在建筑内部和外部进行走动、观察，从不同的角度和位置查看建筑的外观造型、空间布局、装修效果等，还可以对建筑的颜色、材质、灯光等进行实时调整，从而获得更加直观的视觉体验和反馈。对于客户而言，VR 技术能够让他们在建筑设计尚未完成时，就能提前“走进”建筑内部，感受空间布局与设计效果，及时发现设计中存在的问题并提出修改意见，避免了后期因设计变更而带来的成本增加和工期延误。

（2）施工指导。AR 技术在施工现场为施工人员带来了极大的便利，它能够提供实时的、基于位置的信息。当施工人员佩戴上 AR 设备，如智能眼镜或手持移动设备开启 AR 功能后，他们眼前的真实施工现场就会叠加呈现出相关的虚拟信息。这些信息涵盖施工步骤的详细演示，让施工新手也能迅速了解每一个环节的操作要点；明确的材料要求，包括当前施工部位所需材料的规格、型号、数量等，避免拿错材料造成施工延误；精准的操作指引，比如焊接的角度、拧螺丝的力度等，全方位助力施工人员精准施工，有效避免人为错误和遗漏，大大提高施工效率与质量。

（3）培训与模拟。VR 技术在施工安全培训方面展现出独特优势。新员工无须亲临危险的真实施工现场，就能在虚拟环境中模拟各类真实的施工场景，如高空作业、动火施工、隧道挖掘等。在这些虚拟场景里，新员工可以反复练习应急操作技能，例如面对突发火灾时如何正确使用灭火器、在高处失足时怎样迅速抓住安全绳自救等。通过这种沉浸式的培训方式，新员工能够提前熟悉施工中的潜在风险，掌握应对技巧，尽可能降低在实际工作中遭遇事故的概率，为施工安全筑牢防线。

11.1.5　数字孪生技术

1. 技术简介

数字孪生技术作为一种融合多学科前沿技术的创新应用，通过在物理设施上广泛部署传感器，精准采集各类实时数据，结合先进的数据采集系统与精细的虚拟建模技术，创建出物理设施在数字世界中的精准数字化副本。这个数字孪生体不仅拥有与物理实体高度相似的外观形态，更关键的是能够实时、动态地反映物理设施的运行状态，无论是微小的性能波动，还是突发的故障隐患，都能在数字空间中同步呈现。它凭借强大的模拟和分析能力，深入探究实际系统的行为模式，为运营管理和决策制定源源不断地提供翔实、可靠的数据支撑。而且，数字孪生技术的应用范畴极为广泛，不仅在建筑物的全生命周期管理中扮演核心角色，还深度赋能桥梁、隧道、道路等各类土木工程项目，助力它们实现智能化维护与持续优化。

2. 技术应用

(1)规划与设计阶段的应用。在项目的规划与设计初始阶段，数字孪生技术依托其卓越的虚拟建模能力，能够构建出极为精确的工程项目模型，将设计理念从抽象概念具象化为可视、可交互的数字实体。设计师得以借助这些数字孪生模型，全方位开展可行性分析，细致权衡不同设计方案在资源投入、施工难度、环境影响等诸多方面的利弊得失；精心优化资源配置，确保人力、物力、财力的高效利用；精准模拟施工进度，提前预判潜在的工期延误风险点。如此一来，设计方案得以反复打磨，更加科学合理，为项目的顺利启动奠定坚实基础。

(2)施工阶段的应用。步入施工阶段，数字孪生技术与现场实时采集的数据紧密结合，犹如为项目团队装上了“千里眼”和“顺风耳”，能够实时、精准地监测施工进度，细致入微地把控施工质量，全方位筑牢施工安全防线。一旦现场出现施工进度滞后、质量瑕疵或安全隐患，数字孪生系统便能迅速察觉并发出预警，辅助项目团队第一时间找准问题根源，及时调整施工策略。同时，它还具备根据现场动态变化实时更新施工方案的强大能力，确保施工进程始终沿着预定轨道稳步推进，保障项目按时、保质、保量竣工。

(3)运维阶段的应用。当建筑物正式投入使用，进入运维阶段后，数字孪生技术更是成为设施管理者的得力助手。它持续不断地采集设备运行数据、建筑物整体状态信息以及周边环境条件变化等海量数据，通过深度分析挖掘，为运维决策提供精确到细节的有力支持。数字孪生技术能提前洞察潜在问题，如设备老化趋势、结构疲劳损伤迹象等，及时安排预防性维护，避免故障突发造成的运营中断；还能优化设施管理流程，合理调配维护资源，最大限度地降低运维成本，延长建筑设施的使用寿命，保障其长期稳定、高效运行。

11.2 先进建造新技术

先进建造新技术是指运用创新的方法、工艺和设备，全面提升建筑项目从设计构思到工程维护各个环节的效率、质量以及可持续性的一系列技术手段。它贯穿建筑项目的全生命周期，涉及建筑设计的创新理念、构件生产的高效精准、施工管理的科学优化以及工程维护的智能便捷等多个领域。在当今时代，智能化、自动化、数字化技术的蓬勃发展为建筑行业带来了新的机遇与挑战，促使建筑行业不断朝着高效、绿色、节能和可持续的方向大步迈进。

在这些先进技术中，装配式建筑与模块化施工技术以其高效的生产和组装模式，使建筑施工过程更加便捷、快速；3D打印技术则凭借其独特的增材制造原理，为建筑设计和建造带来了全新的创造性可能，打破了传统建筑设计和施工的诸多限制；机器人与自动化技术的应用，实现了施工现场的高度机械化和智能化，大大提高了施工效率和质量；而无人化施工技术的兴起，进一步减少了人工操作，在提升施工安全性的同时，也显著提高了作业效率，为建筑行业的发展开辟了新的路径。

11.2.1 装配式建筑与模块化施工

1. 技术简介

装配式建筑和模块化施工是一种现代化的建筑施工技术，其核心在于在工厂的标准化环境下预制建筑构件或整个建筑单元，随后将这些预制构件运输到施工现场进行快速组装。这一技术的实现主要依赖于集成化的设计、生产和管理手段，通过各环节的紧密协作和优化，有效降低了现场施工的复杂程度，大幅缩短了施工工期，显著提升了建筑质量，同时提高了各类资源的利用效率，实现了建筑施工的工业化和标准化。

(1)装配式建筑。装配式建筑侧重于建筑部品的预制、运输与现场拼装，涵盖了墙体、楼板、屋顶等多个关键建筑构件的预制生产。相较于传统的现场"现浇"工艺，装配式建筑在工厂内进行构件生产时，能够借助先进的生产设备和精准的生产工艺，实现构件的高精度制造。这不仅可以显著加快建筑工地的施工进度，减少因现场施工操作带来的各种错误，还能确保每个构件的质量保持高度一致。此外，由于大部分构件在工厂预制，施工现场的湿作业大幅减少，从而有效降低了施工噪声和尘土污染，极大地减轻了对周围环境的影响，体现了绿色施工的理念(图 11-1)。

(a) 传统施工现场

(b) 装配施工现场

图 11-1　传统施工现场与装配施工现场对比

(2)集成化设计。集成化设计是一种跨学科、跨专业的综合性设计模式，它将建筑、结构、机电、设备等各个专业领域的设计工作进行有机整合。在设计过程中，借助 BIM(建筑信息模型)等先进的数字化工具，设计师可以对建筑项目进行全方位的数字化建模和分析。通过 BIM 模型，各个专业的设计人员能够实时协同工作，及时发现和解决设计中的冲突和问题，确保在设计阶段就能够精准控制每个环节的协调性。这种集成化设计模式不仅显著提升了设计质量和效率，还能够为装配式建筑的构件生产和现场组装提供精确的设计数据和工艺参数，为整个项目的顺利实施奠定坚实的基础。

(3)集成管理。集成管理是指在整个建筑项目的全生命周期中，充分利用信息化手段对所有施工环节和各类资源进行集中管理和协调。通过建立统一的信息化管理平台，管理人员可以实时获取项目的各类信息，包括进度、质量、成本、安全等方面的数据。基于这些实时数据，管理人员能够对项目进行全面的监控和分析，提前识别潜在的问题和风险，并及时采取有效的措施进行解决。集成管理的实施能够优化建筑项目的生产组织、施工进度安排、成本控制、质量控制等各个方面的关键因素，实现项目的高效运作和精细化管理。基于 BIM 技术的装配式建筑项目集成管理模型如图 11-2 所示。

2. 技术应用

装配式建筑和模块化施工的技术已经在建筑行业的多个领域和生产环节得到了广泛而深入的推广，为建筑施工带来了全新的变革和提升。

(1)智能工厂。智能工厂即是实施全流程智能化改造，将智能传感器技术、工业无线传感网技术、国际开放现场总线和控制网络的有线/无线异构智能集成技术、信息融合与智能处理技术等融入生产的各环节，并与现有的企业信息化技术融合，实现复杂工业现场的数据采集、过程监控、设备运维与诊断、产品质量跟踪追溯、优化排产与在线调度、用能优化及污染源实时监测等。

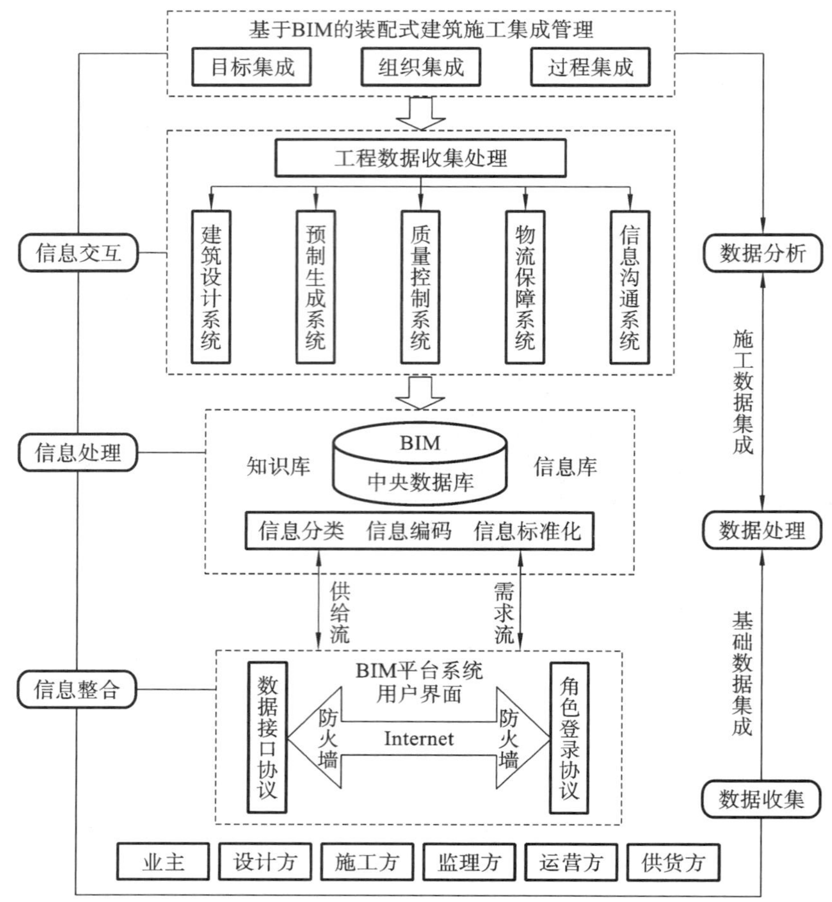

图 11-2 基于 BIM 技术的装配式建筑项目集成管理模型

智能工厂作为装配式建筑生产过程的集成化关键支撑，借助数字化与自动化技术，实现了建筑构件的高效生产，极大提升了建筑行业的生产效率和质量水平。

数字化工厂以全寿命周期的数据为基础，利用计算机技术对整个生产过程进行仿真、评估和优化，加强整个产品生产过程的信息管理服务，从而提高生产过程可控性，减少生产线人工干预，合理计划排程。建立数字化制造平台可以实现设计数字化、生产装配数字化、管理数字化，实现各子系统无缝对接。通过生产管理系统和装备控制系统的互联互通，实现构件生产线、物流系统的全自动化，最终实现模块化施工。

(2)钢筋流水生产线。从钢筋的自动下料，到精确的弯曲成型，再到高效的焊接工序，整个过程无须大量人工干预。先进的数控设备能够根据预设程序，精确控制钢筋的加工尺寸和形状，确保每一根钢筋都符合设计要求。在大型建筑项目中，需要大量不同规格和形状的钢筋构件，通过钢筋加工生产线实现钢筋的自动上料、剪切和弯曲；通过预应力管道定位网生产设备实现钢筋的自动剪切、摆放和焊接；通过钢筋无人驾驶运输设备实现钢筋的自动驾驶定位运输和安全预警。钢筋智能流水生产线生产过程如图 11-3 所示。

①模板制作线。配备模板自动打磨喷涂系统，实现在 30 分钟内完成打磨、脱模剂喷涂自动化作业；采用内模自动走行系统，具备一键操控连续走行、点动走行等功能，定位精准度高；安装液压端模脱模系统，采用液压顶升脱模，有效降低锚穴破损。

图 11-3　钢筋智能流水生产线

②混凝土浇筑线。混凝土工程智能化装备主要包括混凝土智能浇筑系统(图 11-4)和全方位自动喷淋雾化养护系统。混凝土智能浇筑系统可实现混凝土自动计量、智能布料,6 小时内完成 40 m 箱梁浇筑;全方位自动喷淋雾化养护系统可自动感应梁体温度及湿度,实现无人作业,高效养护。智能布料能够根据构件的形状、尺寸和混凝土配合比等参数,精确控制混凝土的浇筑位置和浇筑量,确保混凝土在模具内均匀分布,避免出现混凝土浇筑不密实、空洞等质量问题。

图 11-4　混凝土智能浇筑系统

③预应力张拉线。预应力工程主要配置智能凿毛切筋喷涂机器人和箱梁智能张拉一体台车。智能凿毛切筋喷涂机器人增加喷雾降尘装置,通过集成传感器实现自动行走、精准定位、自动喷涂,具备智能定位识别、分析和预警功能;箱梁智能张拉一体台车具备张拉作业同步率高、施加预应力精准、持荷时间可控、锚固应力精确的特点,数据自动采集、实时上传,如图 11-5 所示。

④智能养护系统。设置垂直独立单元蒸汽养护系统和智能喷淋养护系统。垂直独立单元蒸汽养护系统实时显示养护温度,能对温度、湿度进行独立自动控制,系统根据温度自动调节输气阀门,生成养护温度数据及温度曲线,实现管片养护智能化控制。智能喷淋养护系统布设自动感应探头和识别器,在手机端即可调节喷淋时间和喷淋间隔,智能管理平台自动计算各区域的养护时长,形成养护记录,实现无死角智能化养护。例如,对于高性能混凝土预制构件,智能养护系统可以精确控制温度在 20℃左右,湿度在 95%以上,如图 11-6 所示,确保混凝土强度能够稳定增长,达到设计要求。

图 11-5　预应力自动张拉过程

图 11-6　智能养护系统

11.2.2　3D 打印建造技术

1. 技术简介

建筑 3D 打印技术是一种新型的数字建造技术。从狭义的角度理解，它是增材制造（additive manufacturing，又称为“快速原型制造”）技术在建筑领域的分支，集成了计算机技术、数控技术、材料成型技术等，采用材料分层叠加的原理由计算机获取三维建筑模型的形状、尺寸信息，并对其进行一定的处理，按某一方向（通常为 Z 向）将模型分解成具有一定厚度、包含二维轮廓信息的层片文件，然后对层片文件进行检验或修正并生成数控程序，最后由数控系统控制机械装置按照指定路径将原材料排列聚合成层片，继而逐层累加形成建筑物或构筑物，可以被称为“增材建造（additive construction）”。从广义来讲，建筑 3D 打印技术还包括由机器人（或自动化设备）驱动的其他大单元尺度材料的空间累加建造。与传统的建筑模板现浇成型等技术不同，增材建造是一种“自下而上”的大尺度建筑构件生成方式，其不需要预先搭建复杂的模板系统，直接利用建筑物三维模型数据驱动一台设备可自动化地快速制造出任意复杂形状的建筑构件，实现“自由建造”。这种方式实现了许多传统方式难以建造的复杂结构构件的成型，同时极大简化了工序，缩短了施工周期，并且越是几何结构复杂的构件，其建造效率优势越明显。

（1）3D 打印材料分类。

3D 打印建造技术所使用的材料种类丰富多样，不同类型的材料适用于不同的建筑应用场景，主要包括以下几类。

①水泥基材料。水泥 3D 打印技术是目前建筑行业中应用较为广泛的一种 3D 打印技术，尤其在构建结构性墙体和建筑基础设施方面展现出了巨大的潜力。水泥基材料具有良好的力学性能、耐久性和经济性，通过 3D 打印技术可以实现复杂形状的墙体和结构构件的快速建造，同时还能保证结构的强度和稳定性。

②金属材料。在工业设施建设和一些对结构强度要求较高的建筑项目中，金属 3D 打印技术发挥着重要作用。金属材料具有高强度、高韧性等优良性能，通过 3D 打印可以制造出非常强韧的结构部件，如桥梁、钢铁构件等。金属 3D 打印技术不仅可以实现复杂结构的一体化制造，还能够根据具体的工程需求定制化生产，提高了金属结构件的性能和可靠性。

③复合材料。复合材料是由两种或两种以上不同性质的材料通过物理或化学方法复合而成的新型材料，如纤维增强混凝土、纳米复合材料、石墨烯增强复合材料。在 3D 打印建造技术中，复合材料通常用于提高建筑的力学性能，适用于打印承载性较强的结构件。通过合理选择不同的基体材料和增强材料，并优化复合工艺，可以制备出具有优异性能的 3D 打印复合材料，满足不同建筑结构对材料性能的要求。

(2)3D 打印装备。

3D 打印装备是实现建筑 3D 打印技术的核心工具，它整合了多种先进技术与部件，能够将建筑材料按照预设的设计方案逐层堆积，构建出复杂的建筑结构。常用的建筑 3D 打印装备类型包括龙门式、机械臂、桁架式、塔式，其中龙门式、机械臂、桁架式为最常用的设备。根据是否可移动，设备类型可分为移动式和固定式两种；根据应用场地，设备类型可分为现场打印和室内打印两种。

国家数字建造技术创新中心研发的龙门式打印装备如图 11-7 所示，更适合室内打印，安装之后不可移动。在打印尺度和定位精度方面，龙门式打印装备自重较大、灵活性较低，但其刚度大、定位精度极高，适用于大型结构的打印。

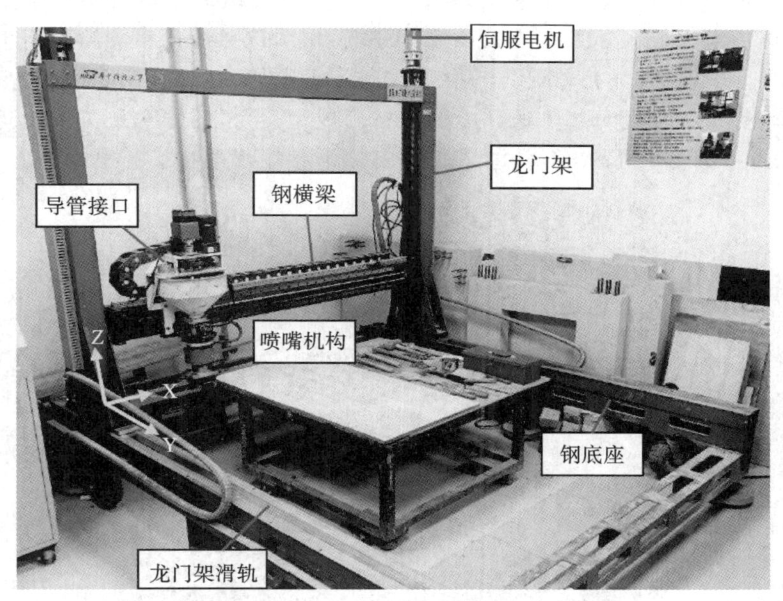

图 11-7　国家数字建造技术创新中心研发的龙门式打印装备

机械臂打印装备适用于现场或室内打印，如图 11-8 所示是一个大型工业机械臂的 3D 混凝土打印成型装备系统，多数情况下可以移动，少数情况须固定。机械臂打印装备由于灵活性高，适合小型结构的打印，也可增加导轨或定位机构实现大型结构的打印，定位精度较高。

桁架式打印装备适用于现场或室内打印，多数不可移动，少数可通过吊装重新设置基础进行安装。在打印尺度和定位精度方面，桁架式打印装备由于自身结构灵活，适用于超大型结构的打印，定位精度适中。

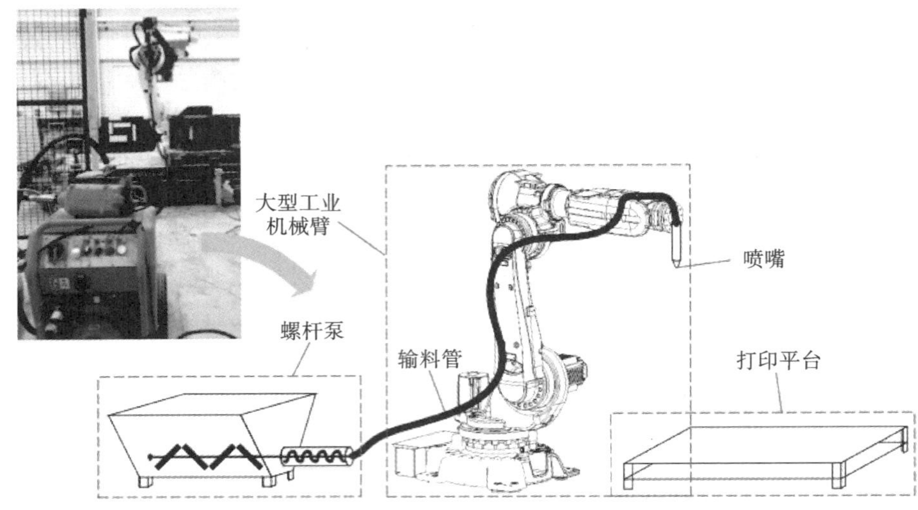

图 11-8　大型工业机械臂的 3D 混凝土打印成型装备系统

塔式打印装备更加适用于现场打印，通常自身不可移动，但可通过吊装进行移动。塔式打印装备由于受悬臂结构自重和挠度的限制，适用于中型结构的打印，定位精度低。

打印装配系统一般由机构运动子系统和物料挤出子系统组成。机构运动子系统由驱动装置、传动装置以及相关结构件组成。其本质上是数控系统，用于执行数控指令所要求的机构动作，完成既定的打印喷嘴的行走轨迹。物料挤出子系统由泵机、输料管和喷嘴(图 11-9)组成，用于将混凝土物料按照一定量不断地从泵机内部输送到喷嘴并挤出成型；泵机的输送压力要求连续平稳，故一般采用螺杆泵，喷嘴可以有多种形状和尺寸，常见的有圆形和矩形两种。

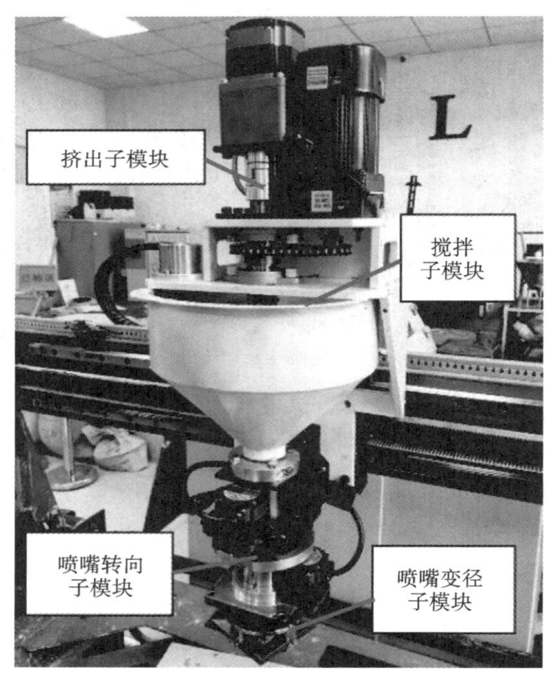

图 11-9　3D 打印机喷嘴

2. 技术应用

3D 打印建造技术在建筑领域的应用日益广泛，涵盖了建筑设计、施工建造以及后期维护等多个阶段，为建筑行业带来了诸多创新和变革。

在住宅建筑方面，湖北黄石新农房如图 11-10 所示，展现出 3D 打印技术在乡村建设中的创新实践。其主体采用装配式钢框架与 3D 打印混凝土技术相结合，预制件的高效连接使得主体结构施工迅速，而物业管理用房更是湖北省首栋 3D 打印的永久建筑，设计与建造流程简洁高效，短时间内即可完成一栋房屋的构建，为农村住宅建设提供了全新的模式与思路。

图 11-10　湖北黄石新农房

在桥梁建筑领域，清华大学徐卫国教授团队运用自主研发的机械臂 3D 打印混凝土技术，在上海宝山智慧湾建成目前规模最大的混凝土 3D 打印步行桥，如图 11-11 所示。该步行桥全长 26.3 m，宽 3.6 m，整体桥梁工程的打印用了两台机械臂 3D 打印系统，共用 450 小时打印完成全部混凝土构件；与同等规模的桥梁相比，它的造价只有普通桥梁造价的三分之二。该步行桥借助智能监测算法、高精度激光扫描和三维建模技术，确保了每个节段的打印精度与安装质量，有效提升了整体的建造效率与质量水平，为 3D 打印技术在桥梁建设中的推广应用奠定了坚实基础，也为未来桥梁建筑的创新设计与高效施工提供了新的范例与方向。

图 11-11　混凝土 3D 打印步行桥

3D混凝土打印也有着特殊的应用范围。可以利用3D混凝土打印装备自动化、建造速度快等特点，在太空、极地等极端环境下就地取材，建造新型建筑物或构筑物，帮助人类探索和拓展现有的生存空间。如图11-12所示，美国南加州大学的轮廓工艺被美国宇航局NASA采纳作为月球基地建造的一种方式。

图11-12　基于3D混凝土打印建造月球基地

11.2.3　机器人与自动化建造技术

1. 技术简介

机器人与自动化建造技术是指将机器人技术、自动化控制技术、信息技术等多种先进技术融合应用于建筑施工过程，实现建筑施工的自动化、智能化和高效化。其中，机器人作为核心执行单元，能够在无人干预或少量人工辅助下完成各种建筑施工任务，如砌砖、焊接、喷涂等；自动化控制技术则负责对机器人及相关施工设备进行精确控制和协调管理，确保施工过程的准确性和稳定性；信息技术如建筑信息模型、物联网、大数据等，为机器人与自动化建造提供了数据支持和决策依据，实现了施工过程的可视化、数字化和智能化管理。

自动化控制技术是实现机器人与自动化建造的关键支撑，在建筑领域，其主要应用于建筑设备运行管理、施工过程控制以及智能建筑系统等多个方面。造楼机是自动化控制技术的典型应用。在国外，日本的清水建设株式会社研发的SMART建造系统以及大林组株式会社研发的ABCS建造系统，都是面向高层钢筋混凝土结构或钢结构的典型的自爬升施工平台。近些年来，随着国内智能建造产业的推进，造楼机技术逐步规模化应用，国内各企业通过自研、模仿等方式加入造楼机业务。国内现阶段的造楼机有着不同的适用范围、运行速度、控制精度等，可以根据不同的实际情况进行选择。

2. 技术应用

机器人是机器人与自动化建造技术的核心执行部分，主要分为砌筑机器人、焊接机器人和喷涂机器人等。

(1)砌筑机器人。

砌筑机器人不仅能凭借持续稳定的工作状态大幅提高施工效率，以精准的操作提升施工质量，还可将工人从繁重的体力劳动中解放出来，缓解劳动力短缺状况，有力推动建筑行业向智能化、数字化转型升级，降低施工安全风险，并且促进材料高效利用与节能减排。

砌筑机器人如图 11-13 所示，其工作原理是通过机械臂和高精度视觉系统协同工作，实现砌块的自动抓取和精确砌筑。机械臂具备多个自由度，可以灵活地在三维空间内移动，根据视觉系统提供的位置信息，准确地抓取砌块并将其搬运到指定位置进行砌筑。视觉系统则负责对施工现场进行实时扫描，识别砌块的位置、形状和标记砌筑位置，为机械臂提供精确的操作指令。例如，在砌筑一堵砖墙时，视觉系统首先扫描墙面，确定起始位置和砌筑方向，然后机械臂根据指令抓取砌块，按照预定的灰缝厚度和砌筑方式将砌块准确地放置在墙面上，完成砌筑动作，如图 11-14 所示。

图 11-13　砌筑机器人

图 11-14　机械臂砌筑

(2)焊接机器人。

焊接机器人如图 11-15 所示，通过引入自动化解决方案，彻底改变了制造业的传统焊接工艺。这些机器人配备了先进的技术和功能，提高了焊接操作的效率、精度和安全性，在制造业中发挥着越来越重要的作用。焊接机器人是一种高度自动化的焊接设备，其工作原理主要基于计算机技术、传感器技术和焊接技术等多个领域的结合。焊接机器人通常由机器人本体、控制器、传感器、焊接装置等部分组成。在工作时，焊接机器人通过控制器进行编程和任务调度，利用传感器进行环境感知和定位，实现精确的焊接操作。焊接机器人的应用范围十分广泛，不仅应用于建筑业，也应用于造船业、轨道交通行业、压力容器行业、工程机械行业、航空航天行业、农业机械行业等。

图 11-15　焊接机器人

焊接机器人主要由执行部分、控制部分、动力源及传递部分、工艺保证部分组成。执行部分是其为完成焊接任务执行具体操作的机械结构，主要包括焊接机器人的机身、臂等。控制部分负责保证机械结构按所规定的程序和所要求的轨迹完成作业。动力源及传递部分是为执行部分提供和传递机械能的部件与装置。工艺保证部分主要包括机器人焊接电源、送气装置等。

在建筑行业中，焊接机器人的使用不仅提高了焊接质量，也提高了焊接效率，与以往的手工焊接相比极大地减轻了人工作业的强度。在钢结构建筑中，焊接机器人主要用于梁、柱等主要承重构件的焊接。例如，在超高层建筑的钢结构框架焊接中，焊接机器人可以高效地对巨型钢柱和钢梁进行焊接。这些钢构件通常具有较大的尺寸和厚度，对焊接质量和精度要求极高。在建筑机械，例如塔式起重机、施工升降机等的制造过程中，焊接机器人可以用于焊接机械的金属结构部件。以塔式起重机的塔身焊接为例，其塔身是由多个金属节段组成的，每个金属节段的焊接质量直接影响塔身的强度和稳定性。在预制装配式建筑构件的生产中，焊接机器人用于连接预制构件中的金属部件。例如，在预制混凝土墙板的生产中，需要将用于连接墙板的金属连接件焊接到墙板的钢筋笼上。

(3)喷涂机器人。

喷涂机器人如图 11-16 所示。喷涂机器人广泛应用于现代工业生产中，尤其是建筑、汽车制造等行业中，喷涂作业对于产品的外观质量、防护性能等方面有着至关重要的影响。随着自动化技术的不断发展，喷涂机器人应运而生，并得到了广泛应用。它能够高效、精准且稳定地完成各种复杂的喷涂任务，极大地提高了生产效率和产品质量，同时减少了对人力的依赖和涂料的浪费。喷涂机器人在各行各业得到了广泛的应用，在不同的情况下可以选择合适的喷涂方法进行喷涂工作。

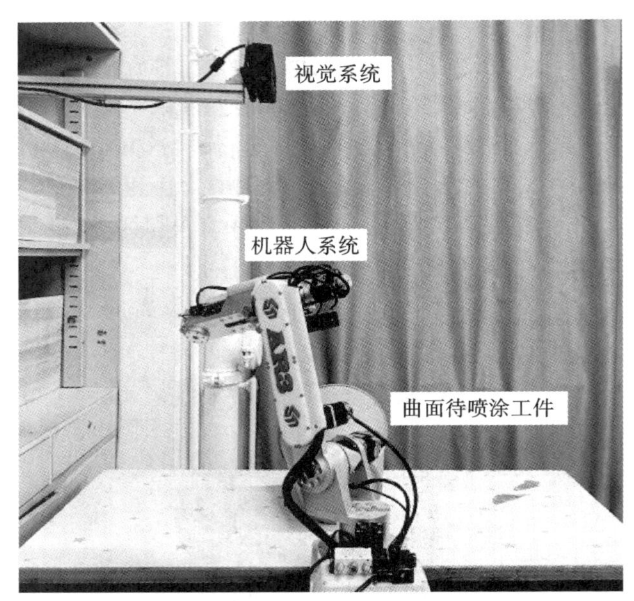

图 11-16　喷涂机器人

喷涂机器人的喷涂方式主要有三种，包括静电喷涂法、空气喷涂法、高压无气喷涂法。其中静电喷涂法是应用最为广泛的一种喷涂方式，其喷涂原理是以接地的被喷涂工件为阳极，以涂料雾化器接负高压为阴极，从而使雾化涂料颗粒附带电荷，并通过静电作用吸附在工件表面。空气喷涂法是除静电喷涂法之外最常用的一种喷涂方式，其生产成本较低，一般用于家具、电子外壳等工件涂装。其工作原理是利用压缩空气的气流，流过喷枪的喷嘴孔后形成负压，然后在负压的作用下将涂料吸入喷枪，涂料经喷枪喷出后雾化，均匀地洒落在工件表面，形成光滑涂层。高压无气喷涂法是一种比较先进的喷涂方法，一般适用于对涂层质量要求较高的工件。它主要是通过增压泵将涂料增压，然后通过喷枪细孔喷出，使涂料在高压下雾化，应用这种方法进行喷涂具有很高的涂料利用率和喷涂生产效率。

11.2.4　无人化施工

1. 技术简介

无人化施工是指在施工过程中，通过集成人工智能、大数据、5G、北斗导航技术、智能传感等现代信息技术，实现施工过程的智能化、自动化，减少或完全替代人工操作。

机械无人化施工技术分为以下两种：①远近程遥控，实现施工现场的无人化作业；②无须遥控，通过对施工现场、无人驾驶机械的参数设置，让机械智能、自主地完成各项施工任务。

机械无人化施工系统一般包括局域地面基站、通信交互系统、智能避障系统、车载控制系统、施工现场及路径规划系统、施工现场工况采集系统，利用了无线通信(微波、5G)高精度定位、智能控制、3D 找平、传感等技术，如图 11-17 所示。通过对传统施工机械设备改造，安装车载控制器、雷达、摄像头、高精度卫星定位系统、各种传感器，实现自动行走、料斗开合、输分料自动运行等功能，同时充分收集施工过程中所采集的环境温度、路面温度、碾压速度等数据。收集的相关数据通过无线传输系统与地面指挥中心联系，实现可视化实时监控；设备施工过程中，通过高精度定位导航技术实现对车辆的定位和行驶轨迹的控制，在安全控制方面，通过定位技术设置电子安全围栏，结合机群各设备高精度定位，实时规划各设备的无碰撞行驶轨迹。毫米波雷达能及时捕捉机身周围活动轨迹，当有人靠近无人压路机 2 m 左右时，它会自动感应并减速停车，进一步提升了施工的安全水平。

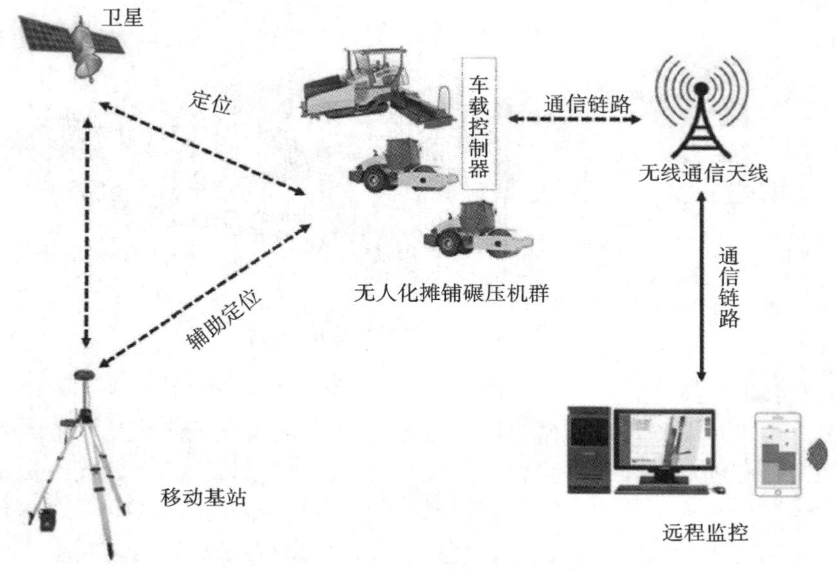

图 11-17　无人化施工技术原理示意图

2. 技术应用

路面无人化施工机械分为两种：一种是无人摊铺机或压路机；另一种是无人化机群。

(1)无人摊铺机。

通过部署在无人摊铺机上的温度检测传感器、雷达双目摄像头等作业面检测传感系统(图 11-18)，实时动态采集路面情况和施工状态参数，并通过移动网络，回传到现场管控中心。根据施工图纸及作业要求，将最佳施工参数(温度、摊铺厚度、松铺系数等)发回无人摊铺机控制系统。通过北斗 RTK 高精度导航，实现无人摊铺机按道路设计要求自主规划施工路径，并在远程控制台智能摊铺管理系统的控制下，实现全自动摊铺作业(图 11-19)。

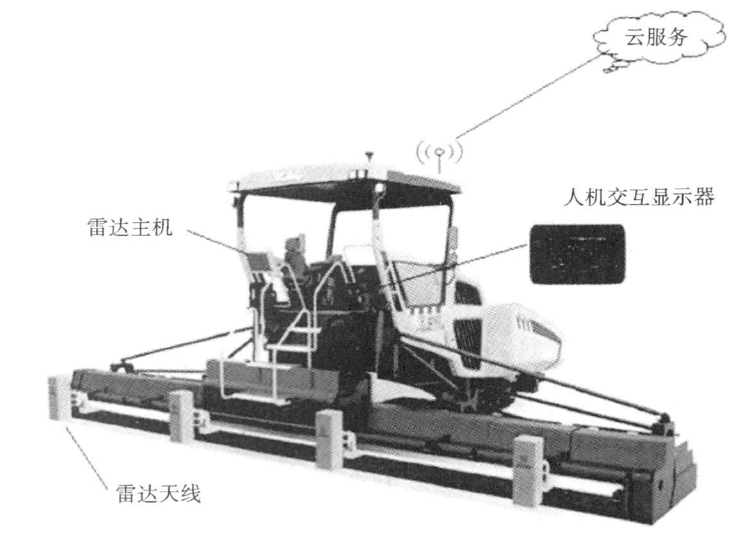

图 11-18 无人摊铺机

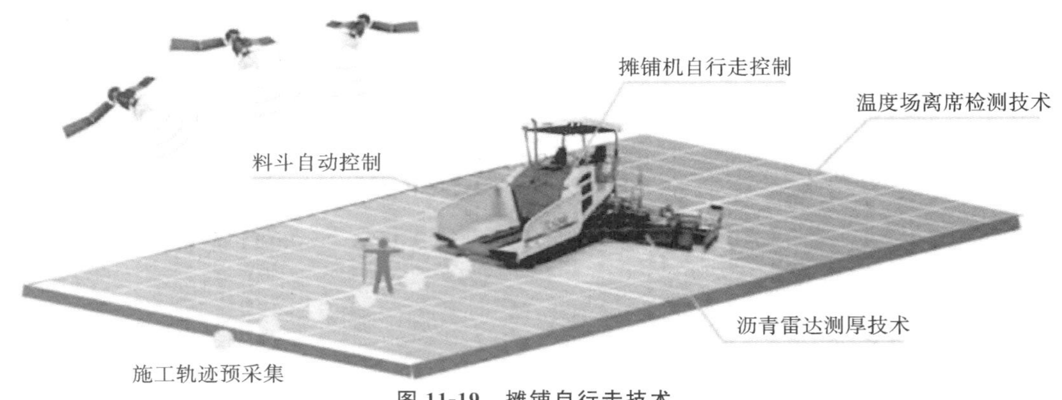

图 11-19 摊铺自行走技术

(2)无人压路机。

采用地面激光自动追踪的定位基站与移动站，通过载波相位差分算法，将高精度 RTK 定位数据发送给压路机定位移动站接收机来实现定位(图 11-20)。结合高可靠度的无线传输技术，远程控制中心实时显示各压路机状态和作业参数，利用多源传感器，实现压路机的自动避障、避险。当检测到周围安全范围内有人或物时，压路机自主刹车，待人或物移开，即可自主起步。

(3)无人化机群。

压路机自动跟随摊铺机作业，施工范围由摊铺机的已施工区域和道路数据确定。复压压路机则根据初压压路机的施工数据，进行自主作业。进行摊铺速度与压路机速度控制自适应研究，防止压路机跟随太慢而引起冷料问题，以及压路机速度过快而导致过压和能量浪费问题。

无人化在道路机械的应用必须解决机群协作的控制策略问题。双钢轮压路机机群和摊铺机实现联合无人化作业，通过机群协同作业技术实现摊铺机领航施工技术、多机协作控制策略及自决策行驶轨迹控制(图 11-21)。

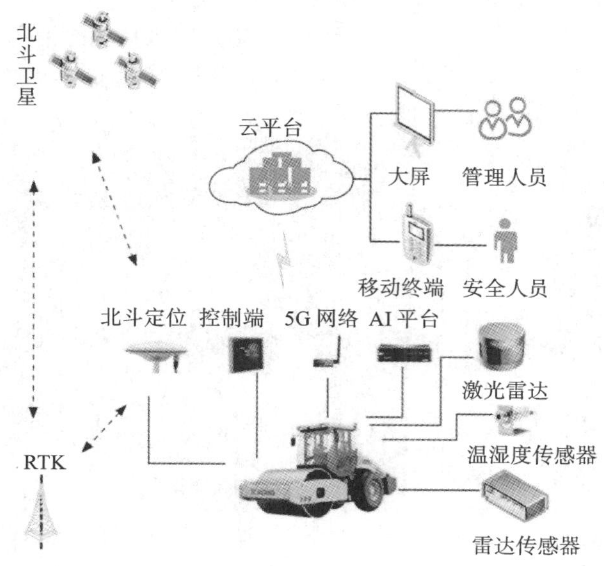

图 11-20　无人压路机

图 11-21　无人化机群协同作业

11.3　建筑节能与碳排放

随着经济发展和城镇化进程的加快，我国温室气体排放量增加显著，为积极参与和应对气候变化全球治理，推进碳减排工作，我国于 2020 年提出了"双碳"战略目标，稳妥推进碳达峰、碳中和。建筑业是我国碳排放的主要行业之一（图 11-22），在实现"双碳"战略目标方面承担着重要任务，为做好建筑业节能降碳工作，我国近年来出台了多项推动建筑业绿色低碳发展的政策举措。2020 年，住房和城乡建设部等 7 部门发布的《绿色建筑创建行动方案》提出，发展超低能耗建筑和近零能耗建筑；2021 年，《中共中央　国务院关于完整准确全面贯彻新发展理念做好碳达峰碳中和工作的意见》中提出，大力发展节能低碳建筑，全面推广绿色低碳建材；2022 年，住房和城乡建设部在《“十四五”建筑节能与绿色建筑发展规划》中进一步详细指明了各地区要因地制宜地执行节能低碳标准。

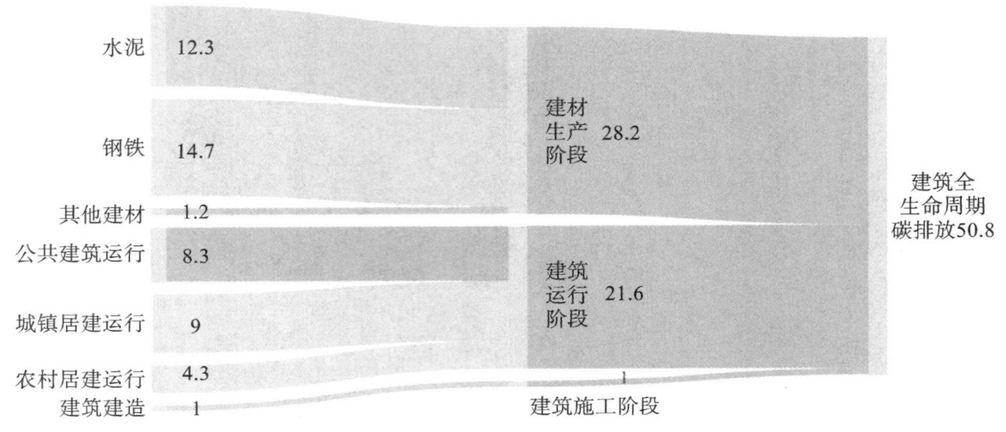

图 11-22 建筑全生命周期碳排放流向图(单位：$\times 10^8$ tCO_2)

绿色低碳是全球建筑行业的必然趋势，建筑业作为碳排放大户，亟待转型升级，实现高质量可持续发展。建筑业的绿色低碳转型是一个复杂的进程，需要政府、企业和社会各界的合作。明确的碳中和目标、创新技术和材料、循环经济和数字化转型将共同推动建筑业的绿色低碳发展，减少碳排放、提高建筑质量，为塑造可持续和宜居的未来贡献力量。只有遵循绿色低碳的核心理念，鼓励绿色创新、完善低碳市场、积极采用数字化智能工具，综合管理建筑全生命周期并协同上下游产业链共同开展减碳措施，才能降低建筑行业二氧化碳排放，从而实现建筑业的高质量可持续发展并助力中国实现碳达峰、碳中和战略目标。

11.3.1 建筑碳排放基础理论

建筑的碳排放(图 11-23)可分为三种模式：直接排放、间接排放和隐含排放。直接排放和间接排放主要由建筑运营产生。直接排放主要由用于供暖、烹饪和生活热水生产的化石燃料(如天然气和散煤)燃烧引起，也可能包括含碳建筑材料化学反应产生的温室气体排放。间接排放是指因购买电力、供暖和制冷而产生的碳排放。隐含排放主要由建筑材料和构件产生，常见于原材料开采，建筑材料制造、安装、使用、维护、修理、更换和翻新，建筑拆除，废物处置、回收和再利用以及所有阶段的运输过程中。

建筑领域作为我国能源消耗和碳排放来源的重要领域，在实现碳达峰、碳中和目标的过程中扮演着举足轻重的角色。研究发现，2022 年，我国建筑领域二氧化碳排放总量高达 37 亿吨，占全国二氧化碳排放总量的 32%，建筑运行阶段的能源消费约占我国总量的 21%，CO_2 排放占全国总量的 19.1%。在我国建筑运行阶段碳排放中，由取暖带来的化石能源碳排放已达峰，而用电导致的排放则呈逐年上升趋势。建筑行业的电气化率达到 44.9%，在终端用能部门中最高，具有与电网互动的良好基础，经估算，充分挖掘建筑用能的灵活性潜力能够实现全国至少 10%的电网峰值负荷削减，避免约 5000 亿元的电力系统建设额外投资，并实现至少 2 亿吨/年的 CO_2 减排。北方集中供暖的脱碳路径应重视余热资源利用，短期可通过热电联产替代燃煤锅炉，长期则需解决跨季节储热、远距离输热和热泵技术综合应用的问题。南方夏热冬冷地区的冬季供暖应以高效热泵推广为主体，首先在新建建筑中推广，未来逐步扩展到既有建筑的低碳改造中。

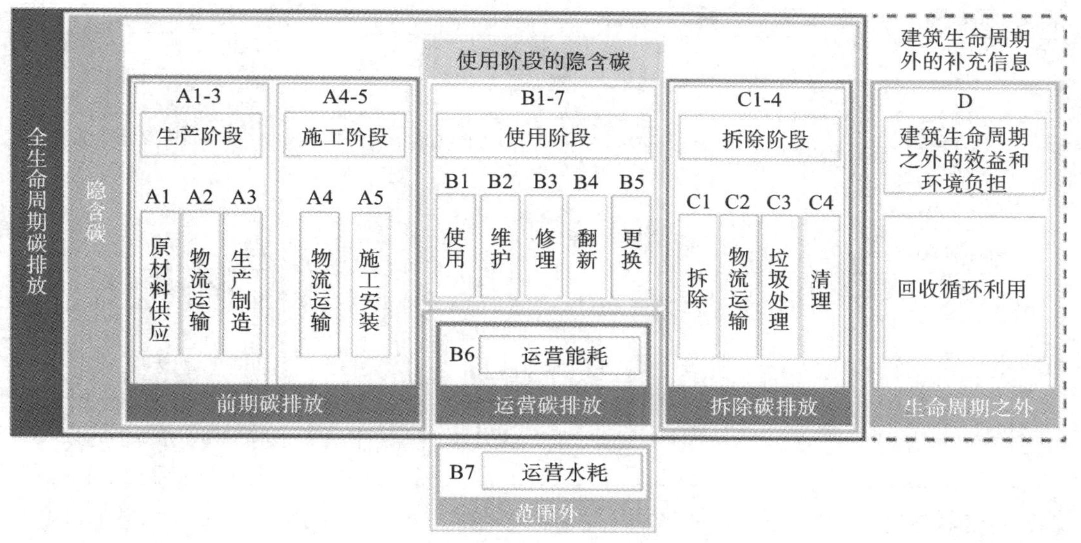

图 11-23　建筑生命周期各阶段碳排放

建筑节能原则是在保证建筑的舒适性和功能性的前提下，最大限度地降低建筑能耗并提高能源利用率，包括采用能源设计比、建筑负荷密度和热负荷密度等指标来评估建筑能耗水平，并以被动设计为主导，通过改善建筑形态、朝向、隔热性能等措施降低热量传输并增加自然采光。同时采取主动设计措施，如使用高效设备和系统，以及利用可再生能源也是重要的建筑节能设计原则。遵循这些原则，可以降低建筑能耗，提高能源利用率，并创造出舒适、健康、节能的建筑环境。

11.3.2　建筑设计阶段脱碳技术

基于碳中和导向的建筑设计必须整合各种系统和需求，采取适宜的设计策略，实现碳排放与高性能表现的动态平衡。根据世界资源研究所提出的按优先级排序的策略，建筑设计阶段可以在两个不同层次实现脱碳：①通过被动式优先的整体设计策略提升能源利用效率，减少建筑运行碳；②运用以可再生能源、回收能源为代表的主动式设计满足剩余的低能耗需求，进一步降低运行碳。

1. 被动式设计的关键要点

(1)气候赋形。

气候条件赋予了建筑形体生成的依据。在建筑形态、体量、方位等形式要素上融入被动式设计策略后，建筑形体与环境性能之间即存在着相互决定和影响的作用机理，并由此奠定了形体构成作为建筑被动式节能策略中最为稳定和坚实的基础(图 11-24)。形体设计具有前置性，需要在设计之初统筹各种因素展开，首先，应当控制建筑体形系数，建筑应优先选用规则的形体，尽量采用平面、竖向规则的设计方案，形体避免过多凹凸变化，平面、空间规整紧凑，可采用围合或半围合的建筑形体布局，开口背离冬季主导风向，防止寒风汇聚。同时，根据气候特征，通过形体方位布局、凹凸，能够优化自然光利用，减少照明能耗。

(2)空间调节。

空间调节基于量、形、质等空间特征(图 11-25)，对单一空间的不同性能进行利用与优化，赋予空间更灵活的拓展能力和可变能耗属性，有效降低气候适应性建筑的整体能耗。建筑空间根据不同功能对气候性能的需求分为高性能、普通性能与低性能空间。性能相近的空间应集中布置，确保合理分区，普通性能空间宜布置在气候适宜位置，高性能空间远离气候边界处，低性能空间集中布

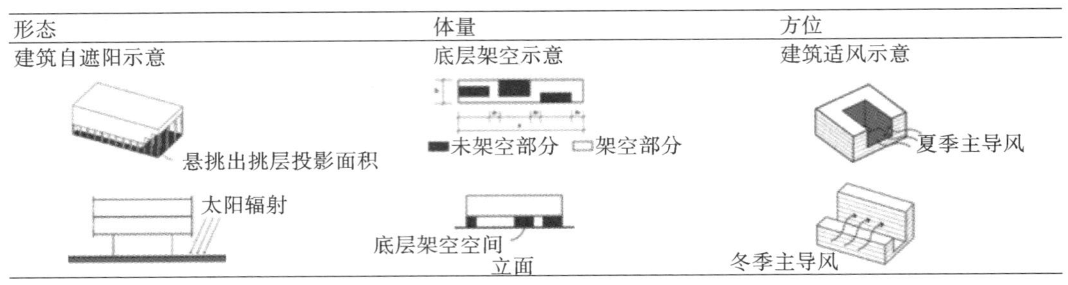

图 11-24　气候赋形在建筑的形态、体量和方位上的影响

置在朝向不佳位置作为气候缓冲空间。普通性能空间宜通过与融入型空间、过渡型空间的综合布局，引入庭院、天井等气候缓冲腔体，实现冬季避风与夏季通风遮阳的需求平衡，并控制外区面积比、院落长宽比、过渡空间面积比、空间透风度等空间因素，优化能效表现。

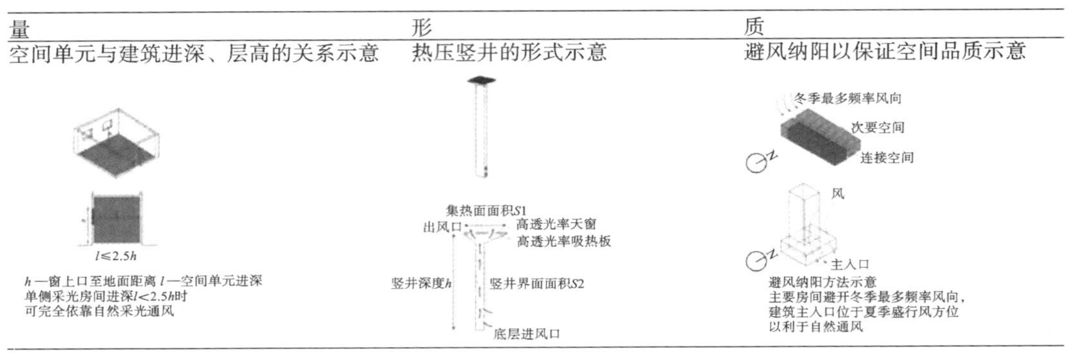

图 11-25　空间调节在量、形、质等方面的体现

2. 主动式设计的关键要点

(1)可再生能源技术扩大产能。

可再生能源是建筑实现碳中和的必然选择，在所有可再生能源技术中，应重点关注太阳能的利用。在绝大多数情况下，建筑都能接收到太阳辐射能，因此太阳能利用是达成零能耗目标的关键。光伏建筑一体化技术由于其有效提升可再生能源产出量、构造灵活多样、提升围护结构性能、整合建筑表现等优势，已成为当今太阳能利用的着力发展方向。

光伏建筑一体化(BIPV)是指将光伏系统作为围护结构的一部分集成于屋面和立面系统中(图 11-26)。随着光伏电板、光电薄膜等各类光伏产品的发展与探索，光伏建筑一体化由单一的产能属性转化为整合设计导向。光伏系统可与各种建筑材料组合，形成全新的表皮采光、遮阳和通风系统，满足建筑的空间效果、节能产能、通风采光、保温围护等整合需求。光伏屋面系统需考虑屋面的防水、保温以及光伏电板的维护性等问题，光伏立面系统应当与建筑外观系统协同设计，合理地布置于建筑立面体系中，同时兼顾立面的采光、保温、通风及防水等功能需求。

(2)能源回收利用折减耗能。

能源回收技术是将建筑运行过程中产生的空气、废水等余热，以及可再生能源进行回收储存利用，可大幅折减建筑的能耗。空气余热回收系统已成为零能耗建筑应用最广的技术措施。余热回收利用系统包括交叉式和对流式回收方法，可以进行显热回收与焓热回收，在保证建筑物整体气密性的前提下能够实现高达 85%～90%的热回收率。

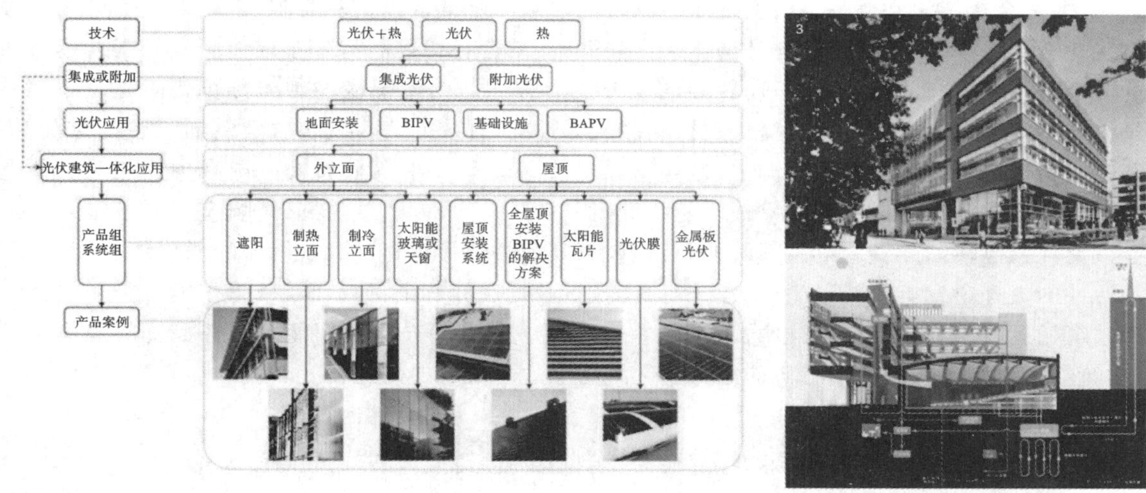

图 11-26　光伏建筑一体化(BIPV)在建筑屋顶和立面的运用框架

11.3.3　建筑施工阶段脱碳技术

建筑施工阶段，温室气体排放作为建筑全生命周期温室气体排放的重要组成部分，总量相对较小，却具有高强度和集中排放的特点，建筑施工期间消耗大量的原材料和能源，使用大量的施工机械设备和运输设备，在短期内排放出大量温室气体，可以采用以下策略减少建筑施工阶段的碳排放。

1. 建立健全建筑节能监管体系，确保建筑节能标准落实到位

构建建筑节能效果的评价监测体系，建立建筑能耗统计、建筑能效认证标识等制度。健全以执行建筑节能强制性标准为主要内容的全过程监管制度，加强新建建筑节能设计监管，规定科学合理的审查、监督工作程序，定期组织开展建筑节能专项检查工作，保证节能标准落到实处。

2. 加强太阳能等可再生能源在工程现场的使用

推广鼓励太阳能照明、太阳能热水器、太阳能采暖等可再生能源在工程现场的使用；鼓励施工用水、施工废弃物的回收处理及再利用，从而实现更好的节能减排效果。

3. 积极倡行工业化施工方式

工业化施工是实现建筑施工节能、高效、快速、高质等目标，并通过规模化降低成本的有效途径。在施工过程中，工业化施工减少了能源的利用以及粉尘、噪声、光、废水、固体废弃物等对环境或人员造成的污染，减少了模板、脚手架等周转材料的消耗。在建筑施工过程中，可先根据工业化施工的要求进行建筑和结构设计，再根据设计图纸在工厂预制建筑构配件，如楼板、墙板、阳台、楼梯、卫生间等，待构件达到一定的强度后运输至施工现场，在现场进行吊装。

11.3.4　建筑运行阶段脱碳技术

建筑运行阶段是建筑碳排放的最主要阶段，建筑运行阶段碳排放约占建筑全生命周期碳排放的 59%。建筑运行阶段的碳排放由两部分组成：一是用于分散式供暖、生活热水、炊事的化石燃料燃烧所造成的建筑内的直接碳排放，二是建筑用电和集中供热所造成的间接碳排放。

建筑运行阶段脱碳的整体思路宜遵循“高效电气化＋电网热网清洁化”。“高效电气化”即通过高能效的电气化设备取代建筑中的化石燃料，“电网热网清洁化”指使用零碳电力取代化石燃料发电，以及通过余热资源利用等手段实现热力系统的脱碳。降低建筑用能需求、采用高能效的用电设备替代化石能源设备、发展多能互补的零碳供热系统、结合智能控制与分布式能源设施提升建筑用能的灵活性，将是未来建筑运行阶段脱碳的主要发展方向。结合智能控制与分布式能源设施提升建筑用能灵活性包含了所有能够提供建筑用能灵活性的措施和手段，既包含建筑通过智能控制、蓄能等措施实现自身负荷的柔性化调节，也包含通过安装屋顶光伏等分布式能源减少建筑对公共电网的净负荷需求等措施。电网交互式节能建筑（图 11-27）、光储直柔、需求侧响应均属于提升建筑用能灵活性的范畴。伴随着电力系统的零碳转型以及建筑用电量与用电负荷的同步增长，建筑用能灵活性的提升愈发重要，不仅关乎建筑自身的运行阶段脱碳，也将减轻以可再生能源为主的新型电力系统的运行压力，从而助力电力系统的零碳转型。通过提升建筑用能灵活性措施的规模化落地，建筑将逐步实现从电力消费者向电力生产者与电力调节者的角色转变。

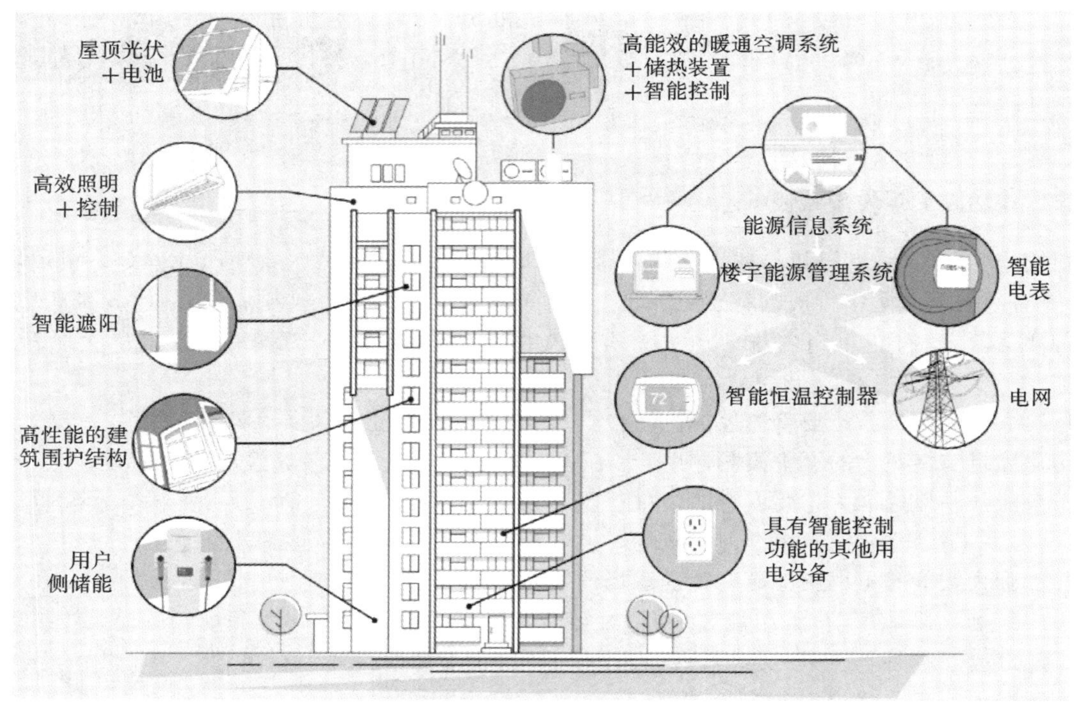

图 11-27　电网交互式节能建筑的关键技术

挖掘建筑作为灵活性资源的潜力对于在新能源系统中应对电力的供需波动以及建筑运行阶段脱碳都至关重要。建筑作为灵活性资源意味着建筑可以调节其用电负荷总量与分布情况，对于全国的能源转型有两方面意义。一方面，新型电力系统的核心特征是高比例新能源接入，由此对电力系统提出了更高的灵活调节能力的要求。在发电侧可调节资源有限的情况下，电力需求侧灵活性资源的开发势在必行。另一方面，随着建筑用电量和负荷的增长，在发电侧需要增加化石能源电力满足建筑保供需求，由此带来的额外煤电供应会延后电力系统的脱碳时间，抬高建筑的间接碳排放。

建筑用能灵活性的提升在我国具有巨大的减碳潜力以及经济效益。根据落基山研究所的预计，充分挖掘建筑用能的灵活性潜力能够实现全国至少 10％的电网峰值负荷削减。在空调负荷占比更高的南方地区，如深圳，仅公共建筑用电峰值负荷就占电网峰值负荷的 35％左右，提升建筑用能灵活性能够在该地区实现 20％以上的电网峰值负荷削减，效果更加显著。另外，通过提升建筑用能灵活性的方式降低电网峰值负荷可以避免约 5000 亿元的电力系统建设额外投资(如新建煤电站),并实现至少 2 亿吨/年的 CO_2 减排。建筑用能灵活性的充分挖掘将转变建筑在能源系统中的角色,使建筑从传统能源系统中的消费者逐渐演变为能源的生产者、调节者和消费者,为整个能源系统的脱碳贡献力量。

课后习题

1. 简述土木工程新技术的发展对土木工程行业的推动作用。

2. 简述建筑信息模型(BIM)技术在土木工程设计、施工和运维阶段的应用优势及具体表现。

3. 物联网与传感技术在土木工程施工运维中有哪些具体应用?请分别阐述。

4. 以某一具体建筑项目为例,说明数字孪生技术在其规划与设计、施工以及运维阶段是如何发挥作用的。

5. 装配式建筑和模块化施工技术依赖哪些手段实现建筑施工的工业化和标准化?其技术应用在建筑行业的哪些领域有突出表现?

6. 3D 打印建造技术与传统建筑方法相比,在材料使用、设计自由度和建造过程方面有何不同?请举例说明其在建筑外立面与结构构件、快速原型建造以及建筑维修与修复领域的应用成果。

参考文献

[1] 赵品,谢辅洲,孙振国.材料科学基础教程[M].哈尔滨:哈尔滨工业大学出版社,2002.

[2] 刘孝敏.工程材料的微细观结构和力学性能[M].合肥:中国科学技术大学出版社,2003.

[3] 王培铭,王新友.绿色建材的研究与应用[M].北京:中国建材工业出版社,2004.

[4] 林宗寿.胶凝材料学[M].武汉:武汉理工大学出版社,2014.

[5] P. K. Mehta.混凝土:微观结构、性能与材料[M].3版.覃维祖,王栋民,丁建彤,译.北京:中国电力出版社,2008.

[6] 陈建奎.混凝土外加剂原理与应用[M].2版.北京:中国计划出版社,2004.

[7] 张雄.建筑功能外加剂[M].北京:化学工业出版社,2004.

[8] 冯乃谦.高性能与超高性能混凝土技术[M].北京:中国建筑工业出版社,2015.

[9] 黄晓明,吴少鹏,赵永利.沥青与沥青混合料[M].南京:东南大学出版社,2002.

[10] 徐瑛,陈友治,吴力立.建筑材料化学[M].北京:化学工业出版社,2005.

[11] 邓钫印.建筑工程防水材料手册[M].2版.北京:中国建筑工业出版社,2001.

[12] A. M. Neville. Properties of Concrete [M]. New York:5th edition. Pearson Education Limited,2011.

[13] 张华,何培玲,王登峰.土木工程概论[M].2版.北京:中国建筑工业出版社,2023.

[14] 周亦唐,唐正光.道路勘测设计[M].6版.重庆:重庆大学出版社,2023.

[15] 熊峰.土木工程概论[M].3版.武汉:武汉理工大学出版社,2023.

[16] 张驰,潘兵宏,杨宏志.道路勘测设计[M].6版.北京:人民交通出版社股份有限公司,2023.

[17] 叶志明.土木工程概论[M].5版.北京:高等教育出版社,2020.

[18] 黄晓明.路基路面工程[M].7版.北京:人民交通出版社股份有限公司,2023.

[19] 贡力.土木工程概论[M].3版.北京:中国铁道出版社有限公司, 2022.

[20] 高俊启, 徐皓. 机场工程概论[M].北京:国防工业出版社, 2014.

[21] 吴强. 物流设备与技术 [M].武汉:武汉理工大学出版社, 2013.

[22] 中国航空运输协会. 中国航空运输发展·2023[M].北京:中国民航出版社有限公司, 2024.

[23] ASHFORD N,WRIGHT P. Airport Engineering[M]. 3rd edition. New York: Wiley-Interscience, 1992.

[24] ASHFORD N,MUMAYIZ S,WRIGHT P. Airport Engineering: Planning, Design and Development of 21st Century Airports [M]. 4th Edition. New Jersey: Wiley, 2011.

[25] 郭雷,程仁双.机场场道工程对飞行安全的影响分析及风险控制策略研究[J].城市建设理论研究(电子版),2024(31): 46-48.

[26] 阚犇.机场道面冰雪状态感知及演化规律研究[D].北京:中国民航大学,2023.

[27] 邱兵涛,李昕东,薛委委,等. 无锡硕放机场鸟类多样性与鸟击防范[J]. 民航学报,2024,8(04):61-68.

[28] 吴桂宾. 机场机务维修区临时排水设计与施工技术研究[J]. 中国建筑金属结构,2024,23(10):115-117.

[29] 张宇. JI阿卡丽国际机场多功能多层停车场项目投资可行性分析[D]. 成都:西南交通大学,2016.

[30] WANG C W. Influence of underground geotechnical operation on surface buildings through the shield method[J]. Arabian Journal of Geosciences,2019(12):649.

[31] KHODOSH V A. Shield method for the construction of tunnels with monolithically pressed concrete lining in sands and clayey sands[J]. Hydrotechnical Construction,1969(3):22-26.

[32] CUI Z D,ZHANG Z L,YUAN L,et al. Design of Immersed Tube Structures[M]. Berlin:springer,2020.

[33] VAN T I H. The foundation of immersed tunnels[C]//Proceedings of Delta Tunneling Symposium. Amsterdam:48-57.

[34] HU Z, XIE Y, WANG J. Challenges and strategies involved in designing and constructing a 6 km immersed tunnel: A case study of the Hong Kong-Zhuhai-Macao Bridge[J]. Tunnelling and Underground Space Technology,2015(50):171-177.

[35] RASMUSSEN N, GRANTZ W. Chapter 9 catalogue of immersed tunnels [J]. Tunnelling and Underground Space Technology,1997,12(2):163-316.

[36] LU H, SHI Y, RONG X. Discussion on safety risk assessment of shield construction in underwater tunnel[J]. Strategic Study of CAE,2013,15(10): 91-96.

[37] 龚琛杰,丁文其. 大直径水下盾构隧道接缝弹性密封垫防水性能研究——设计方法与工程指导[J]. 隧道建设(中英文),2018,38(10):1712-1722.

[38] 何川,封坤,方勇. 盾构法修建地铁隧道的技术现状与展望[J]. 西南交通大学学报,2015,50(01): 97-109.

[39] 汪茂祥. 盾构通过矿山法施工隧道段关键技术[J]. 现代隧道技术,2008,45(01):67-70.

[40] 黄茂松,张治国,王卫东. 基于位移控制边界单元法盾构隧道开挖引起分层土体变形分析[J]. 岩石力学与工程学报,2009,28(12):2544-2553.

[41] 陆明,曹伟飚,朱祖熹. 超大直径盾构隧道防水设计技术综述[J]. 中国建筑防水,2008(04):17-21.

[42] 周文波. 盾构法隧道施工技术及应用[M]. 北京:中国建筑工业出版社,2004.

[43] 田四明,王伟,巩江峰. 中国铁路隧道发展与展望(含截至2020年底中国铁路隧道统计数据)[J]. 隧道建设(中英文),2021,41(02):308-325.

[44] 杨家亮,韦玮. 城市地下综合管廊结构的设计和施工研究[J]. 工程建设与设计,2017(06):19-20.

[45] 谭忠盛,陈雪莹,王秀英,等. 城市地下综合管廊建设管理模式及关键技术[J]. 隧道建设,2016,36(10):1177-1189.

[46] XIE Y T. Study of construction technologies for shallowcovered long-large tunnel running underneath along existing underground commercial street [J]. Tunnel

Construction,35(3):238.

[47] EINSTEIN H H. Risk and risk analysis in rock engineering[J]. Tunnelling and Underground Space Technology,1996,11(2):141-155.

[48] 李广信,张丙印,于玉贞.土力学[M].北京:清华大学出版社,2013.

[49] 殷宗泽.土工原理[M].北京:中国水利水电出版社,2007.

[50] KRAAS F, AGGARWAL S, COY M,et al. Megacities: our global urban future[M]. Berlin:Springer, 2013.

[51] 童林旭,祝文君.城市地下空间资源评估与开发利用规划:The evaluation and develop planning of urban underground space resources[M].北京:中国建筑工业出版社,2009.

[52] 谢定义,姚仰平,党发宁.高等土力学[M].北京:高等教育出版社,2008.

[53] 严义招. 高速铁路大跨度双线隧道矿山法施工的装配式衬砌力学特性研究[D].成都:西南交通大学,2008.

[54] 郭陕云.隧道掘进钻爆法施工技术的进步和发展[J].铁道工程学报,2007(09):67-74.

[55] 万汉斌.城市高密度地区地下空间开发策略研究[D].天津:天津大学,2013.

[56] 徐礼华,沈建武.土木工程概论[M].武汉:武汉大学出版社,2005.

[57] 辛全才,牟献友.水利工程概论[M].郑州:黄河水利出版社,2011.

[58] 华北水利水电大学水利水电工程系.水利工程概论[M].北京:中国水利水电出版社,2020.

[59] 贡力,孙文.水利工程概论[M].北京:中国铁道出版社,2012.

[60] 崔京浩.精编土木工程概论[M].北京:中国水利水电出版社,2015.

[61] 郑晓燕,胡白香.新编土木工程概论[M].北京:中国建材工业出版社,2007.

[62] 周先雁.土木工程概论[M].长沙:湖南大学出版社,2014.

[63] 朱宪生,冀春楼.水利概论[M].郑州:黄河水利出版社,2004.

部分图片来源

图 3-1：https://luqiao. zjol. com. cn/luqiao/system/2016/12/06/020921357. shtml

图 3-2：http://www. 360doc. com/content/23/0312/07/9522700_1071619019. shtml

图 3-3：https://m. fx361. com/news/2022/0520/11580785. html

图 3-4：https://www. dx. gov. cn/dx/meijing/201605/af63a857e89e49ac8792be649a19c0a0. shtml

图 3-5：https://www. thepaper. cn/newsDetail_forward_1558639

图 3-6：https://www. sohu. com/a/135396929_677200

图 3-7：https://baike. sogou. com/v7535049. htm

图 3-8：https://romecolosseumtickets. tours/zh/%E6%96%97%E5%85%BD%E5%9C%BA-%E5%BB%BA%E7%AD%91-%E7%BD%97%E9%A9%AC/

图 3-9：https://report. hebei. com. cn/system/2019/03/14/019511149. shtml

图 3-10：https://www. sohu. com/a/381096493_120610381

图 3-11：http://www. travel9999. com/jingdiancs_469. html

图 3-12：https://699pic. com/tupian-320371195. html

图 3-13：https://www. sohu. com/a/272867109_100155151

图 3-14：https://www. veer. com/photo/121104464. html

图 3-15：https://www. archdaily. cn/cn/908771/8dong-fu-lan-ke-star-lao-ai-de-star-lai-te-jian-zhu-bei-ti-ming-lian-he-guo-jiao-ke-wen-zu-zhi-shi-jie-yi-chan

图 3-16：http://www. gdcrgk. net/zsb297/18694. html

图 3-17：https://www. sohu. com/a/477689761_593212

图 3-22：图(a)https://www. shejiben. com/sjs/7462844/case-4022785-1. html

图(b)http://www. sdxinzhizhu. com/pingtai/neirong/1323484824084161180000257b2621ab75? guajianid=1323521301645416930000fec50c07857b

图 3-23：https://www. sohu. com/a/230542462_100159552

图 3-26：https://thearchinsider. com/the-sydney-opera-house-a-building-that-changed-a-country/

图 3-27：https://www. sohu. com/a/345258825_119038

图 3-28：https://www. cuanon. com/en/ProjectDetail? id=283

图 3-29：http://tsjinhan. com/cases/169. html

图 3-30：http://www. hnnfzg. com/m/show. asp? showid=1738

图 3-31：https://www. sohu. com/a/152417873_583776

图 3-32：http://www. sx-taixin. com/gjggcxl/37. html

图 3-33：https://www. sohu. com/a/313751797_655638

图 3-34：https://bbs. co188. com/thread-10112026-1-1. html

图 3-35：https://www. jianshe99. com/jianzhushiwu/gcjs/ya1607133314. shtml

图 3-36：https://k. sina. cn/article_6791448203_194cd468b00100ihfv. html? from=news

图 3-38：https://m. strong-sys. com/news/956. html

图 3-39:https://k. sina. cn/article_6409602765_17e0ac6cd0010029yx. html
图 3-40:https://www. sohu. com/a/227585595_215450
图 3-41:https://www. adtogroup. cn/news/show-6180. html
图 3-42:https://www. baike. com/wikiid/7791509265517325677
图 3-44:https://k. sina. cn/article_2271993840_876bdff000100jh7g. html
图 3-45:https://jingyan. baidu. com/article/6b97984dda35ac5da3b0bf29. html
图 3-47:http://m. ebjbj. com/prolist/26. html
图 3-48:http://www. zzebjx. com/pro-19. html
图 3-49:http://www. nbdx-ytlx. com/plus/view. php? aid=283
图 3-50:https://www. jishulink. com/post/403993
图 3-51:https://baike. sogou. com/m/fullLemma? lid=7680769
图 3-52:http://vip. people. com. cn/albumsDetail? aid=1412366&pid=9930817
图 4-1:https://weibo. com/ttarticle/p/show? id=2309404333914691915291&comment=1
图 4-2:https://weibo. com/1716439242/OuuA4akLU
图 4-3:https://www. 163. com/dy/article/EFIVUAKJ0544780W. html
图 4-4:https://baijiahao. baidu. com/s? id=1761768833317060440&wfr=spider&for=pc
图 4-5:https://www. sohu. com/a/317505247_375100
图 4-6:https://www. sohu. com/a/675208274_121642659
图 4-7:https://www. iqiyi. com/v_2ffkwtbz0ic. html
图 4-9:https://m. sohu. com/a/423712310_748564/
图 4-10:http://www. cnhubei. com/xwzt/2023/sjcdbshsyds/sy/202310/t4651828_mob. shtml
图 4-11:https://baike. baidu. com/item/%E5%9D%A1%E5%BA%A6%E5%B7%AE/22393602
图 4-16:https://baijiahao. baidu. com/s? id=1723744135107949796
图 4-17:https://www. elecfans. com/d/1901579. html
图 7-1:https://www. 163. com/dy/article/D7T4008A051284IN. html
图 7-2:https://www. sohu. com/na/325766937_283238
图 7-3:https://www. 163. com/dy/article/G6UE8HDM0548S9U6. html
图 7-4:https://news. sohu. com/a/765423340_306924
图 7-6:http://www. iaion. com/js/39143. html
图 7-7:https://www. 163. com/dy/article/HBQSP6QO05503O4L. html
图 7-8:https://www. 163. com/dy/article/EK4AMQ0G05454HBF. html
图 7-9:https://k. sina. com. cn/article_6351156949_17a8ef6d5001004wt1. html
图 7-10:https://www. 163. com/dy/article/E5B85J5905493TH6. html
图 7-11:图(a)https://news. hbtv. com. cn/p/2067438. html
图(b)https://news. qq. com/rain/a/20240416A025YJ00
图 7-12:https://www. sohu. com/a/410064024_697321
图 7-13:https://wrightway. au/western-sydney-airport/
图 7-14:https://www. mdpi. com/2071-1050/16/1/398
图 7-15:https://news. sohu. com/a/577347123_121123529
图 7-17:https://zhuanlan. zhihu. com/p/464608226

图 7-18：https://news. sohu. com/a/766768642_121832523

图 7-19：https://tr. wikipedia. org/wiki/Buz_%C3%A7%C3%B6zme

图 7-20：https://www. youtube. com/watch? v=Urb9yuVtn7o

图 8-5：https://www. suzhou. gov. cn/szsrmzf/tpxw/202211/7660b448c43e401fb0850bfbd31dd29d. shtml

图 8-6：https://baijiahao. baidu. com/s? id=1800934047009137708&wfr=spider&for=pc

图 8-7：https://www. dnfire. cn/article-1323484408681. html

图 8-8：https://news. yantuchina. com/30205. html

图 8-15：https://baike. baidu. com/item/%E5%9B%B4%E5%B2%A9%E6%9D%BE%E5%8A%A8%E5%9C%88/9002495

图 9-1：https://news. southcn. com/node_179d29f1ce/06289a14b0. shtml

图 9-2：https://baike. baidu. com/item/%E9%83%BD%E6%B1%9F%E5%A0%B0/122963

图 9-3：https://baike. baidu. com/item/%E6%97%A0%E5%9D%9D%E5%8F%96%E6%B0%B4/10650524

图 9-4：https://zhuanlan. zhihu. com/p/633913682

图 9-6：https://www. 59baike. com/a/178316-21

图 9-7：https://www. pwsannong. com/c/2016-04-13/549224. shtml

图 9-8：https://baike. baidu. com/item/%E6%A2%81%E5%BC%8F%E6%B8%A1%E6%A7%BD/16842511

图 9-9：https://pwsannong. com/c/2016-04-13/548112. shtml

图 9-10：https://tse2-mm. cn. bing. net/th/id/OIP-C. bWWLHv0oOPLus5nIrkBjnwHaHa?rs=1&pid=ImgDetMain

图 9-11：https://www. pwsannong. com/c/2016-04-13/548195. shtml

图 9-12：https://www. pwsannong. com/c/2016-04-13/547994. shtml

图 9-13：https://www. lq-pipe. cn/products_detail2/979075353680896000. html

图 9-15：https://doc. docsou. com/b22e7627e534d5381c673c634. html

图 9-16：https://baike. baidu. com/item/%E6%96%BD%E5%B7%A5%E5%AF%BC%E6%B5%81/6874264

图 9-17：https://baike. baidu. com/item/%E5%BA%95%E5%AD%94%E5%AF%BC%E6%B5%81/5222639

图 9-20：http://www. bdxkzdh. com/product/k/1103387. html